わかる マイコン電子工作

公式 PIC-BASIC 活用ブック

松原拓也 著／落合正弘 監修

電波新聞社

巻頭カラープレビュー
PIC-BASICでこんなことができる！

ワンキーゲーム

ベースボードを使ったテキスト表示方式のゴルフゲームです。ボールを打って、カップまでの距離を少しずつ縮めていきます。ボールがカップに入ると終了です。

▶ 第4章 4-1

LCDゲーム

ベースボードを使ったアクションゲームです。左右からやって来る車が穴に落ちないように人を操りましょう。

▶ 第4章 4-2

サウンド再生

圧電スピーカを使って音楽を再生します。曲のデータは自由に変更できます。

▶ 第4章 4-3

携帯LEDゲーム

ドットマトリックスLEDを使った携帯ゲーム機です。ポケットサイズで手軽にパズルゲームが楽しめます。

▶ 第4章 4-4

携帯LEDゲームmkⅡ

携帯ゲーム機の改良版です。前作に比べてボタンの数と表示色数が増えています。

▶ 第4章 4-5

本書に掲載している PIC-BASIC 対応マイコンを使った製作例です（全20種類）。
これらの作り方や使い方については、第4章〜第6章で紹介しています。

プレステ用パッドの入力

プレイステーション用のパッド（コントローラ）をベースボードに接続します。パッドの入力結果をLCDに表示できます。

▶ 第4章 4-6

EEPROMリードライタ

EEPROMリードライタです。パソコンと接続することで、テキストファイルを読み書きすることができます。

▶ 第5章 5-1

ストップウォッチ

ストップウォッチです。0.1秒単位に時間を測定できます。

▶ 第5章 5-2

シリアル通信モニタ

シリアル通信モニタです。シリアル通信時の送信データまたは受信データをLCDに表示して確認することができます。

▶ 第5章 5-3

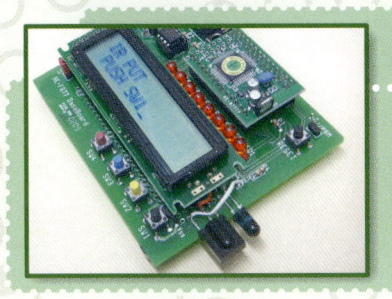

学習リモコン

赤外線LEDと赤外線受光モジュールを使った学習リモコンです。市販の赤外線リモコンの信号を記憶することができます。

▶ 第5章 5-4

巻頭カラープレビュー

簡易ロジックアナライザ

簡易ロジックアナライザです。電圧を測定して、その変化をパソコンにグラフ表示することができます。デジタルテスタモードも搭載しています。

▶ 第5章 5-5

温度計

温度計です。現在の気温を0.1℃単位で表示できます。

▶ 第5章 5-6

eTrex用トラックログ受信

GPSのデータロガーです。GPSから出力された緯度・経度の情報を記憶します。

▶ 第5章 5-7

電卓

電卓です。テンキーを押すことで、数値の四則演算が行えます。

▶ 第5章 5-8

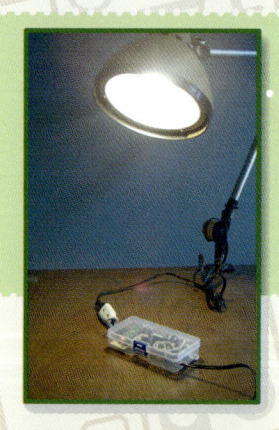

100Vリレー

電源コンセントタイマです。一定時間に家庭用電源のスイッチ（ON/OFF）を切り替えます。

▶ 第5章 5-9

PIC-BASICでこんなことができる！

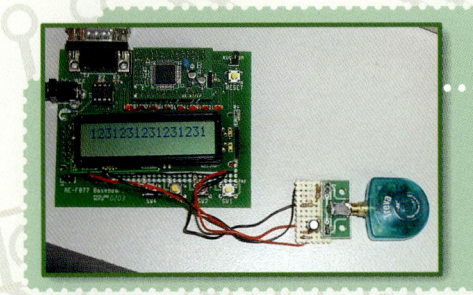

Treva 読み込み

携帯電話のカメラを接続して、撮影した画像を読み取ります。

▶ 第5章 5-10

ライントレース・ロボット

ライントレースロボットです。ロボットが黒い線を読み取って、その上を走ります。

▶ 第6章 6-1

障害物を避けるロボット

赤外線近接センサを搭載したロボットです。自動的に障害物を検知して、それを避けながら走ります。

▶ 第6章 6-2

赤外線による レゴ・ロボットの操作

レゴ・マインドストームで作られたロボットと赤外線通信を行い、遠隔操縦します。

▶ 第6章 6-3

8軸ロボットモーション再生

二足歩行ロボットの制御です。入力したモーション（動き）に合わせて、ロボットがゆっくりと歩きます。

▶ 第6章 6-4

はじめに

　本書は、"PICマイコンでBASICが動く"という開発環境「PIC-BASIC（ピック・ベーシック）」を扱った画期的な活用ブックです。マイコンは近年の高機能化・低価格化によって劇的な普及を果たしていますが、このマイコンを電子工作に用いることで「ソフトウェア」と「ハードウェア」、二つの技術を両立して学ぶことができます。

　一般的にマイコン用のプログラム言語といえば、アセンブラやC言語が有名ですが、PIC-BASICはその名のとおり「BASIC」でプログラミングを行います。私自身、PIC-BASICとの出会いは今から3年前、月刊雑誌「マイコンBASIC Magazine」で連載記事を担当したことがきっかけです。BASICといえば、N60-BASICに始まり、N88-BASIC、Hu-BASIC、X-BASIC、VisualBasic……と20年以上接してきた言語ですので、思い入れ深くPIC-BASICを楽しむことができました。幸い、連載は約10ヵ月にわたるほどの好評を得ました（2002年4月号～2003年1月号「自作一代記／チャレンジ!! PIC-BASIC」）。その後、雑誌は惜しくも休刊してしまいましたが、このような形で「マイコンBASIC」を復活できてとてもに感慨深いものがあります。

　PIC-BASIC用のマイコンは、わずか1cm四方と超小型です。この1円玉よりも小さいパッケージの中には個々の回路を凝縮して内蔵（ワンチップ化）し、そこにBASICインタプリタ（コードを解読して実行するプログラム）も記憶されています。そして、処理速度は1980年代に登場したパソコンに匹敵します。これを実現したPICマイコンの製造メーカと、PIC-BASICを開発した落合正弘さんの技術力には驚嘆するばかりです。PIC-BASICの特徴については、本書の第1章でさらに詳しく紹介しています。

　なお、PIC-BASICには「ベースボードキット」という手ごろなキットが用意されていますので、パソコンと道具があれば誰にでもすぐに楽しむことができます。第2章～第3章では、キットの製作方法と使用方法を解説しています。第4章～第6章では、応用編としてPIC-BASICによる製作例を紹介しています。製作例は娯楽・実用・ロボットなどバラエティ豊富で、その数は全部で20種類です。すべてが新作で、記事は書き下ろしです。

　本書はプログラムの解説書としてだけではなく、電子工作の入門書であることも目指しました。そのため、執筆では「作りやすさ」と「わかりやすさ」を心がけています。部品は入手しやすいものを選び、できるだけ仕様や価格を紹介しています。回路図の他に動作原理を添え、さらに解説では専門用語に頼らないよう注意しました。

　本書を通じて、より多くの人に「モノづくりの楽しさ」をお伝えしたいと思います。

　　　　　　　　　　　　　　　　　　　　　　　2005年4月　　松原　拓也

CONTENTS

巻頭カラープレビュー　PIC-BASICでこんなことができる！　　2

はじめに　　6

第1章　PIC-BASICって何？　　9

1-1　ワンチップマイコンPIC　　9
PICマイコンとは？／半導体部品とは？／PICの特徴／PICの種類／PICのアーキテクチャ

1-2　PICでBASICが動く！　　16
BASICインタプリタを搭載／PIC-BASICのここが凄い！／PIC-BASICの短所も知っておく／PIC-BASICの種類／PIC-BASICの購入方法／PIC-BASICの仕様

1-3　PIC-BASICの開発手順　　22
開発の手順

第2章　PIC-BASICキットを組み立てる！　　25

2-1　開発セットとは？　　25

2-2　組み立ての前に　　26
必要な道具／ハンダ付けの方法／ハンダ付けに失敗した場合

2-3　PIC-BASICモジュールについて　　28

2-4　ベースボードの組み立て　　30
抵抗の取り付け／ソケット／コネクタなどの取り付け／スイッチ／LEDの取り付け／LCD用ピンコネクタ／ヘッダの取り付け／ジャンパピンの取り付け／DCジャック／通信コネクタの取り付け

2-5　ベースボードの調整　　34
マイコンなどの取り付け／テスタによる確認　その1／通信ケーブルの接続／電源の接続／テスタによる確認　その2／LCDの取り付け／調整

第3章　PIC-BASICを動かしてみる！～基礎編～　　39

3-1　開発環境のインストール　　39
インストールの手順

3-2　PIC-BASICの操作方法　　41
開発ソフトの起動／プログラムの読み込み／デバッグ実行／プログラム書き込みに失敗した場合／デバッグ用命令／プログラムの一時停止／ブレークポイントの設定／解除／変数のウォッチ(内容確認)／最終書き込み／開発ソフトのメニュー

3-3　PIC-BASICの言語仕様　　48
数値／変数の型／変数・配列の定義／定義済み変数／式／計算の優先順位／関数／ラベル／コメント

3-4　開発ソフト付属のサンプルプログラム　　55
LCD表示(16×2文字)／LCD表示(20×4文字)／A/D変換／LCD・LED表示デモ／EEPROMの読み書き／外部EEPROMの読み書き／LED表示／POKE命令のテスト／シリアルポート受信テスト／シリアルポート送信テスト／顔文字アニメーション表示

CONTENTS

第4章 PIC-BASICでゲーム三昧！　67
- 4-1　ベースボードだけで作るワンキーゲーム　67
- 4-2　LCDゲームを作る～液晶ディスプレイの制御　72
- 4-3　音を鳴らしてみる～圧電スピーカを増設　82
- 4-4　携帯ゲームを作る～ドットマトリックスLEDの制御　90
- 4-5　携帯ゲームを作る2～2色ドットマトリックスLEDの制御　100
- 4-6　ゲーム機のコントローラをつなぐ～プレイステーション用パッドとの通信　111

第5章 PIC-BASICを実用的に使う　121
- 5-1　EEPROMにファイルを書き込む～外部EEPROMの制御　121
- 5-2　ストップウォッチを作る～タイマ2レジスタの制御　128
- 5-3　シリアル通信モニタを作る～シリアルデータの受信　132
- 5-4　学習リモコンに変身～PWMの制御　136
- 5-5　簡易ロジックアナライザを作る～A/D変換機能を生かす①　145
- 5-6　温度計を作る～A/D変換機能を生かす②　158
- 5-7　GPSとつないでみる！～シリアル通信機能を生かす　163
- 5-8　電卓の製作～スイッチ入力回路を増設　175
- 5-9　電源コンセントタイマを作る～AC100Vのリレー制御　184
- 5-10　カメラを接続してみる～feel H"用イメージキャプチャユニットTrevaとの接続　190

第6章 PIC-BASICでロボットを製作する！　201
- 6-1　ライントレース・ロボットを作る　201
- 6-2　障害物を避けるロボットを作る～赤外線近接センサの製作　209
- 6-3　レゴ・ロボットを動かしてみる～赤外線による操作　214
- 6-4　二足歩行ロボットを動かす～AI Motorの制御　230

第7章 PIC-BASIC 資料集　241
- 7-1　ベースボード回路図　241
- 7-2　「AKI-PIC877 ベーシック完成モジュール」仕様　242
- 7-3　「AKI-PIC 16F877-20/ICスタンプ（BASIC書込済ピンヘッダ接続タイプ）」仕様　244
- 7-4　PIC-BASIC　コマンド一覧　246
- 7-5　エラーメッセージ一覧　270

索引／参考Webサイト　271

協力：秋月電子通商

第1章
PIC-BASICって何？

この章では、PIC-BASICに関する基本的なことを紹介します。「PICとは何か？」「PIC-BASICとは何か？」「マイコンとは何か？」という概略的なことに加えて、使用する部品やキットの入手方法、工作時における作業手順など、具体的なことについても解説しています。

1-1 ワンチップマイコン「PIC」

【PICマイコンとは？】

　PIC-BASICとは何かを知る前に、まずは、PICについて紹介しましょう。

　「PIC（ピック）」とは「Peripheral Interface Controller」の略称で、マイクロチップ・テクノロジー社が開発しているマイコン（プロセッサ）の製品名です。PICは、数百円で簡単に入手できる点や、高性能である点が特徴で、同価格帯のプロセッサとしては圧倒的なシェアを誇ります。

　では「マイコン」とはなんでしょうか？

　マイコンは半導体部品の一種で、マイクロコントローラ（またはマイクロコンピュータ）のことです。マイコンは情報の計算や記憶、入出力などが行えるため、現在では、携帯電話や、家電製品、自動車、AV機器、ゲーム機などありとあらゆる製品に使われています。そ

マイクロチップ・テクノロジー社

　マイクロチップ・テクノロジー社（Microchip Technology Inc.）はアリゾナ州フェニックスに本社を構える半導体メーカです。同社はベンチャーグループの資本によりGeneral Instruments社からMicrochip部門が独立する形で1989年に設立されています（会社概要より）。国内では日本法人のマイクロチップ・テクノロジー・ジャパンが製品を扱っています。

第1章 PIC-BASICって何?

して、このようにマイコンを搭載する技術を「組込み」または「エンベデッド(embedded)」と呼びます。高度化した組込み製品の場合、「リアルタイムOS」という組込み用のOS(オペレーティングシステム)が利用される場合もあります。

【半導体部品とは?】

少し話をさかのぼって、半導体部品全体からマイコンというものを考えてみましょう。

まず、「半導体」とはなんでしょうか? 半導体とは電気を通す/通さないという中間の特性のある物質(材料はシリコンなど)のことです。すべての半導体部品はこの特性を生かして動作しています。

半導体部品として代表的なものには、次のようなものがあります。

トランジスタ

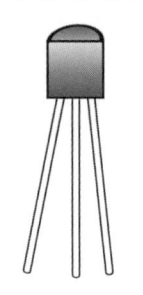

「トランジスタ」はP型とN型という2種類の半導体を組み合わせて作られた半導体部品です。トランジスタ一つあたりで、電気の流れを一つ制御できます。

名前	価格	機能
トランジスタ	数十円以上	・電流の増幅、スイッチング　など
IC	数百円以上	・波形の増幅(オペアンプ) ・論理演算(ロジックIC) ・信号の変換(シリアル通信用IC) ・波形の生成(タイマIC) ・ポート入出力(インタフェースIC) ・モータ制御(モータドライバIC)　など
LSI	数百円以上	・サウンド再生制御 ・LCD表示制御　など

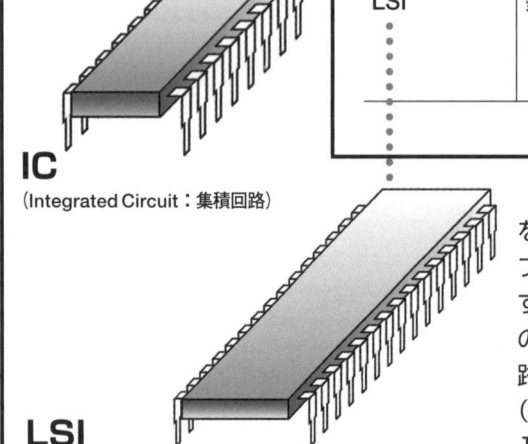

IC
(Integrated Circuit:集積回路)

LSI
(Large Scale Integration:大規模集積回路)

「IC(Integrated Circuit:集積回路)」は複数の部品を一つに集積した半導体部品です。集めた回路は「チップ(Chip)」という半導体にまとめて、パッケージ化します。ICより規模が大きく、集積度が約1000以上のものを「LSI(Large Scale Integration:大規模集積回路)」。さらに、集積度が10万を超えるものを「VLSI(Very Large Scale Integration:超大規模集積回路)」、1000万を超えるものを「ULSI(Ultra Large Scale Integration:超々大規模集積回路)」と呼びます。

リアルタイムOS

　リアルタイムOSとは、リアルタイム性に特化した組込み用のOS(オペレーティングシステム)のことです(例：ITRON、VxWorksなど)。リアルタイムOSでは時間ごとによる厳密な処理を行うことができます。OSであるため、「ファイル管理」や「ネットワーク接続」など、パソコン並みの機能をもたせることも容易に行えます。なお、PIC-BASICはリアルタイムOSに対応していません。

マイコン

　「マイコン」ですが、計算速度の点ではCPUに今一歩及びません。しかし、ワンチップ化によって多くの機能を内包している点では、CPU以上に優れています。比較的、価格が安く、消費電力も少ないため、電子工作や組込み製品で広く活用されています。「PIC」はこの「マイコン」に属します。

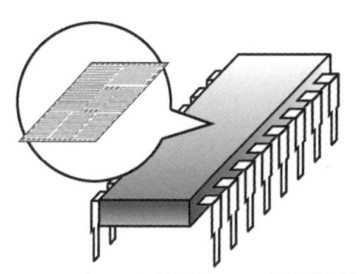

▲マイコンに搭載している半導体を「チップ(Chip)」と呼びます。

名前	価格	機能
メモリ	数百円以上	・データの読み書き(RAM) ・データの読み込み(ROM)　など
マイコン	数百円以上	・メモリやICの機能を内包 ・プログラムの実行　など
FPGA	数千円以上	・データの読み書き ・信号処理 ・画像処理　など
CPU、MPU	数千円～数万円	・プログラムの実行 ・OS(オペレーティングシステム)の実行 ・浮動小数点の計算　など

FPGA
(Field Programmable Gate Array)

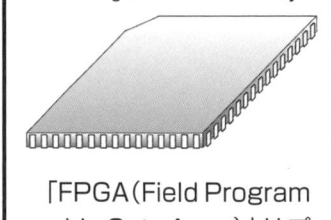

　「FPGA(Field Programmable Gate Array)」はプログラムできる特徴をもったゲートアレイです。プログラム一つで数万～数百万ゲートの回路を自由に作り出せるのは魅力的ですが、価格が高いため電子工作の分野ではまだ普及していません。

　「CPU(Central Processing Unit：中央処理装置)」は「MPU(Micro Processing Unit：マイクロプロセッシングユニット)」とも呼ばれ、プログラムを実行して記憶、演算、入出力を行うプロセッサのことです。CPUは主にパソコンの処理の心臓部として使われます。CPUの集積度と動作速度は年々進歩を遂げています。インテル社が2005年2月に発表した次世代「Itanium」は、1チップに集積するトランジスタ数が約17億2000万個。先に紹介したトランジスタの17億倍の性能をもつ計算になります。

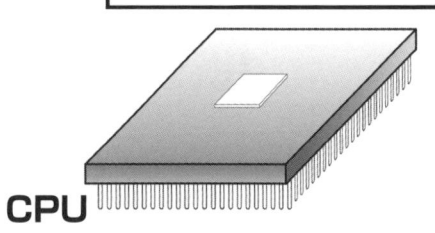

CPU
(Central Processing Unit：中央処理装置)

【PICの特徴】

- **ワンチップ**：ROMやRAM、EEPROM、I/Oなどの多くの機能が一つのパッケージに搭載されています。このように複数の機能を一つのチップに集めたマイコンを「ワンチップマイコン」と呼びます。

- **ハーバードアーキテクチャ**：処理の高速化を考え、プログラムメモリに接続されるはずのデータバスの代わりに「プログラムバス」という14ビットのバスが用意されています。このデータバスとプログラムバスが別々に分かれている方式を、「ハーバードアーキテクチャ」と呼んでいます。

- **RISC**：PICの場合、通常の命令は一つあたり1サイクルで動作が完了します。1サイクルは動作クロックの4回分です。動作クロックが周波数20MHz(0.05μs周期)の場合、1サイクルの時間はわずか0.2μs(1千万分の2秒)です。GOTOなどのプログラム分岐命令では2サイクルを要しますが、その処理の完了を待たずに次の命令が実行されます。このように並列した処理方法を「パイプライン方式」といいます。処理を並列化するために命令を簡略化(縮小)していますが、その設計様式を「Reduced Instruction Set Computer(縮小命令セットコンピュータ)」、略して「RISC」と呼びます。PICはRISCを採用したマイコンです。

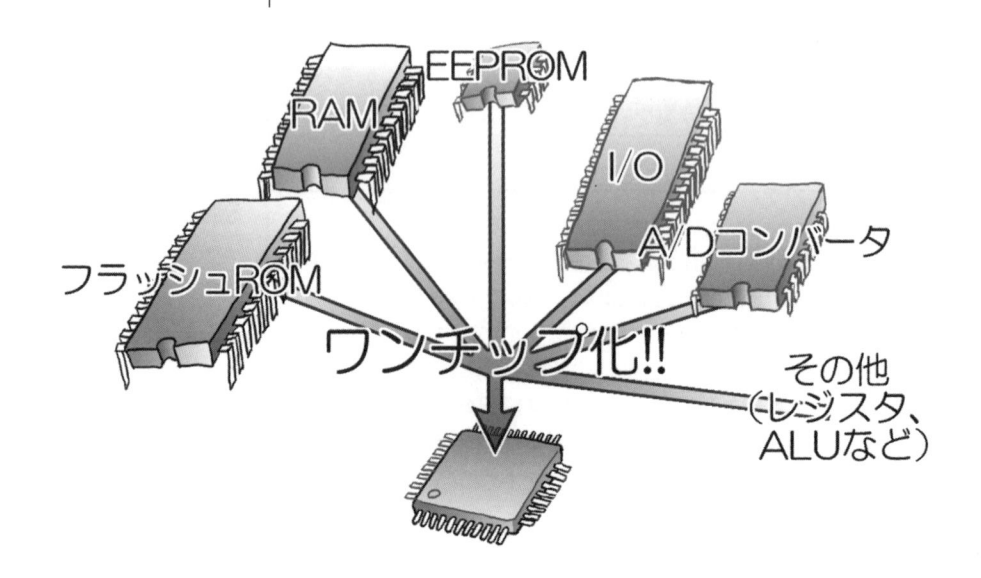

【PICの種類】

PICは、数百種類の製品が発売されていますが、ここではその中からいくつかを紹介します。PICのプロセッサ単体の価格は数百円です。性能は価格にほぼ比例しています。

製品名	ROM容量	RAM容量	I/Oポート	動作クロック	実売価格
「PIC12C509A-04/P」	1Kワード（ワンタイムROM）	41バイト	6ポート	最高4MHz	約150円
「PIC16F84A-20/P」	1Kワード（フラッシュROM）	68バイト	13ポート	最高20MHz	約350円
「PIC16F877-20/PT」	8Kワード（フラッシュROM）	368バイト	33ポート	最高20MHz	約500円（DIPパッケージ版「-P」の場合）

「PIC12C509A-04/P」

「PIC16F877-20/PT」

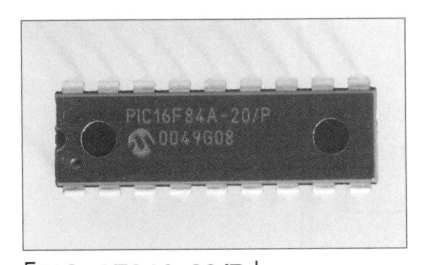

「PIC16F84A-20/P」

【PICのアーキテクチャ】

「アーキテクチャ」とは設計思想のことです。

PIC-BASICで使われているマイコン「PIC16F877」の処理内容を表すと、次ページの図(ブロック図)のようになります。四角または台形の囲みが機能です。機能名にある「レジスタ(register)」とはプロセッサ内にある記憶回路のことです。各レジスタには演算やカウンタなど、特定の機能が割り当てられています。

図の矢印は「バス」という信号の集まりで、矢印の数字は信号内の線の数です。たとえば、データバスの「8」は、8本の信号線でデータが伝えられているという意味です。このため、PICは8ビットマイコンとして分類されています。

第1章 PIC-BASICって何?

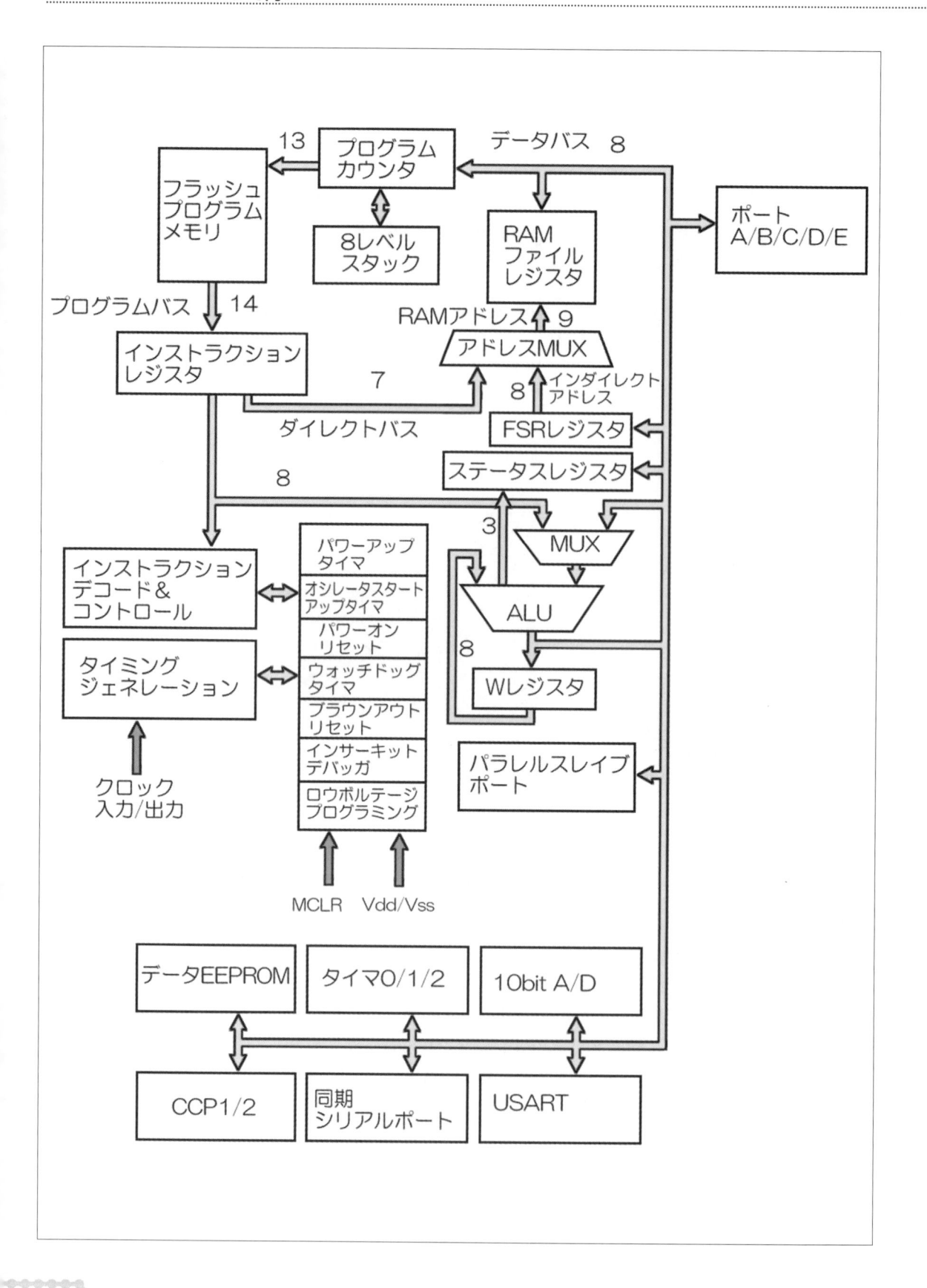

```
フラッシュ              プログラム      13      データバス 8
プログラム    ←────    カウンタ   ←────────────────→  RAM        ←→  ポート
メモリ                    ↕                            ファイル          A/B/C/D/E
                      8レベル                          レジスタ
                      スタック
プログラムバス 14                       RAMアドレス ↑ 9
    ↓                                 アドレスMUX
インストラクション                          ↑        ← インダイレクト
レジスタ                     7                         アドレス
                      ダイレクトバス      FSRレジスタ ←
                                         ステータスレジスタ ←
              8                           ↓ 3      ↓
                                         MUX
インストラクション   パワーアップタイマ        ↓
デコード&          オシレータスタートアップタイマ   ALU
コントロール  ↔   パワーオンリセット
                   ウォッチドッグタイマ         ↓ 8
タイミング         ブラウンアウトリセット      Wレジスタ
ジェネレーション ↔ インサーキットデバッガ
                   ロウボルテージプログラミング  パラレルスレイブ
    ↑                  ↑    ↑              ポート
クロック               MCLR  Vdd/Vss
入力/出力

データEEPROM    タイマ0/1/2    10bit A/D
    ↕              ↕             ↕
CCP1/2         同期           USART
               シリアルポート
```

機能名	内容
フラッシュプログラムメモリ	フラッシュROMによって実行するプログラムを記憶します。プログラム以外に、リセット時の実行アドレス(リセットベクタ)や、割込み処理時のアドレスも書き込みます。
プログラムカウンタ	プログラムの実行しているアドレス(番地)を記憶します。
8レベルスタック	CALL命令でサブルーチンを呼び出したとき、戻るためのアドレスを記憶します。一度に呼び出せる回数は8回までです。
インストラクションデコード&コントロール	命令(インストラクション)を解読して、制御します。
インストラクションレジスタ	フラッシュプログラムメモリから読み出された命令(インストラクション)を記憶します。読み出すアドレスはプログラムカウンタが記憶しています。
MUX(Multiplexer:マルチプレクサ)	複数の入力信号を一つにまとめます。
アドレスMUX	アドレスバスを取りまとめます。
ALU(Arithmetic and Logic Unit:演算装置)	演算処理を行います。
ステータスレジスタ	ALUの演算結果フラグとRAMファイルレジスタのバンク設定を記憶します。
Wレジスタ	ワークレジスタです。演算結果を一時的に記憶します。
RAMファイルレジスタ	RAMによってデータを記憶します。RAMの領域はバンクという単位で区分けされています。SFR(Special Function Registers:特殊機能レジスタ)と呼ばれる部分にはポートの入出力や各種モードの設定などを記憶しています。
FSR(File Select Register)	RAMファイルレジスタを間接アドレス方式で指定する場合に使用します。アドレスはステータスレジスタのRP0ビットと組み合わせられます。
パワーアップタイマ	電源投入時に電圧が安定するまで待つためのタイマです。
オシレータスタートアップタイマ	電源投入時にオシレータ(発振子)の発振が安定するまで待つためのタイマです。
パワーオンリセット	電源投入時に発生するリセットです。
ウォッチドッグタイマ	マイコンの動作異常を監視するタイマです。
ブラウンアウトリセット	マイコンの動作電圧が低下した場合にリセットします。
インサーキットデバッガ	インサーキットデバッガ機能です。
ロウボルテージ(低電圧)プログラミング	低電圧(+5V)でプログラムを書き込む機能です。
ポートA/B/C/D/E	入出力(I/O)ポートです。信号の入出力を行います。
パラレルスレイブポート	パラレル通信ポートです。他のマイコンにデータバスを接続する場合などに使います。
データEEPROM	EEPROMにデータを記憶します。
タイマ0/1/2	設定した一定の時間をカウントします。
10bit A/D	A/D変換入力を行います。
同期シリアルポート	同期シリアル(I2C)通信を行います。
CCP1/2	CCPはキャプチャ・コンペア・PWMの略称です。タイマレジスタの取り込み、比較、PWM制御を行います。
USART	非同期のシリアル通信を行います。

第1章　PIC-BASICって何?

1-2　PICでBASICが動く！

　「PIC-BASIC（ピック・ベーシック）」とは落合正弘氏が開発した"PICでBASIC言語が動かせる"というプログラム開発環境です。

【BASICインタプリタを搭載】

　PIC-BASICでは「PIC16F877-20/PT」というPICマイコンが使われています。このPICにPIC-BASICのインタプリタを追加すると、PIC-BASIC対応のマイコンに変身します。「インタプリタ」とは、PIC-BASICを動かすためのプログラムのことです。インタプリタはPIC-BASIC対応のマイコンを購入した時点で既に書き込まれています。インタプリタはユーザが書き込めるものではありませんので、既にインタプリタが書き込まれたマイコンをお店で購入してください。また別のPIC-BASIC対応マイコンからインタプリタをコピーするというようなことはできません。

▲PIC-BASICには「PIC16F877」という8ビットのワンチップマイコンが使われています。

▲PIC-BASIC対応の製品には「PIC BASIC」と書かれたシールが貼られています。購入するときに確認しましょう。

マイコン

　マイコンという言葉には複数の使われかたがあります。まず、小型のコンピュータ「マイクロコンピュータ（Micro Computer）」という意味としての「マイコン」です。そして、小型のプロセッサを意味する「マイクロコントローラ（Micro Controller）」も略して「マイコン」と呼ばれています。こちらの場合は、「電子機器に搭載する（組込み）部品」という意味合いが強くなっています。

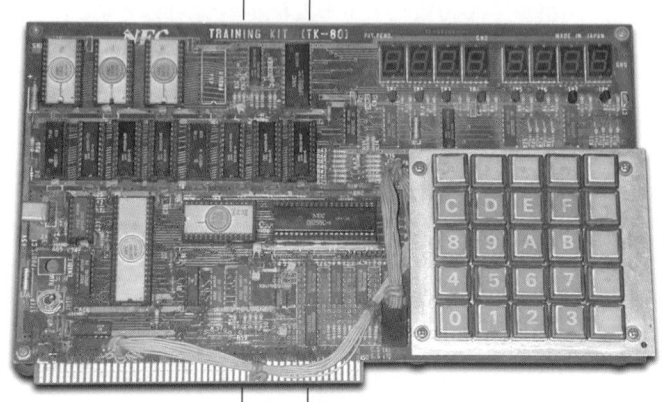

◀1976年に発売されたNECのマイクロコンピュータのトレーニングキット「TK-80」（写真提供：榊　正憲さん）。プログラムは機械語で16進数のテンキーから入力します。ここから日本のマイコンブームが始まりました（ちなみに当時は「パソコン」のことも「マイコン」と呼んでいました）。

BASIC（ベーシック）

　BASICは1960年代の中頃にダートマス大学で教育用に開発されたプログラム言語です。最大の特徴は、機械語に変換（コンパイルまたはアセンブル）せずにプログラムを実行できるという点で、このように直接コードを翻訳・処理する機能を「インタプリタ」といいます。

　BASICはその使いやすさから、数多くのパーソナルコンピュータ（パソコン）に採用されていきました。国際規格化された「Full Basic」や、最もユーザに浸透した「N88-BASIC」、Windowsに対応した「Visual Basic」などの枝分かれを経て、現在でも広く使われています。

▲1975年にアメリカで発売され爆発的ヒットとなったMITS社のマイコン「Altair8800」。トグルスイッチとLEDだけという現在のパソコンとはほど遠いインタフェースですが、専用のBASICが動作しました。このBASICを移植・開発したのは当時、学生だったビル・ゲイツ氏です。

【PIC-BASICのここが凄い！】

　PIC-BASICの長所を列挙してみました。

● BASIC言語なので覚えやすい

　通常、PICでのプログラム言語といえば「アセンブラ」か「C言語」ですが、PIC-BASICでは親しみやすい「BASIC言語」が採用されています。開発ソフトにはオンラインヘルプが用意されているので、わからないことをすぐに調べることができます。

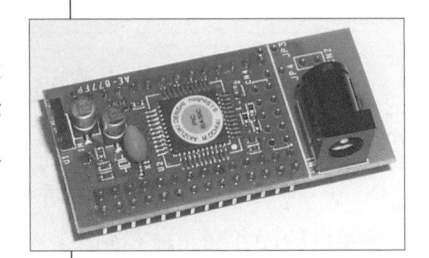

● PICライタが不要

　マイコンに通信ケーブルを接続するだけでプログラムを書き込むことができます。マイコンを基板から抜き差しする手間がいりません。動作電圧は5Vだけなので、扱いやすいです。

● プログラムしやすい

　実行したプログラムをパソコンからの操作で一旦停止させたり、再実行させることができます。変数の中身を見て確認することも可能です。プログラムの間違いを効率的に探し出すことができます。

● 安い

　他社にもPICでBASIC言語が動作するという製品はありますが、それらと比べてPIC-BASICは3分の1ほどの低価格です。PIC-BASICはライセンスフリーで、作品を自由に発表できます。マイコンの数だけ開発ソフトを購入する必要もありません。

PIC-BASICの「使いやすさ」については、さらに第3章で具体的に紹介します。

【PIC-BASICの短所も知っておく】

「PIC界の革命！」ともいうべき画期的なPIC-BASICですが、残念ながら不得意な点もあります。

●動作が比較的遅い

アセンブラやC言語で作成したプログラムと比べて、PIC-BASICによるプログラムは速度の面で若干劣ります。PIC-BASICは命令を中間言語から翻訳しながら実行しているためです。

●割込みができない

PIC-BASICではタイマ割込みやトリガ割込みという処理ができません。このため、厳密な時間管理がしづらくなっています。

懐かしのBASIC文化

パソコンが一般家庭に登場したのは今から20数年前。シャープの「MZ-80K(1978年発売)」やNECの「PC-8001(1979年発売)」に始まり、怒涛のように新製品が発表されていきました。当時、ほとんどのパソコンはOS(オペレーティングシステム)をもたず、BASICの入力画面がユーザインタフェースの代わりとなっていました。

そして、ユーザがプログラムを自作して、磁気テープに記録するというスタイルが定着していきます。パソコン通信もインターネットもなかった当時ですから、パソコン雑誌を通じて作品が発表されることもありました。

今から考えると性能が至らず、なにかと不便なことが多かった黎明期のパソコンですが、創造的な熱気には十分満たされていたと思います。

▲1983年発売、NECの「PC-6001mkⅡ」。CPUは8bitのZ80互換。動作クロックは約4MHz。記憶容量は16K～64Kバイト(VRAMも含む)。ROM内にマイクロソフト社製のN60-BASICを搭載していました。

▶ユーザたちが自作したプログラムが誌面を飾るという、BASIC文化が生まれていきました。雑誌「マイコンBASICマガジン」(1982年～2003年)。

【PIC-BASICの種類】

PIC-BASICに対応した製品には次の3種類あります。

「初めてPIC-BASICを使う」という人にはベースボード(基板)がセットになっている「AKI-PIC877ベーシック開発セット」がオススメです。一方、「AKI-PIC 16F877-20/ICスタンプ(BASIC書込済ピンヘッダ接続タイプ)」はPIC-BASIC開発ソフトのCD-ROMが付属しませんので、2台目以降としてオススメです。

	「AKI-PIC877ベーシック開発セット(ソフト付)」	「AKI-PIC877ベーシック完成モジュール(ソフト付)」	「AKI-PIC 16F877-20/ICスタンプ(BASIC書込済ピンヘッダ接続タイプ)」
価格	4,400円(税込)	1,800円(税込)	クリスタル版 1,100円(税込) セラロック版 1,400円(税込)
内容	「AKI-PIC877ベーシック完成モジュール」とLCDモジュールと外部EEPROMまで含んだベースボードのキットです。PIC-BASIC開発ソフトのCD-ROMも付属します。 使用の際には、電源と通信ケーブルが必要になります。 通販コード K-00169	40×26mmの小型基板にマイコンと発振子、三端子レギュレータ、シリアル通信用ICが搭載しています。PIC-BASIC開発ソフトのCD-ROMが付属します。 通販コード K-00170	形状が40ピンのタイプです。基板上にマイコンと発振子が搭載されています。「AKI-PIC877ベーシック完成モジュール」とは違って、三端子レギュレータとシリアル通信用ICを搭載していません。 通販コード K-00183 クリスタル版 K-00964 セラロック版

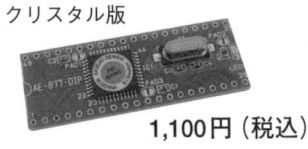

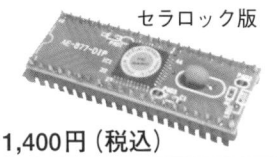

※製品出荷時の状況により使用している部品が変更される場合があります。
※価格は2005年7月現在。

【PIC-BASICの購入方法】

PIC-BASICの取扱い店は次のとおりです。店頭、もしくは通信販売で購入できます。

「秋月電子通商」
(秋葉原店) 〒101-0021 東京都千代田区外神田1-8-3 野水ビル1F
営業時間：11：30～18：30(日曜は11：00～18：00)
定休日：月曜・木曜 ☎03-3251-1779
(通販センター)※在庫確認・問い合わせ先：☎048-287-6611／FAX 048-287-6612(土日休業)
WEBサイト http://akizukidenshi.com/

【PIC-BASICの仕様】

PIC-BASICの仕様は次のとおりです。

言語	PIC専用オリジナルBASIC
処理方法	BASICインタプリタ
CPU	PIC16F877 BASICインタプリタ書き込み済み
動作クロック	20MHz
フラッシュROM	インタプリタ：約4Kワード ユーザ領域：約4Kワード
RAMサイズ	368バイト
Data EEPROM	256バイト
I/Oポート	ポートA、B、C、D、E （全33ポート）
A/Dコンバータ	分解能：10ビット 最大8チャネル
シリアルポート(RS232C)	通信速度：最高115,200bps

「ユーザ領域」とは自分で作ったプログラムが書き込まれる場所です。容量は最大で4Kワード、つまり4,096語です。なお、1ワードといえば通常16ビットのことなのですが、このPICのフラッシュROMに限り14ビットになっています。

「動作クロック」はマイコンの動く速度のことです。ちょっと脱線しますが、1989年に発売された「PC-9801RA21」というパソコン（価格は49万8千円！）も動作クロックが20MHzです。十数年前の超高価なパソコンと同じクロック数だというのは驚きですが、それ以外の性能や処理方法が大きく違いますので、一概に比較することはできません。

「EEPROM」とは電源を切っても記憶がなくならないメモリのことで、ユーザがデータ保存用として自由に使うことができます。

「I/Oポート」とは入出力ができる端子(ピン)のことです。PIC-BASICには33のポートがあり、プログラムによって入出力を制御することができます。LCDモジュールやスイッチなども、このポートを通じて接続されます。

「A/Dコンバータ」とはマイコンに搭載されたA/D変換機能のことです。A/D変換とは、アナログ・デジタル変換の略で、アナログの入力電圧をデジタル値に置き換えることです。A/Dの入力端子

を「チャネル(チャンネル)」と呼びます。A/D入力には全部で八つのチャネルがあり、それぞれ対応したポートに割り振られています。「分解能」というのは、デジタル値の段階の数です。10ビットの場合、10進数で0〜1023までの値を取り込めます。

「シリアルポート」とはシリアル通信を行うためのポートで、全部で33あるポートのうちの二つが割り当てられています。パソコンとデータの通信を行うために、なくてはならないものです。

さらに詳しい仕様(ポートの電気的な特性など)については、Microchip Technology Inc. 社のWEBサイト(http://www.microchip.com/)、もしくは、日本法人のマイクロチップ・テクノロジー・ジャパン(http://www.microchip.co.jp/)からデータシート(資料)という形で入手できます。

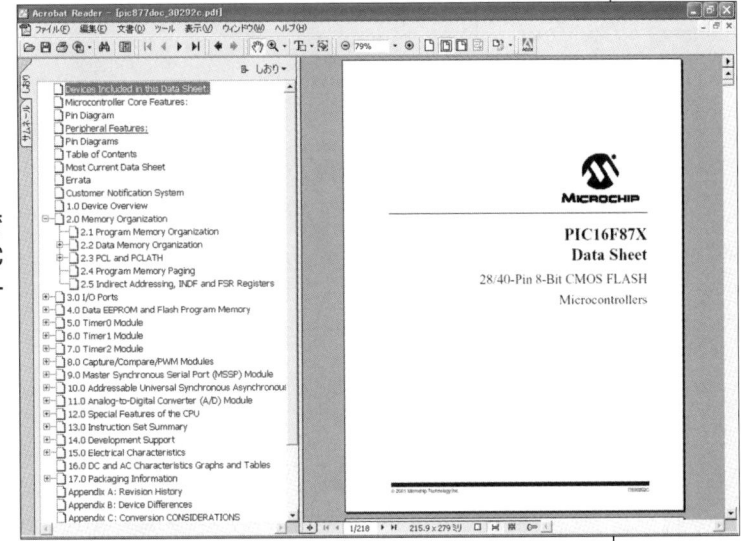

▶PIC-BASICで使われているPIC16F877のデータシートです。

フラッシュROM

　フラッシュROM(FLASH ROM)とは、電気的にデータ内容の消去・書き込みが可能なROMのことで、比較的、大容量のデータを記憶できるという特徴があります。データはページ単位でまとめて消去します。ROM(Read Only Memory)とは読み込み専用のメモリのことです。フラッシュROMのように電源を切ってもデータ内容が失われないメモリのことを「不揮発性メモリ」と呼びます。

1-3 PIC-BASICの開発手順

【開発の手順】

PIC-BASICのマイコンを使い、どのように物を作っていくのか、その大まかな流れを紹介します。

①設計

まず始めにどのようなものを作るのか考えます。内容が決まったら、パソコンソフト(回路図エディタ、CAD)などを使って回路図や図面を作ります。使用する部品の情報も調べておきます。

②部品の収集

部品を集めます。部品は主にパーツショップ(店頭、または通信販売)から購入します。入手できない部品は互換品で代用するか、設計をやり直します。

③ハードウェアの組み立て

　ハードウェア(電気回路やメカ)を作ります。基板に部品をハンダ付けして回路を作ります。基板には「エッチング」で自作する方法と、「ユニバーサル基板(あらかじめランドが付いている基板)」を使用する方法の2種類があります。本書の製作例ではすべてユニバーサル基板を使用しています。なお、メカの作成方法は場合によってさまざまです。製作例では、市販の箱を外装に流用して、ドリルで穴を空けるなどの加工を行っています。

基板の自作方法(「ポジ感光基板」を使用した場合)

1. パソコンソフトでパターンを描き、プリンタでシートに印刷します。
2. シートを基板に貼り、紫外線で感光させます。
3. 現像液で感光膜(エッチングレジスト)を溶かしてから、水洗いします。
4. エッチング液(塩化第二鉄など)で銅箔を溶かしてから、水洗いします。
5. 残った感光膜を取り除き、フラックスを塗れば基板の完成です。

④ソフトウェアの作成

　プログラムを作ります。複雑な処理には、しっかりとしたプログラム設計(状態遷移図やブロック図、フローチャートなど)が必要で

す。プログラム文(コード)は、変数名を規則的に付けたり、コメントを付けるなど、読みやすさ(可読性)を心がけて記述しましょう。

⑤デバッグ＆不具合の修正

作ったものが、すぐに正しく動くとは限りません。うまく動かない場合には、その問題をつきとめて直します。当て推量で修正せずに、測定機器や開発ソフトのデバッグ機能を活用しましょう。

⑥完成！

完成です。製作途中の苦労も多ければ、完成の喜びもひとしおです。さあ、がんばりましょう。

第2章
PIC-BASICキットを組み立てる！

この章では、「AKI-PIC877ベーシック開発セット」の組み立て手順を紹介していきます。使用する部品の解説もできるだけ入れました。参考にしてください。なお、出荷時期によって部品が変更される場合があります。

2-1 開発セットとは？

　「AKI-PIC877ベーシック開発セット」はPIC-BASICの動作環境を整えた組み立てキットです。「ベースボード」と呼ばれる基板上には、PIC-BASIC対応マイコンの他にLCD（液晶ディスプレイ）、スイッチ5個、LED8個、シリアルポート、電源入力用のDCジャックが搭載されています。

＊「AKI-PIC877ベーシック開発セット」を使用する際には、この他に電源（DC7〜12V）と通信ケーブル（Dsub9ピン）が必要になります。お手持ちに該当する備品がない場合は、「開発セット」購入時にまとめてそろえておくことをお勧めします。参考として、秋月電子通商で販売している電源と通信ケーブルを以下に紹介します。

- 「スイッチングACアダプタ9V 1.2A」1個700円（税込）
- 「RS232C　Dサブ9Pオス－9Pメスストレートケーブル(1.8m)」1本300円（税込）

▲秋月電子通商「AKI-PIC877ベーシック開発セット」。価格は4,400円（税込）。

2-2 組み立ての前に

ここでは、組み立ての前にあらかじめ用意しておくべきものや、製作方法についてアドバイスします。

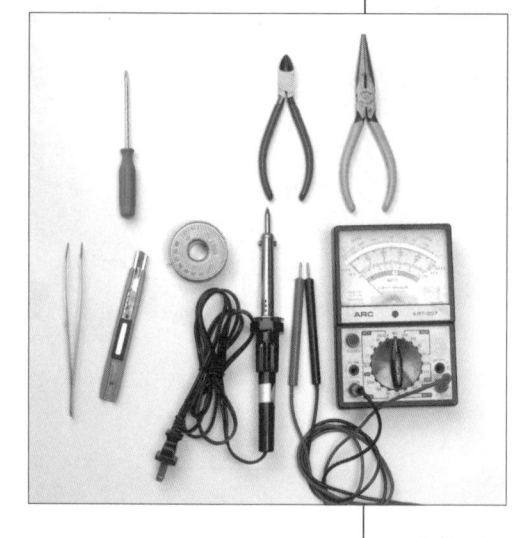

【必要な道具】

製作には、次の道具が必要です。事前にそろえてください。

- ハンダこて：
  ハンダを溶かして部品を取り付けます。作業が細かいため、先端の尖ったタイプが適しています。
- ハンダ：
  電子機器用の糸ハンダが最適です。
- リードニッパ：
  部品を切り取って加工するために使います。
- ペンチ：
  線を曲げたり、部品を押さえるために使います。
- ピンセット：
  細かいパーツを扱うときに使います。
- カッターナイフ：
  基板を切断するために使います。
- ドライバ：
  半固定抵抗を回転させるために使います。小さいマイナスドライバが最適です。
- テスタ：
  回路の動作確認に使います。

ハンダ

ハンダには錫(すず)という金属が含まれています。錫は単体では溶けにくく、他の金属と付きにくいため、鉛(なまり)を混ぜ合わせた「錫鉛ハンダ」が一般的に使われています。鉛と錫を約4対6の割合で混ぜた場合、その融点は約183℃です。最近では環境への配慮から、鉛の代わりに銀(Ag)、銅(Cu)、ニッケル(Ni)などを混ぜ合わせた「鉛フリーハンダ」が開発されていますが、融点が約200〜230℃と、今までのハンダより溶けにくいです。

【ハンダ付けの方法】

　電子工作の基本となるのがハンダ付けです。ハンダ付けの方法を図にすると次のようになります。

①基板の穴に部品を根元まで差し込みます。
②ハンダこてをランド(基板の金属部分)と部品の両方に当てて温めます。このとき、部品に手で触れてはいけません。
③ハンダを当てて溶かします。ハンダ内に含まれるフラックス(ヤニ)が互いの金属表面を洗い、続けてハンダが結合します。
④ハンダを当てた部分からハンダこてを離します。ハンダの量は多すぎず少なすぎず、円錐型に盛るのが理想的です。
⑤部品がきちんと冷えたら、リードニッパを使って不要な部分を切り取ります。切断した部品が飛び散らないようにしてください。

以上でハンダ付けの完了です。
(注意) ハンダ付けの際には、部品が傾いてしまわないようにしましょう。背の低い部品から取り付けていくのが効果的です。それから、ハンダこては非常に高温です。事故を起こさないよう細心の注意を払って、安全に工作を楽しんでください。

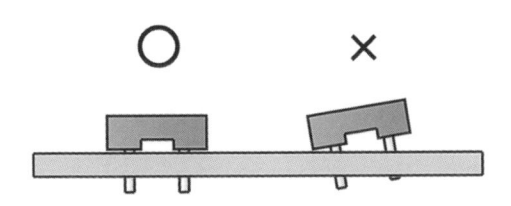

【ハンダ付けに失敗した場合】

　ハンダ付けに失敗したときに使うのが、「ハンダ吸い取り器」や「ハンダ吸い取り線」という道具です。万が一にそなえて用意しておくといいでしょう。

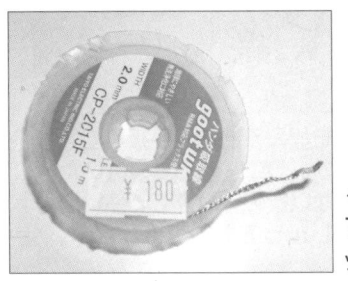

▶「ハンダ吸い取り器」。実売価格1,200円(税別)。スプリングの力で空気を起こし、ハンダを吸い取ります。

◀「ハンダ吸い取り線」。実売価格180円(税別)。毛細管現象とフラックスでハンダを吸い取ります。

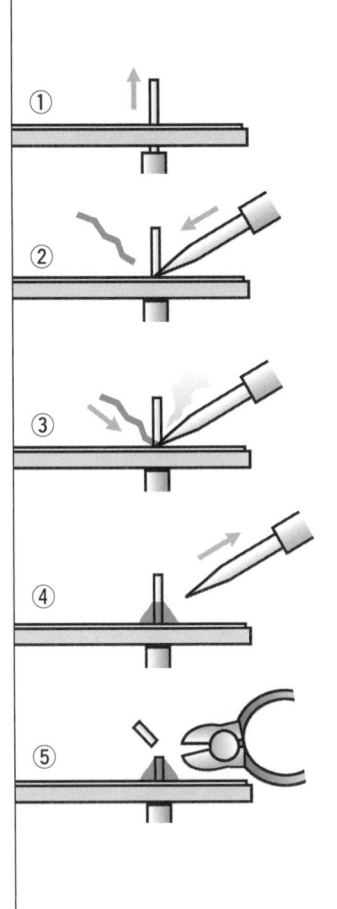

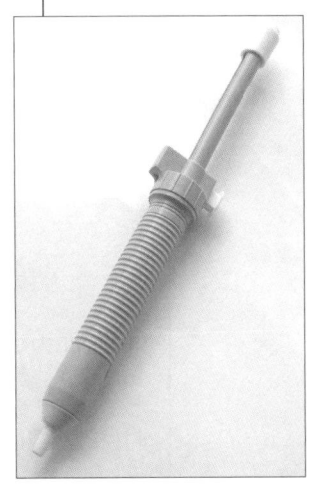

第2章　PIC-BASICキットを組み立てる!

2-3 PIC-BASICモジュールについて

　まず、キットに付属する「AKI-PIC877ベーシック完成モジュール(以下、PIC-BASICモジュール)」を取り出します。PIC-BASICモジュールは既に完成品として販売されているので、そのまま使えます。

　同じ袋に入っている14ピン・ピンコネクタ3個は、あとの組み立てで使いますので残しておいてください。

基板の切り離し

製品によってはDCジャックの付いた基板もあります。その場合、以下のような方法で切り離してください。

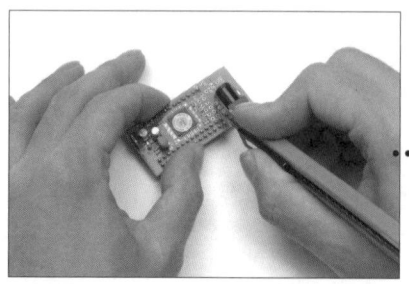

▲最初にカッターナイフで基板に傷を付けます。基板には既に切れ込みが入っていますので、あまり念入りに傷を付ける必要はありません。

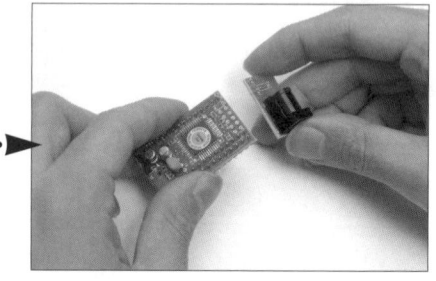

▲手で力を加えると基板が折れて、取り外せます。DCジャックの付いたほうの基板は以後の組み立てで使いませんので、しまっておいてください。

①発振子

動作クロックを作る部品です。部品の中の圧電素子が振動することで信号が作られます。圧電素子の材料は水晶や圧電セラミックです。コンデンサを内蔵したタイプがあります。

②三端子レギュレータ

一定の電圧を作り出すための部品です。IN端子が入力用、OUT端子が出力用です。一般的にINの電圧はOUTの電圧よりも大きくなければいけません。PIC-BASICモジュールではLM7805互換品(5V出力)が使われています。

③電解コンデンサ

コンデンサは電気をためることができる部品で、回路を安定させる目的などに使われます。電気の容量は、「F(ファラド)」で表します。コンデンサは一定の容量まで電気がたまると、電流が流れなくなるという特性があります。コンデンサには「積層セラミックコンデンサ」や「電解コンデンサ」などの種類があります。電解コンデンサは極性が決められていて、足の長い方がプラス側です。規定の電圧以上、もしくは逆方向に電圧を加えるとコンデンサが破損してしまいますので、扱いには注意しましょう。

④スイッチングダイオード

電流を一定方向にだけ流すことができる半導体部品。電気が流れる際、電位が約0.4Vほど降下するという特性もあります。

⑤シリアル通信用IC

マイコン側の信号をRS232C用に変換するためのICです。High(5V)の場合は-10V、Low(0V)の場合は+10Vに対応します。PIC-BASICモジュールではMAX232互換品が使われています。

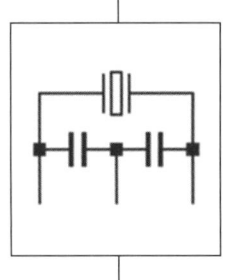

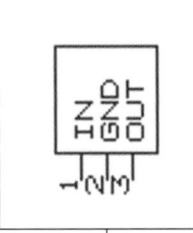

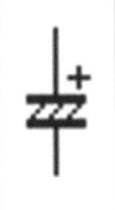

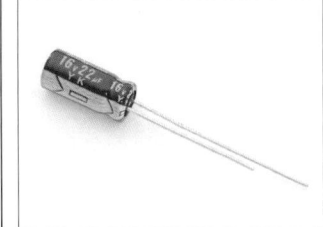

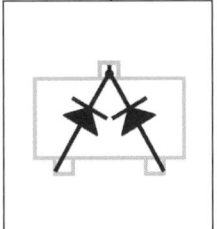

第2章　PIC-BASICキットを組み立てる!

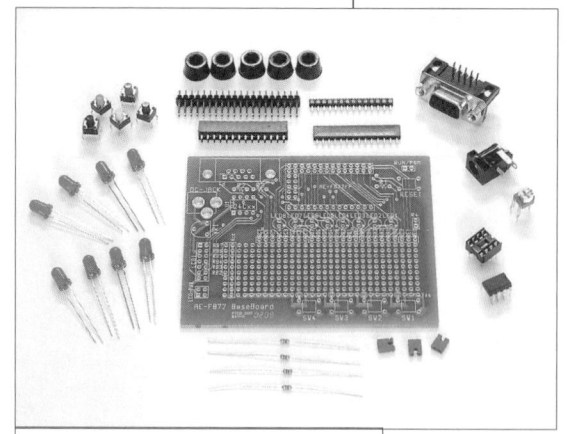

2-4　ベースボードの組み立て

　ではベースボードの組み立てに入ります。ベースボードの部品は次のとおりです。
- 専用ガラス基板×1枚
- 抵抗4.7kΩ(黄・紫・赤)×3個
- 抵抗470Ω(黄・紫・茶)×1個
- φ2.1mmDCジャック×1個
- Dsub9ピン(メス)コネクタ×1個
- タクトスイッチ×5個
- 半固定抵抗10kΩ(103)×1個
- EEPROM「24C1024」×1個
- 8ピンICソケット×1個
- ジャンパピン×3個
- 28ピン・ピンコネクタ×1個
- 14ピン・ピンコネクタ(シングル)×1個
- ピンヘッダ(適量)
- LCDモジュール「SC1602BS-B」×1個
- 14ピン・ピンヘッダ/ピンコネクタ×各1個
- スペーサ×4～5個

【抵抗の取り付け】
　最初は抵抗のハンダ付けから始めましょう。

▶ピンセットやペンチを使って抵抗の足を曲げてから、基板の穴に入れます。

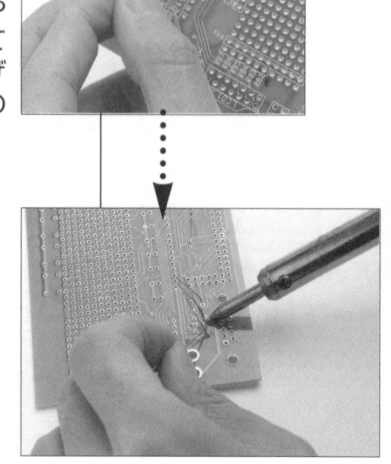

◀▲抵抗をハンダ付けします。「R1～R3」には4.7kΩ(黄・紫・赤)、「R4」には470Ω(黄・紫・茶)を取り付けます。外見が似ているので、間違えないように注意してください。

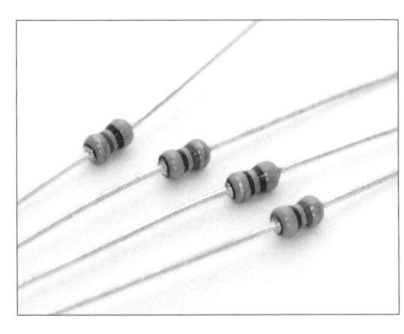

抵抗

電気の流れをおさえる(流れにくくする)部品です。抵抗は回路内の電流や電圧を調整するために使われます。抵抗値の単位は「Ω(オーム)」です。抵抗は使用している材料によって特徴があります。安価で一般的に使われている「カーボン皮膜抵抗」、高精度な「金属皮膜抵抗」、大量の電流を流せる「セメント抵抗」「酸化金属皮膜抵抗」などがあります。抵抗は、耐えられる電圧と電流が「W(ワット)」という単位で決められています。抵抗のワット数には「1/8W」「1/4W」「1/2W」があります。

抵抗値の読み取り方

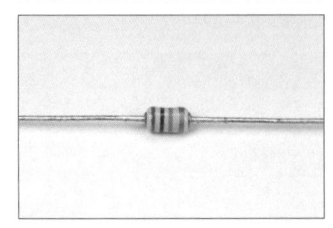

抵抗の側面に描かれた4本の線から抵抗値を読み取ることができます。この線の色のことをカラーコードと呼びます。カラーコードの意味は次のように決められています。

- 茶：1
- 赤：2
- 橙(オレンジ)：3
- 黄：4
- 緑：5
- 青：6
- 紫：7
- 灰：8
- 白：9
- 黒：0
- 銀：誤差±10%
- 金：誤差±5%

線は左から順にそれぞれ「10の位」「1の位」「乗数」「抵抗値の誤差」という意味で、計算によって抵抗値を求めます。

(例)
茶・黒・茶・銀→
　$10 \times 10^1 = 100\,\Omega$、
　誤差±10%
黄・紫・赤・金→
　$47 \times 10^2 = 4.7\,k\Omega$、
　誤差±5%

【ソケット/コネクタなどの取り付け】

▲「U1」に8ピンICソケットをハンダ付けします。側面のくぼみと基板上の印刷の向きが合うように取り付けてください。

▼PIC-BASIC モジュール用に、28ピン(2×14ピン)と14ピン(1×14ピン)のピンコネクタを取り付けます。コツとしては、ピンコネクタをPIC-BASICモジュールに差してからハンダ付けすると、部品が傾きません。

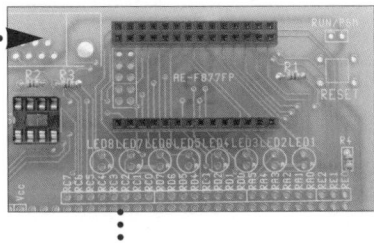

▶「VR1」に半固定抵抗(10kΩ)を取り付けます。傾かないように取り付けましょう。

第2章　PIC-BASICキットを組み立てる!

【スイッチ／LEDの取り付け】

▲「SW1～5」のタクトスイッチ5個を取り付けます。スイッチの色と場所は関連がありません。

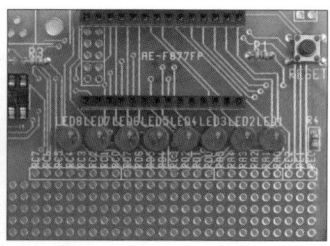

▲「LED1～8」を取り付けます。基板に「A」と印刷してある側をLEDの足の長い方（アノード）に合わせてください。

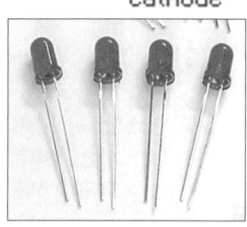

LED

LEDは「Light Emitting Diode」の略で、「発光ダイオード」とも呼ばれる半導体部品です。部品の端子は、足の長い方をアノード（anode）、短い方をカソード（cathode）と呼びます。アノードからカソードに向かって電流を流すと光を放ちます。LEDの光る色には、赤、青、黄、緑、白などがあります。

LEDの電気的な特性としてアノード～カソード間では電圧が降下します。

【LCD用ピンコネクタ／ヘッダの取り付け】

「LCD1」に14ピン（2×7ピン）のピンヘッダとピンコネクタを取り付けます。このとき、ピンヘッダがどちらに位置するか決まっていませんので、自由に選択できます。同じLCDモジュールを使ったキットを持っている場合、互換性を保つためその形状に合わせるといいでしょう。

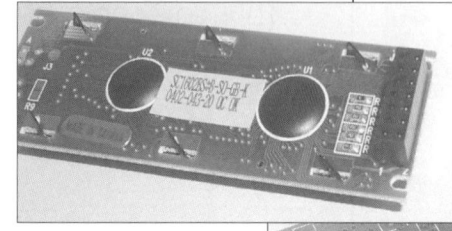

ピンヘッダがベースボード側にある場合
※picbasic.jpではこちらが推奨されています

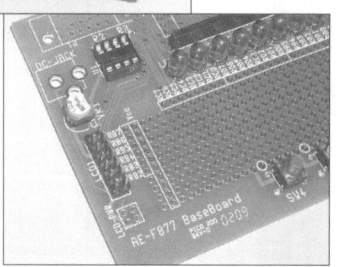

ピンヘッダがLCD側にある場合

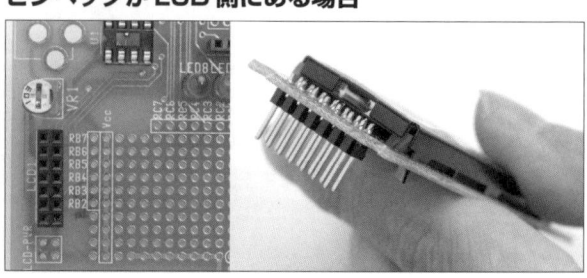

2-4 ベースボードの組み立て

【ジャンパピンの取り付け】

　4ピン(2×2ピン)と2ピン(2×1ピン)のピンヘッダを作り、「LCD-PWR」と「RUN/PGM」にハンダ付けしてください。

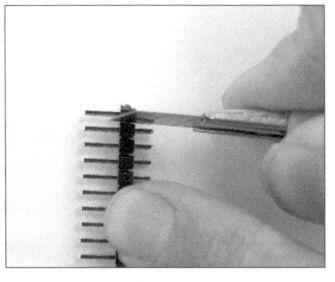

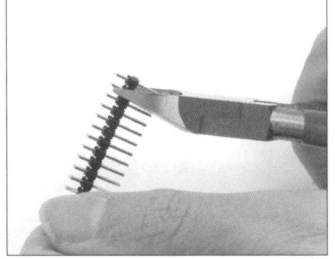

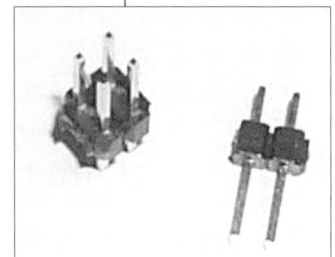

▲ジャンパピンを作ります。まず、カッターで傷を付けてから、リードニッパで切り離します。切り離した部品が飛び散らないように注意してください。

▶「LCD-PWR」と「RUN/PGM」にそれぞれピンヘッダを取り付けます。

【DCジャック／通信コネクタの取り付け】

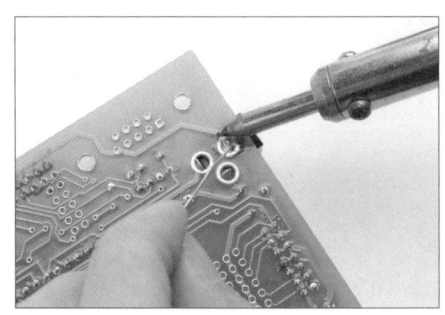

▼Dsub9ピンコネクタを取り付けます。

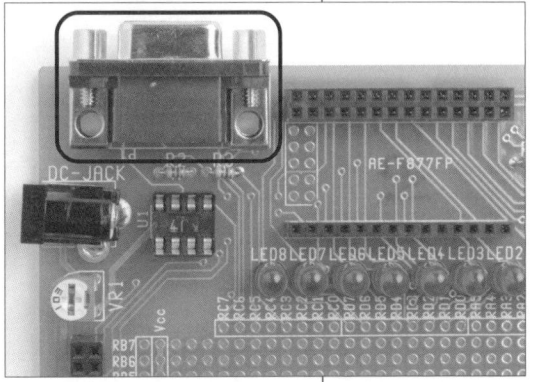

▲φ2.1mmDCジャックを取り付けます。穴が大きいため、ハンダを多めに溶かします。完全に穴をふさぐ必要はありません。

　組み立てはまだ途中ですが、ハンダ付けの必要な作業は終了です。以後は、ベースボードの調整となります。

2-5 ベースボードの調整

組み立ての仕上げとして、ここではベースボードの調整を行います。

【マイコンなどの取り付け】

ベースボードにPIC-BASICモジュールと外部EEPROMを取り付けます。さらに、基板の裏にスペーサ(足)を貼り付けます。

◀PIC-BASIC
モジュールをベ
ースボード上の
コネクタに差し
込みます。

▼スペーサを基板裏の平らな面に貼ります。剥がれないようにしっかり押しつけてください。

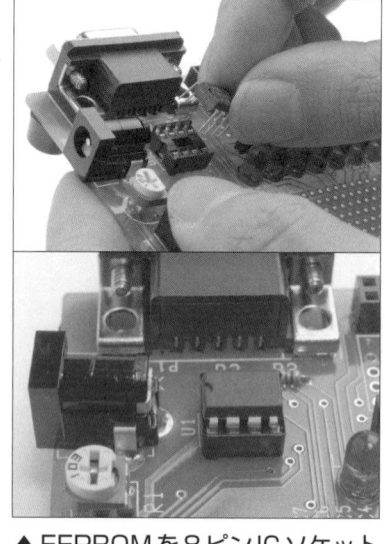

▲EEPROMを8ピンICソケットに差し込みます。EEPROMの足をあらかじめ内側に少し曲げておくと入れやすいです。差し込む向きを間違えないように注意してください(1番ピンが外側です)。

【テスタによる確認　その1】

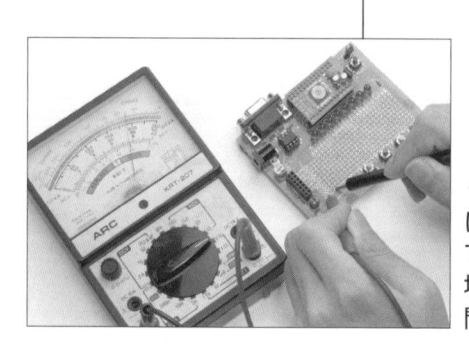

次にテスタを使って、回路がショートしていないか確認してみましょう。

◀テスタのプラス側(赤い端子)をVccに、マイナス側(黒い端子)をGNDに当てて、抵抗値を計ります。もし、0Ωの場合、どこかがショートしていますので、問題点を探し出して修正してください。

【通信ケーブルの接続】

通信ケーブルをベースボードに接続します。通信ケーブルはキットに含まれていませんので、各自で用意してください。Dsub9ピンのシリアルケーブル(ストレート)がそのまま通信ケーブルとして流用できます。

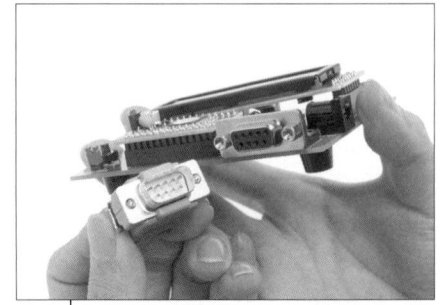

▲シリアルポートに通信ケーブルを差し込みます。

通信ケーブルの自作

通信ケーブルは自作することも可能です。通常、シリアル通信用のケーブルはすべての端子を結線しますが、PIC-BASICでは回路的に三つの端子しか使用していません。そのため、3本だけの配線でも問題なく動作させることができます。

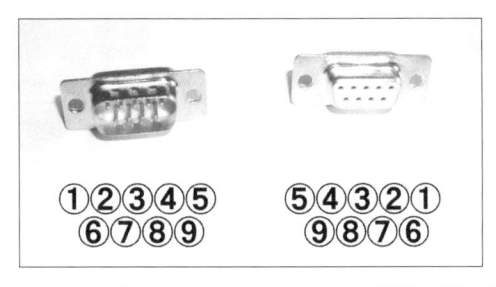

◀Dsub9ピンコネクタのオス型(写真左)とメス型(写真右)。実売価格は1個50円。

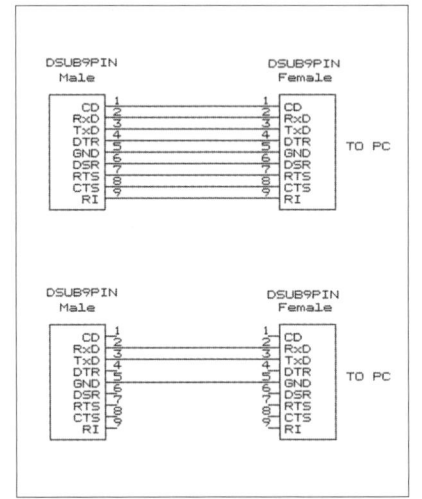

▲通信ケーブルの回路図。9本結線した例と3本だけ結線した例です。

【電源の接続】

ベースボード用に電源を入力します。電源はキットに付属していませんので、各自で用意する必要があります。推奨している電源の仕様は次のとおりです。

家庭用のAC100V電源で動かしたい場合は、仕様に該当する「ACアダプタ」を選択してください。

電源の仕様
・電圧はDC(直流)7〜12Vの範囲内
・DCプラグの形状はφ2.1mm
・端子の極性は中心がプラスで、外側がマイナス

▲使用できる電源は出力電圧がDC7〜12V、中心がプラスです。規定外の電源を接続してしまうと、回路が壊れてしまいますので、十分注意してください。

φ	直径を表します。JISでは「マル」と読みますので、「φ50」の場合、「マル50」と発音します。ギリシャ文字の「ファイ」なので、そのまま「ファイ」と発音する場合もあります。

乾電池でPIC-BASICを動かす

ACアダプタ以外のベースボードの電源としては乾電池という選択肢もあります。

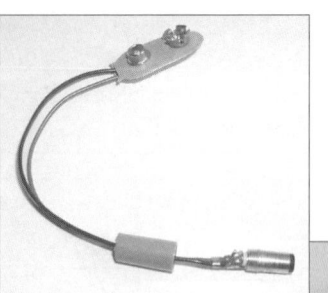

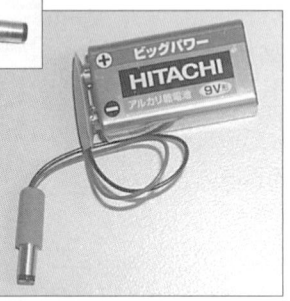

▲▶9V形電池用スナップとφ2.1mmDCプラグで自作した電源ケーブル。端子の極性は中心がプラス、外側をマイナスにしてください。

▶単3形乾電池も利用可能です。電池ボックスで8本を直列にした場合、電圧はニッケル水素電池では9.6V、アルカリ乾電池では12Vになります。

番外編 太陽電池でPIC-BASICを動かす

マイコンを動かす方法は、乾電池やACアダプタだけとは限りません。ここでは、太陽電池でPIC-BASICを動かすことに挑戦してみます。まず、出力電圧1.5〜2.0Vの太陽電池パネルを4枚ほど用意して、直列に4枚つなぎます。あとはそのままDCジャックに接続して、太陽の光に当てるだけです。

自然界のエネルギーだけでマイコンが動く姿はなかなか感動的です。ただ、太陽はいつも昇っているとは限りません。日光が一瞬さえぎっただけでリセットしてしまいますし、夜中には動作できません。このような問題点は、スーパーキャパシタ(容量の大きなコンデンサ)と接続することで、いくらか改善できます。

▲太陽電池に日光を当てると、マイコンが動き出す！

▲「シリコン太陽電池モジュール2.0V 250mA」。1枚500円(税込)。

◀「シリコン太陽電池モジュール1.5V 250mA」。1枚400円(税込)。

2-5 ベースボードの調整

【テスタによる確認 その2】

再び、テスタの出番です。今度は三端子レギュレータから正しい電圧が出力されているか確認してみましょう。

▲電源を入力してから、テスタでVcc～GND間の電圧を計ります。測定値が4.7V前後であれば正常です。

【LCDの取り付け／調整】

LCDモジュールをベースボードに装着します。

▼ドライバを使って半固定抵抗を回します。時計方向に回すと表示が濃く(黒く)なります。最初は、ほぼ一杯まで時計方向に回してください。

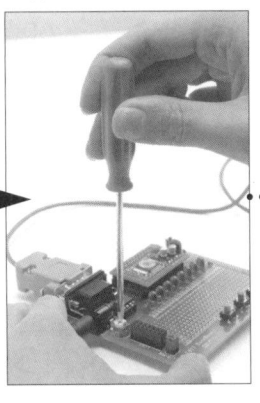

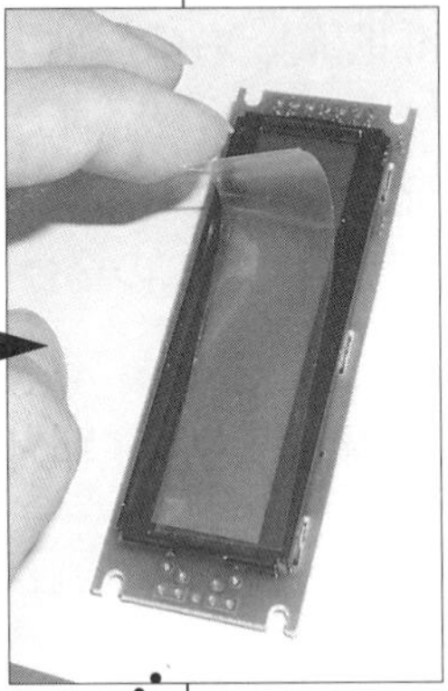

◀LCDモジュールの画面に貼られている保護シートを剥がします。

▲ピンヘッダ「LCD-PWR」にジャンパピンを縦方向2列に差し込みます(1-2と3-4の端子をそれぞれ接触させます)。

ピンヘッダがベースボード側にある場合

ピンヘッダがLCD側にある場合

▲LCDモジュールをベースボードに差し込みます。

▼最後に電源を入れてみます。LCDに黒い帯が表示されれば成功です。表示が薄かったり濃すぎる場合は、電源を一旦落としてから再度、半固定抵抗で調整してください。

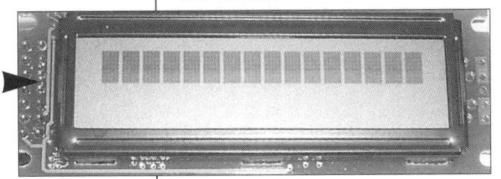

完成

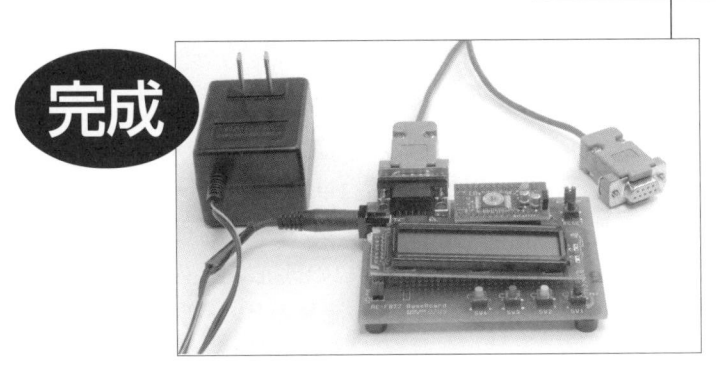

回路図の読み方

たとえば、抵抗に電池が接続されている回路の場合、次のような回路図になります。

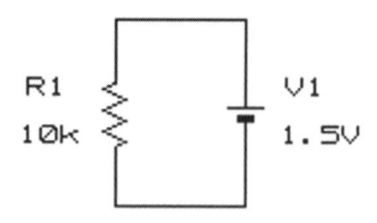

左側の記号が「抵抗」、右側の記号が「電池（電源）」を表します。「R1」「V1」は部品の番号です（記述を省略する場合もあります）。「10k」は抵抗値ですので、この場合「10kΩ」と読みます。

電源の起電力とグランドをそれぞれ「VCC」「GND」という記号で表すと、線が入り組んでしまうことを防ぐことができます。

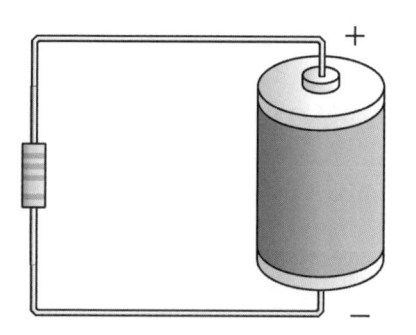

左記の回路図を実物に置き換えた場合、上図のようになります。

なお、交差した線に点が描かれている場合、その線はつながっているという意味です。逆に点が描かれていない場合には、その線はつながっていません。

オームの法則

「オームの法則」とは、電圧・電流・抵抗値の関係を表した法則です。オームの法則の式は次のとおりです。

$$E = I \times R$$

　E：電圧。単位はV（ボルト）です。
　I：電流。単位はA（アンペア）です。
　R：抵抗値。単位はΩ（オーム）です。

たとえば、1kΩの抵抗に1Vの電圧（電位）を加えると、1mAの電流が流れるという計算になります。

第3章 PIC-BASICを動かしてみる！〜基礎編〜

この章ではPIC-BASICによるプログラムの作成から実行までの方法を紹介します。また、PIC-BASIC特有の機能や制限があります。そうした仕様も紹介します。

3-1 開発環境のインストール

　まず、「PIC-BASIC開発ソフト」をパソコンのハードディスクにインストールします。開発ソフトが対応するOSはWindows95/98/Me/NT/2000/XPです。Windows以外のOSには対応していません。

　使用するパソコンにはCD-ROMドライブと、空いているシリアルポート（RS232C）が必要です。もし、シリアルポートが足りない場合は、「USB-シリアル変換ケーブル」や「シリアルポート付きのインタフェースボード」などを使って増設してください。

【インストールの手順】

▲「PIC-BASIC開発ソフト」のCD-ROMを用意します。CD-ROMは「AKI-PIC877ベーシック開発セット」や「AKI-PIC877ベーシック完成モジュール（ソフトあり）」に付属しています。

▼CD-ROMをCD-ROMドライブに入れると自動的にインストーラが起動します。

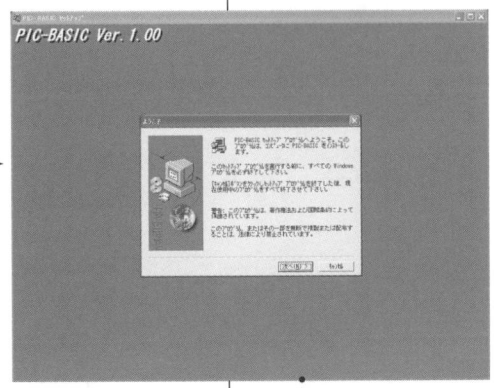

……▶ 次ページへ

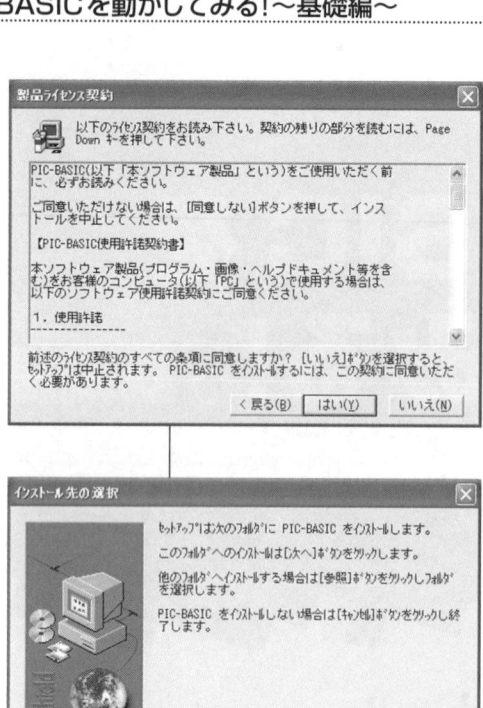

第3章　PIC-BASICを動かしてみる！〜基礎編〜

◀このソフトの使用許諾が表示されます。内容をよく読み、了承してから「はい」を選択すると、処理が先に進みます。

◀インストール先のディレクトリ（フォルダ）を選択します。初期値では、"C:¥Program Files¥PIC-BASIC" に設定されています。

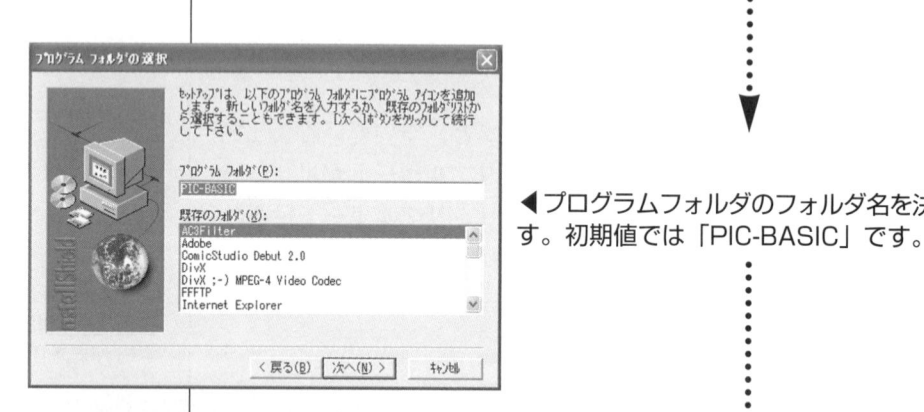

◀プログラムフォルダのフォルダ名を決めます。初期値では「PIC-BASIC」です。

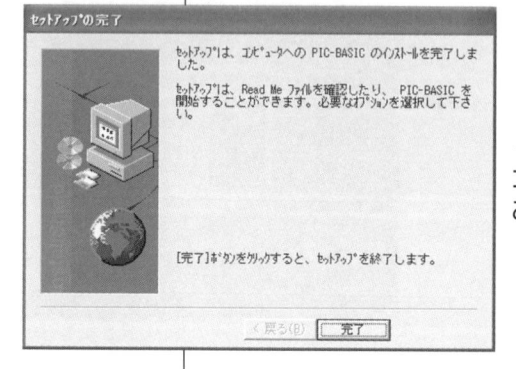

◀ソフトがCD-ROMからハードディスクにコピーされます。インストールが完了すると、このような画面が表示されます。

以上でインストールの終了です。

3-2 PIC-BASIC の操作方法

第2章で組み立てたベースボードを例に、開発ソフトの操作方法を紹介します。操作にあたっては、ベースボード以外に電源と通信ケーブル、そしてパソコンが必要です。

※本書はOSにWindowsXPを使用していますが、その他のOSでも動作はすべて同じです。

【開発ソフトの起動】

PIC-BASIC開発ソフトを立ち上げます。

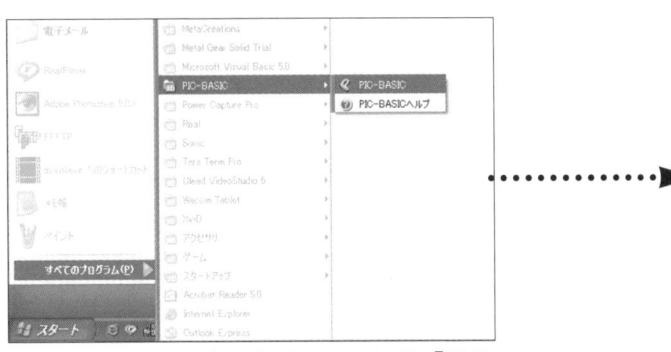

▲Windowsのスタートメニューから「PIC-BASIC ＞ PIC-BASIC」を選択します。

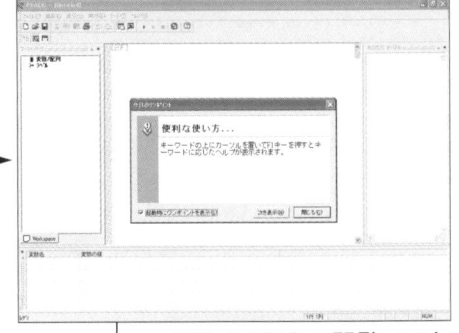

▲PIC-BASICの開発ソフト（"C:¥Program Files¥PIC-BASIC¥PBASIC.exe"）が実行されます。最初に表示される「ワンポイント」のダイアログは読み終わったら閉じてください（以後、表示をさせないこともできます）。

【プログラムの読み込み】

サンプルプログラムの中からファイルを一つ開いてみます。

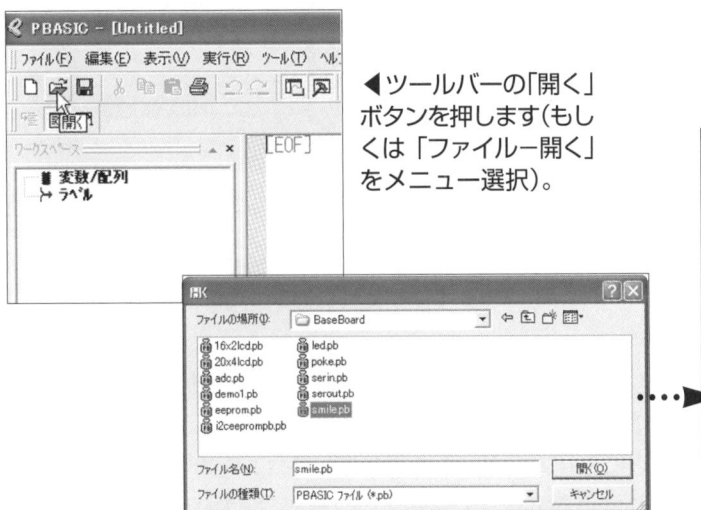

◀ツールバーの「開く」ボタンを押します（もしくは「ファイル－開く」をメニュー選択）。

▲ファイルダイアログが表示されます。ここでは例として、"C:¥Program Files¥PIC-BASIC¥Samples¥BaseBoard"フォルダの"smile.pb"というファイルを選択します。

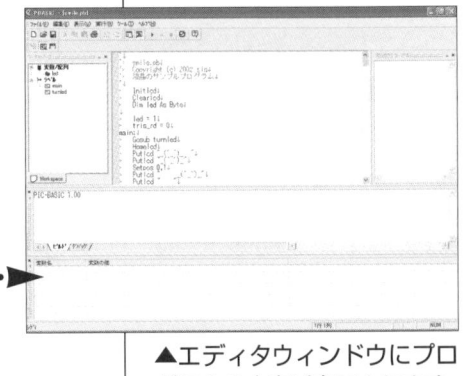

▲エディタウィンドウにプログラムの内容が表示されます。

第3章　PIC-BASICを動かしてみる！〜基礎編〜

【デバッグ実行】

では、開いたプログラム"smile.pb"を動かしてみます。

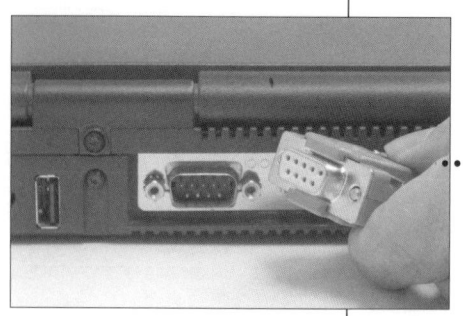

▲通信ケーブルをパソコンのシリアルポートに接続して、ベースボードとパソコンをつなぎます。

▶ジャンパピンを「RUN/PGM」のピンヘッダに差し込んで「プログラム・モード」に設定します。

◀ベースボードに電源を入れます。電源を入れると、LCD画面に黒い帯が表示されます。

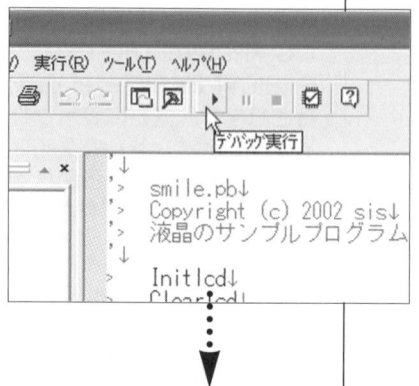

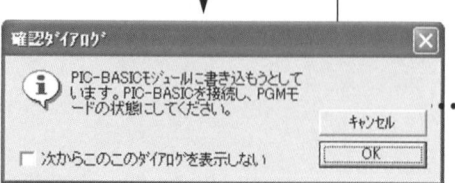

◀ツールバーの「デバッグ実行」ボタンを押します（または「実行－デバッグ実行」をメニュー選択するか、「F5」キー）。

▲プログラムを書き込む前に確認のダイアログが表示されます。「OK」を選択すると先の処理に進みます。

▲ベースボード上のLCDに記号（顔文字）のアニメーションが表示され、LEDが点滅します。デバッグ実行は成功です。

　デバッグ実行を選択してから、ベースボードが動き出すまでの時間はわずか数秒〜数十秒です。この間にプログラムは中間言語に変換され、さらにシリアルポートを通じてマイコン内のフラッシュROMに書き込まれてから実行しています。フラッシュROM（PIC16F877）の書き込み回数には寿命がありますが、最低でも1,000回は保証されています（参考までに筆者は3年以上使っていますが今でも問題なく書き込めています）。

【プログラム書き込みに失敗した場合】

万が一、ベースボードとの通信に失敗した場合、次のようなダイアログが表示されます。

失敗には、次の原因が考えられます。
- 接続の問題。通信ケーブルがパソコン(またはベースボード)につながっていない。通信ケーブルがストレートではない。
- 設定の問題。パソコン側のシリアルポート番号が正しくない(「ツール－オプション」のメニュー選択で設定できます)。
- 電源の問題。ベースボードに電源が入っていない。

【デバッグ用命令】

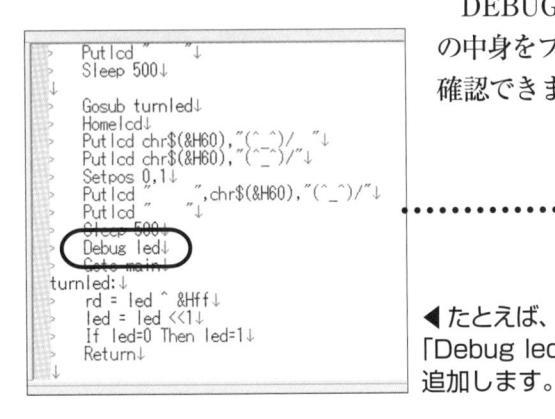

DEBUG命令を使うと、変数の中身をプログラムの実行中に確認できます。

◀ たとえば、プログラムに「Debug led」という行を追加します。

▼デバッグ実行を行うと、デバッグウィンドウに変数の値が表示されます。

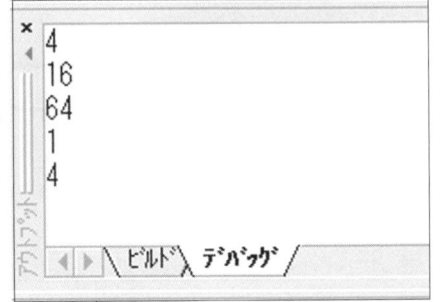

【プログラムの一時停止】

デバッグ実行に限り、プログラムを途中で停止させることができます。

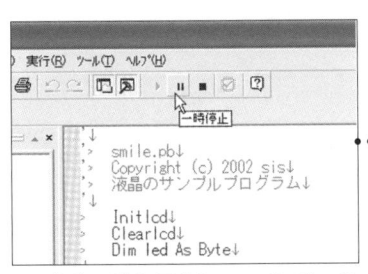

▲デバッグ実行中にツールバーの「一時停止」ボタンを押します(「実行－一時停止」をメニュー選択)。

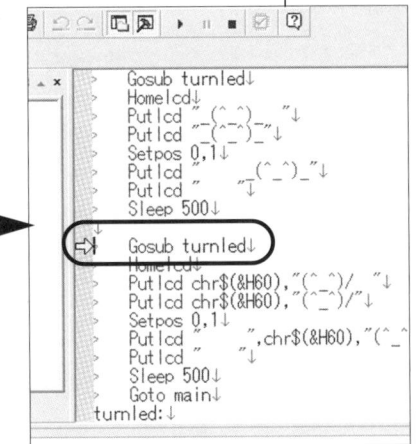

◀プログラムが止まりました。プログラムの実行直前の行が矢印マークで表示されます。一時停止させたプログラムは再び実行させることができます。

第3章　PIC-BASICを動かしてみる！〜基礎編〜

【ブレークポイントの設定／解除】

　デバッグ実行では、プログラムの特定の場所で一時停止させることができます。この停止させる場所をブレークポイントと呼びます。では、実際にやってみましょう。

▶たとえば、この行にカーソルを合わせて、ツールバー「ブレークポイントの設定／解除」ボタンを押します(または「実行－ブレークポイントの設定／解除」をメニュー選択するか「F9」キー)。すると、左端に「B」マークが追加され、ブレークポイントが設定されます。同じ操作をもう一度すると、ブレークポイントが解除されます。

▼デバッグ実行を行うと、プログラムが一時停止されました。LCDに表示されている3人(？)のうち左側だけが手を上げていることに注目してください。

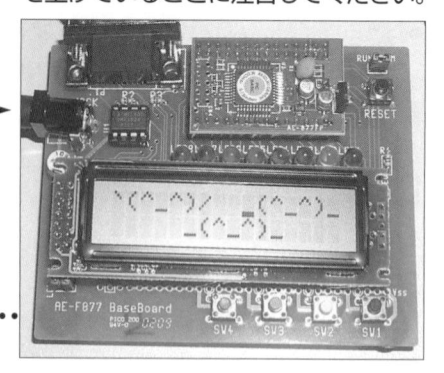

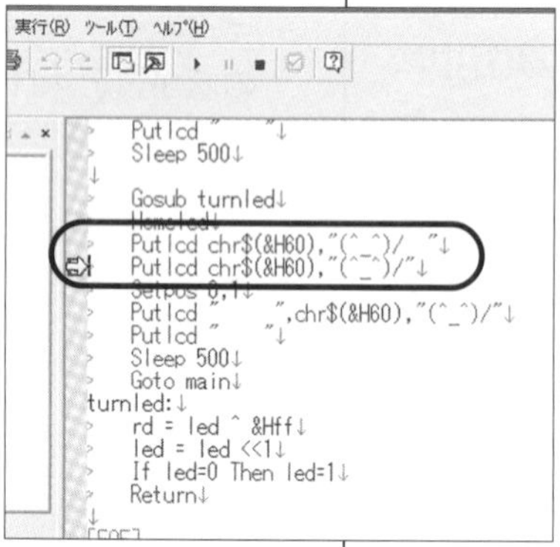

◀プログラムの実行直前の行が矢印マークで表示されています。この場合、PUTLCD命令の途中で実行が止まっています。先のLCDの表示内容と照らし合わせれば納得です。一時停止したプログラムは再び実行させることもできます。

【変数のウォッチ(内容確認)】

　画面下にあるウォッチウィンドウを使うと、なんと変数やポートの中身を確認することができます。この機能はプログラムの動作確認に大変重宝します。

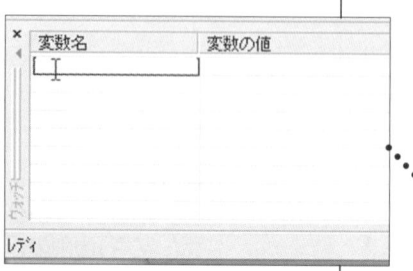

▲「変数名」の空白部分に変数の名前を入力します。たとえば"smile.pb"の場合、「led」と打ち込んでみます。なお、この操作はプログラムの動作が止まっているときにしかできません。

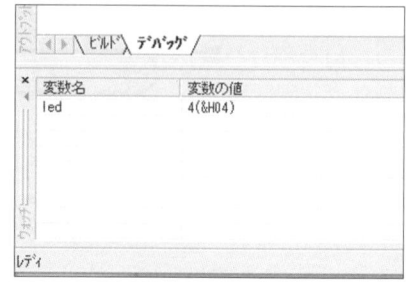

◀プログラムを一時停止させると、変数の中身が表示されました。ウォッチウィンドウの表示はプログラムの実行中には更新されません。プログラムの実行中に中身を確認したい場合は、DEBUG命令を利用してください。

3-2 PIC-BASICの操作方法

【最終書き込み】

「最終書き込み」とは、プログラムが完成した段階で行う操作です。今までのデバッグ実行とは違って、プログラムの一時停止や変数のウォッチができませんが、パソコンと切り離した(スタンドアローン)状態でマイコンを動かせるようになります。最終書き込みの方法は次のとおりです。

▲まず、「RUN/PGM」のジャンパピンが接続され、「プログラム・モード」になっていることを確認します。

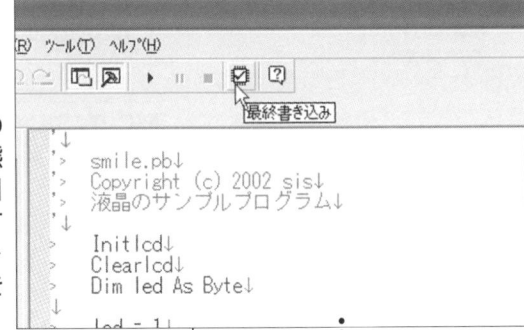

▶ベースボードの電源が入った状態で、「最終書き込み」ボタンを押します(もしくは「実行－最終書き込み」をメニュー選択)。

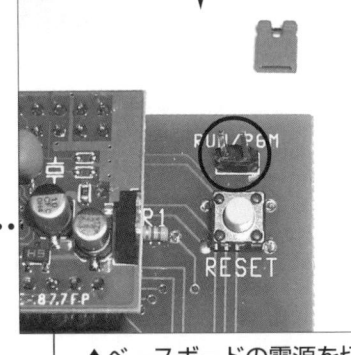

▲ベースボードの電源を切ってから、「RUN/PGM」のジャンパピンを抜いて、「ラン・モード」に設定します。

◀リセットボタンを押すか電源を入れ直すと、プログラムが再実行されます。「RUN/PGM」のピンヘッダにジャンパピンを接続すれば、再びデバッグ実行も可能です。

▲再びベースボードの電源を入れると、プログラムが動きました。独立して動いているため、通信ケーブルを接続する必要はありません。

【開発ソフトのメニュー】

PIC-BASIC 開発ソフトのすべてのメニューを紹介します。

「ファイル」メニュー

新規作成	プログラムを新しく作成します。
開く	プログラムファイルを開きます。
上書き保存	プログラムファイルを保存します。
名前を付けて保存	ファイルに新しい名前を付けてプログラムを保存します。
PIC-BASIC の終了	ソフトを終了します。

「編集」メニュー

元に戻す	エディタウィンドウの操作を一つ前に戻します。
切り取り	エディタウィンドウ内の選択領域をカットして、クリップボードに移します。
コピー	エディタウィンドウ内の選択領域をクリップボードにコピーします。
貼り付け	クリップボード内のテキストをクリップボードにペーストします。
すべて選択	エディタウィンドウ内をすべて選択します。
検索	エディタウィンドウ内を検索します。

「表示」メニュー

ワークスペース	ワークスペースウィンドウの表示/非表示を設定します。
アウトプットバー	アウトプットウィンドウの表示/非表示を設定します。
ウォッチウィンドウ	ウォッチウィンドウの表示/非表示を設定します。
ターミナルバー	ターミナルウィンドウの表示/非表示を設定します。
ツールバー	ツールバーの表示/非表示を設定します。
ステータスバー	ステータスバーの表示/非表示を設定します。

「実行」メニュー

デバッグ実行	プログラムをデバッグ状態で実行します。
一時停止	プログラムを一時停止します。
停止	プログラムを停止します。

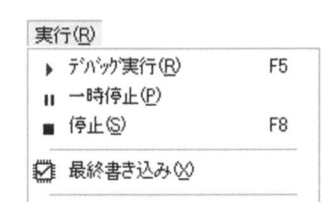

「ツール」メニュー

オプション	「ツール－オプション」ダイアログを表示します。

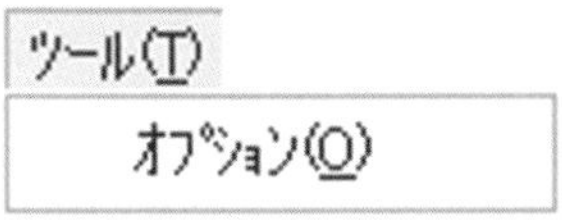

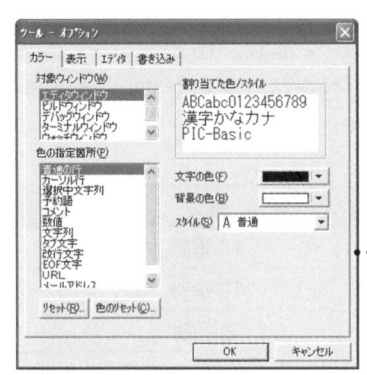

▲「カラー」タブ：表示文字の色を設定します。

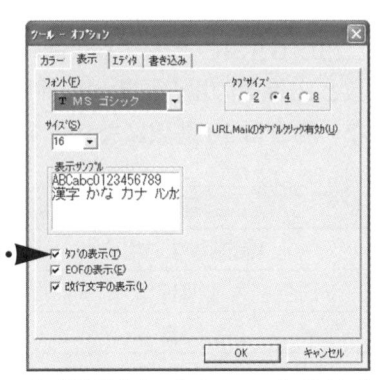

▲「表示」タブ：フォントのサイズやタブの長さを設定します。

▼「エディタ」タブ：予約語の自動変換機能などを設定します。

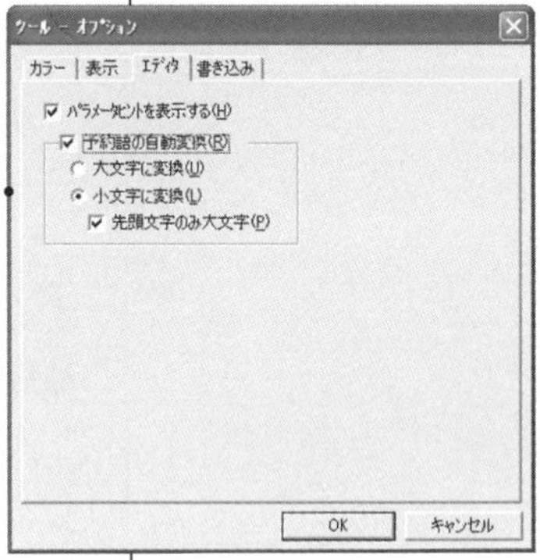

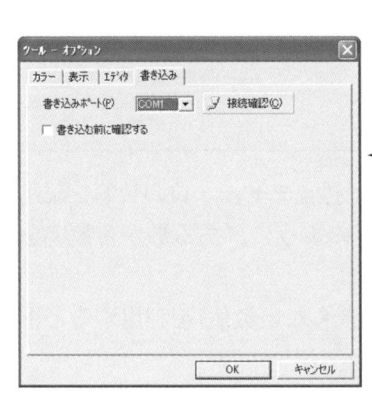

◀「書き込み」タブ：シリアル通信のポート番号を設定します（COM1〜COM4まで指定可能）。「接続を確認」ボタンを押すと、マイコンと接続を確認できます。

「ヘルプ」メニュー

ヘルプ	ヘルプ画面を表示します。
命令リファレンス	命令のヘルプ画面が表示されます。
ワンポイントの表示	ワンポイントを表示させます。
PIC-BASIC について	このソフトのバージョンが表示されます。現在の最新バージョンは1.0です。
ホームページへアクセス	WEBブラウザで公式サイト(http://picbasic.jp/)が開かれます。

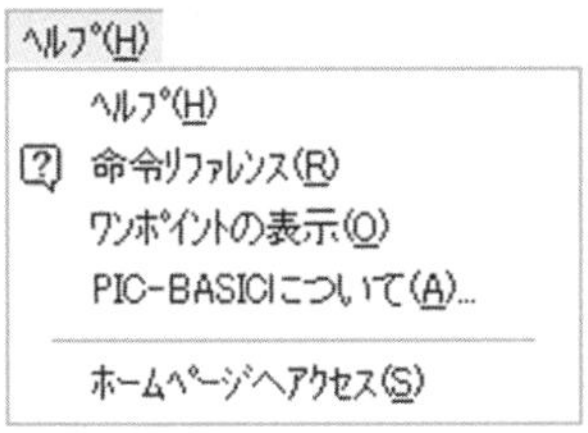

3-3 PIC-BASICの言語仕様

　PIC-BASICで使われるプログラム言語は当然ながら「BASIC」ですが、本来のBASICに対してPIC-BASIC特有の機能や制限がいくつか加わっています。
　ここでは、PIC-BASICの言語の仕様について紹介します。

【数値】

　PIC-BASICで表せる数値は10進数、2進数、16進数です。2進数と16進数の場合、数値の前に次の記号を付けてください。記号がない場合は10進数になります。

記号	進数
（記述しない場合）	10進数
&H	16進数
&B	2進数

例

```
&Hff
&H104c
&B1010101
&B1111
```

　PIC-BASICでは負（マイナス）の数は扱えません。負の数値を記述するとエラーになります。「A－100」のように、ある数から数字を減算する場合は問題ありません。
　大きすぎる数値(32ビットで収まりきらない数値)を利用すると正しく動作しないことがあります。

【変数の型】

　PIC-BASICで扱える変数の型は次の3種類です。

変数の型	バイト数(ビット)	値の範囲
Byte	1バイト(8ビット)	0～255
Word	2バイト(16ビット)	0～65,535
Long	4バイト(32ビット)	0～4,294,967,295

PIC-BASICで扱う変数はすべて整数型です。少数や文字列を扱う変数はありません。また、注意点として変数内ではマイナスの値を表現できません。

▲エディタウィンドウ上で数値にカーソルを合わせると、値を変換表示することができます。

【変数・配列の定義】

変数定義の書式は次のとおりです。

```
Dim [変数名] As [変数の型]
Dim [変数名1] As [変数の型1] ,[変数名2] As [変数の型2]
```

変数の定義は変数を使用する行よりも先に記述します。変数は一度に複数定義することもできます。変数の型を省略するとWord型になります。

例

```
Dim i,j As Long        'iはWord型、jはLong型で定義されます。
```

変数名や配列名の規則は次のとおりです。
・アルファベットまたは数値、アンダースコア(_)が使えます。
・最初の1文字目はアルファベットと決められています。
・大文字と小文字は区別されます。たとえば、変数Aと変数aは別々のものと判断されます。
・予約語は変数名や配列名に使えません。
・ラベル名と同じ変数名や配列名を定義することができます。

例

```
Dim SLEEP As Byte      'エラーになります。予約語は変数名に使えません。
Dim 2ND As Byte        'エラーになります。数値から始まる変数名は無効です。
Dim TEST&SW As Byte    'エラーになります。アンダースコア以外の記号は使えません。
```

配列は1次元の配列のみ対応しています。配列を定義する場合、変数名の末尾にカッコと要素数を記述します。

使用できる添え字は要素数−1までです。たとえば、配列の要素数を3と定義すると、添え字の有効範囲は0～2になります。デバッガ実行時にプログラム内で配列の要素数を超えてしまうとエラーが発生します。なお、配列の最大サイズは、PIC-BASIC対応マイコンのRAM容量に依存します。

例

```
Dim ARRAY(20) As Word      'Word型の配列ARRAY(0)～(19)が定義されます。
Dim B_DAT(3) As Long       'Long型の配列B_DAT(0)～(2)が定義されます。

Dim TEST_ARRAY(3) As Word  '3個のWord型配列を定義します。
TEST_ARRAY(0)=12345
TEST_ARRAY(1)=12345
TEST_ARRAY(2)=12345
TEST_ARRAY(3)=12345        ' この行はエラーです。使用できる添え字は要素数-1までです。

Dim BUFFER(1000) As Byte   ' この行はエラーです。マイコンのメモリが足りません。
```

【定義済み変数】

PIC-BASICには「定義済み変数」という、あらかじめ定義された特殊な変数があります。この変数を参照あるいは代入することでマイコン内のポートの状態を直接制御することができます。定義済み変数の型はすべてByte型です。

定義済み変数名	内容
RA	ポートAの状態
RB	ポートBの状態
RC	ポートCの状態
RD	ポートDの状態
RE	ポートEの状態
TRIS_RA	ポートAの入出力状態(ビットが1=入力、0=出力)
TRIS_RB	ポートBの入出力状態(ビットが1=入力、0=出力)
TRIS_RC	ポートCの入出力状態(ビットが1=入力、0=出力)
TRIS_RD	ポートDの入出力状態(ビットが1=入力、0=出力)
TRIS_RE	ポートEの入出力状態(ビットが1=入力、0=出力)

▼ポートはビット単位で制御できます。

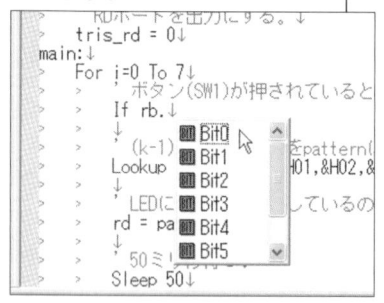

定義済み変数は大文字・小文字を区別しません。また、上記の変数名はDim命令によって定義・再定義することはできません。

RBポートのbit1は出力(0)にしないでください。「RUN/PGM」の設定ですでに使われています。

RA～RE、TRIS_RA～TRIS_REはマイコン内蔵のレジスタと同じ扱いです。TRIS_REに値を設定する場合、上位5ビット(3～7ビット目)を必ず0にしてください。1をセットするとPSP

(Parallel Slave Port)が有効になってしまい、正しく動作しないことがあります。

【式】

PIC-BASICでは四則演算の他に剰余(割り算の余り)計算、ビット演算、シフト演算を行うことができます。

記号	機能
.	ビット修飾子
＋	加算
－	減算
＊	乗算
/	除算(小数点以下の値は切り捨てになります)
MOD	剰余(除算のあまりの値です)
&	論理積(AND)
|	論理和(OR)
^	排他的論理和(XOR)
<<	左シフト
>>	右シフト

演算の結果は桁落ちしないように処理されますが、演算結果が代入する変数の型に収まらない場合は結果の下位が有効となりますので注意してください。

例

```
Dim A As Byte
Dim B As Byte
Dim C As Word
Dim D As Byte

A=200
B=100

C=A+B       ' 変数Cに300が代入されます。Word型なので問題ありません。
D=A+B       ' 変数DがBYTE型なので300が正しく代入できず、44が代入されてしまいます。
```

特に乗算は演算結果(演算途中も含む)がLong型を超える可能性が高いので注意してください。

例

```
Dim A As Word
Dim B As Word
Dim C As Long

A=50000
B=65000

C=A*B              ' 変数Cには正しく3,250,000,000が代入されます。
C=A*C              ' 結果がLong型で表現できる範囲を超えるので、正しく計算されません。
                   ' デバッグ実行時に警告されます！
C=A*B*B - A*B*(B-1) ' これも数学的にはC=3,250,000,000となりますが、演算途中でLong
                   ' 型で表現できる範囲を超えるので、正しく計算できません。
```

【計算の優先順位】

計算の優先順位は次のとおりです。

【優先順位　高い】

記号	意味
( )	括弧
.	ビット修飾子
*　/　MOD	乗算・除算・剰余
＋　－	加算・減算
<<　>>	シフト
<　>　<=　>=	比較
=　<>	比較
&	論理積（算術演算子）
^	排他的論理積（算術演算子）
|	論理和（算術演算子）
AND	論理積（論理演算子）
OR　XOR	論理和・排他的論理積（論理演算子）

【優先順位　低い】

括弧がない場合は掛け算・割り算を先に計算してから、足し算・引き算を行います。

たとえば次のような場合は括弧を付ける付けないで結果が異なります。

例1

```
A = B + C * D            'C*D を先に計算します。
```

例2

```
A = ( B + C ) * D        'B+C を先に計算します。
```

【関数】

PIC-BASICには、PEEK関数とCHR$関数という二つの組み込み関数があります。

■PEEK関数《ファイルレジスタの読み込み》

書式：
 PEEK(addr)

例

```
a =PEEK(&H10)
```

解説：
 マイコン内部のファイルレジスタへアクセスして、そのレジスタの値を読み込みます。addrには&H000～&H1FFまでの範囲を指定します。addrが&H000～&H1FFの範囲にない場合は上位7ビットをマスクして、強制的に&H000～&H1FFに収めてから実行されます。アドレスとそのレジスタの機能についてはマイコン(PIC16F877)のデータシートをご覧ください。この命令は主にPIC-BASICの命令でできないような処理を行う場合に使われるものです。不要に使うと正しくプログラムが動かなくなる可能性があるので、注意してください。
 変数の戻り値の型はByte型(値は0～255)です。

■CHR$関数《指定したコードの文字を返す》

文法：
 CHR$(expr)

例

```
PUTLCD "100",chr$(&hfb),chr$(&hfc)
```

解説：

この関数を使用できる命令はPUTLCD、DEBUG、SEROUT、WRITE、I2CWRITE のみです。

exprに対応した文字を出力します。この命令を使うことでタブ文字や改行コード、特殊文字を出力することが可能です。exprの部分は0～255の値、任意の式を記述することができます。exprが8ビットに収まらない場合は下位8ビットのみが使われます。

例

```
INITLCD
PUTLCD 65            '液晶に65と表示されます。プログラムのとおりです。

PUTLCD CHR$(65)      '液晶にAと表示されます。65は文字コードAのキャラクタコードだからです。

Putlcd "100",CHR$(&hfb),CHR$(&hfc)    '「100万円」と液晶に表示されます。
```

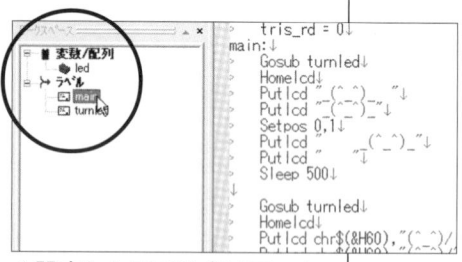

▲設定したラベル名はワークスペースウィンドウに表示されます。

【ラベル】

「ラベル」はGOTO文やGOSUB文の飛び先を示すための名前です。ラベル名のあとには、必ずコロン(:)を記述します。ちなみに、セミコロン(；)ではありません。

ラベル名には予約語以外のアルファベット、アンダースコア(_)を利用できます。数値は2文字目以降にのみ使用できます。

例

```
MAIN:
CHECK_1:
relay_ON:

PUTLCD:         'この行はエラーです。予約語は使えません。
1st_entry:      'この行はエラーです。頭文字に数字は使えません。
PRINT%:         'この行はエラーです。_ 以外の記号は使えません。
```

【コメント】

コメント(注釈)はシングルクォーテーション(')で表します。シングルクォーテーションから行末までをコメントとみなします。エディタウィンドウではコメントは色が変化して表示されます。

3-4 開発ソフト付属のサンプルプログラム

プログラム作りの参考になるサンプルプログラムを紹介します。次のファイルは「PIC-BASIC開発ソフト」のインストール後、"C:¥Program Files¥PIC-BASIC¥Sample¥BaseBoard"フォルダに格納されています。

【LCD表示(16×2文字)】ファイル名：16x2lcd.pb

内容：LCD(液晶ディスプレイ)に「PIC877　ベースボード」という文字を表示します。LCD表示の方法として、まずINITLCD命令で初期化を行い、それからPUTLCD命令で表示内容を出力します。表示できる文字はアルファベットや数字、記号、カタカナなどです。漢字はサポートしていません。

▲LCDに文字が表示されます。

LCD表示(16×2文字)のプログラムリスト
(デバッグ実行時のプログラム使用量：0.9％／最終書き込み時のプログラム使用量：0.5％)

```
' AKI-PIC877 ベースボードサンプルプログラム
'

    INITLCD                       ' 液晶モジュールの初期化
    HOMELCD                       ' カーソルを(0,0)に移動
    PUTLCD "PIC877 ﾍﾞｰｽﾎﾞｰﾄﾞ"      ' タイトル表示
    END
```

【LCD表示(20×4文字)】ファイル名：20x4lcd.pb

内容：20字×4行タイプのLCDを使って文字を表示します。実行するためには「LCDキャラクタディスプレイモジュール　20×4」というLCDモジュールが別途必要です。実売価格はバックライトなしが1個1,500円(税込)、バックライト付き1個2,000円(税込)です。

20字×4行タイプは、キットに付属する16字×2行タイプと違って、VccとGNDの配線が逆になっています。利用する場合は、あらかじめ「LCD-PWR」の1-3と2-4間を接触させるようにジャンパピンを差し直してください。

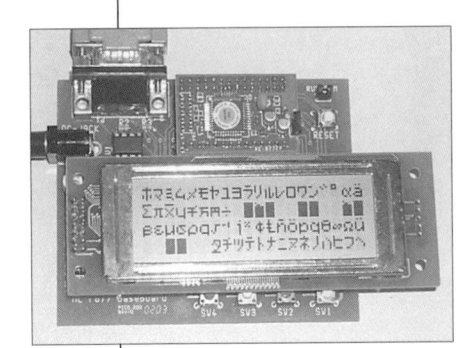

▲20字×4行のLCDモジュールを使って文字を表示します。

▲「LCD-PWR」のジャンパピンを横向きに直して(1-3、2-4を接触)、VccとGNDを反転させます。

LCD表示(20×4文字)のプログラムリスト

(デバッグ実行時のプログラム使用量:4.1%／最終書き込み時のプログラム使用量:3.7%)

```
'
'    20文字×4行液晶モジュールのサンプル
'
'
Dim x,y,start

Initlcd


Setpos 0,0
Putlcd "1ｷﾞｮｳﾒ"

Setpos 0,1
Putlcd "2ｷﾞｮｳﾒ"

Setpos 0,2
Putlcd "3ｷﾞｮｳﾒ"

Setpos 0,3
Putlcd "4ｷﾞｮｳﾒ"

start = &H20
Gosub pattern
Sleep 1000


start = start +20*4
Gosub pattern
Sleep 1000


start = start +20*4
Gosub pattern
End

pattern:
    For y=0 To 3
        For x=0 To 19
            Putlcd chr$(start+x+y*20)
        Next
    Next
    Return
```

【A/D変換】ファイル名：adc.pb

内容：A/D変換を行うサンプルプログラムです。A/D変換のチャネルは全部で八つありますが、このプログラムでは、このうち四つ(チャネル0～3)から値を入力してLCDに表示します。

A/D変換用ポート(全8チャネル)

チャネル番号	ポート名	「AKI-PIC877ベーシック完成モジュール」でのピン番号	「AKI-PIC 16F877-20/ICスタンプ」でのピン番号
0	AN0／RA.0	CNB-01	2
1	AN1／RA.1	CNB-02	3
2	AN2／RA.2	CNB-03	4
3	AN3／RA.3	CNB-04	5
4	AN4／RA.5	CNB-06	7
5	AN5／RE.0	CNA-01	8
6	AN6／RE.1	CNA-02	9
7	AN7／RE.2	CNA-03	10

A/D変換のプログラムリスト

(デバッグ実行時のプログラム使用量：2.1%／最終書き込み時のプログラム使用量：1.6%)

```
'     PIC-BASIC サンプルプログラム
'
'     A／Dコンバータ
'
'     概要
'          内蔵のADコンバータの変換結果を液晶に表示します。
'
'

Dim a As Word
Dim i As Long

Initlcd
While 1
    For i=0 To 3
        Adc i,0,a
        Setpos (i & 1)*8, i / 2
        Putlcd "ch",i,"=",a,"   "
    Next i
    Debug a
    Sleep 100
Wend
```

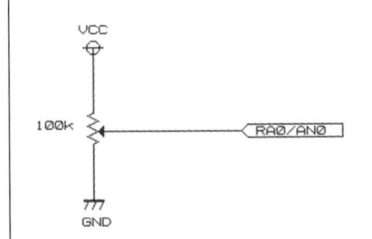

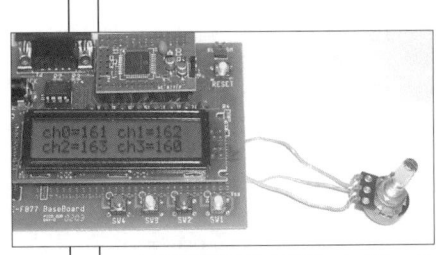

▲可変抵抗を接続した例。つまみを回転させると、「CH0」の数値が0～1023の範囲で変動します。

第3章 PIC-BASICを動かしてみる!～基礎編～

【LCD・LED表示デモ】 ファイル名：demo1.pb

内容：LCDに表示している数字が0.1秒ごとに一つずつ増えていき、同時に8個のLEDが点滅します。このプログラムでは、FOR～NEXT文を使うことで繰り返し処理を行っています。変数 i が0から始まって、10000を超えた(10001になった)時点でプログラムは終了します。LEDの点灯／消灯はポートDから制御しています。ポートDはプログラム内では定義済み変数「RD」として記述されます。LEDはポートDのビット内容を0(Low)にすると光る仕組みです。たとえば、RDが0のときは8個のLEDすべてが光ることになります。

◀0.1秒ごとに数値が上がっていきます。同時に8個のLEDが点滅します。

LCD・LED表示デモのプログラムリスト

（デバッグ実行時のプログラム使用量：1.9%／最終書き込み時のプログラム使用量：1.5%）

```
' AKI-PIC877 ベースボードサンプルプログラム
'

    Dim i

start:
    Initlcd         ' 液晶モジュールの初期化
    Homelcd         ' カーソルを(0,0)に移動
    Putlcd "PIC877 ﾍﾞｰｽﾎﾞｰﾄﾞ"   ' タイトル表示

    tris_rd = 0
    For i=0 To 10000
        Setpos 0,1
        Putlcd i

        rd = i ^ 255
        Sleep 100
    Next i
```

【EEPROM の読み書き】ファイル名：eeprom.pb

内容：PIC に内蔵している EEPROM にデータを書き込んでから、それを読み込んで、互いを比較する(ベリファイチェックといいます)サンプルプログラムです。データを比較して同じだった場合は「Ok」、違っていた場合は「Err」という文字が LCD に表示されます。

EEPROM の読み書きのプログラムリスト

(デバッグ実行時のプログラム使用量：2.9％／最終書き込み時のプログラム使用量：2.5％)

```
' AKI-PIC877 ベースボードサンプルプログラム
'
' 内蔵EEPROMにデータを書き込み後、直ちに読み込み
' ベリファイチェックするプログラム


Dim dat As Byte, dat2 As Byte
Dim i As Long


Initlcd
For i=0 To 255
        dat = i & 255
        Homelcd
        Putlcd "カキコミアドレス:",i
        Write i, dat
        Setpos 0,1
        Putlcd "データ",dat

        Read i, dat2
        Putlcd ":",dat2," "
        If dat=dat2 Then
            Putlcd "Ok"
        Else
            Putlcd "Err"
        Endif
        Sleep 100
    Next i
```

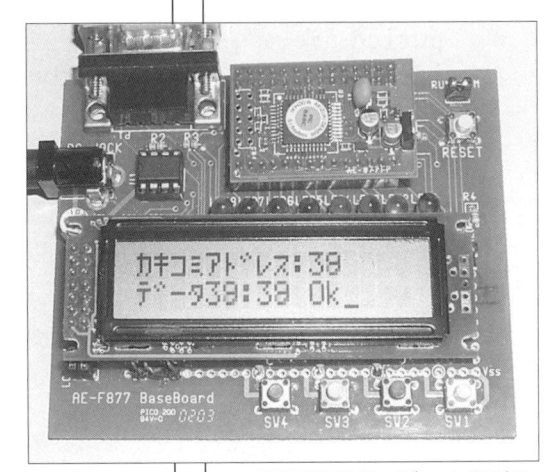

▲EEPROM にデータを読み書きして比較します。

▼外部EEPROMにデータを
読み書きしています。

【外部EEPROMの読み書き】ファイル名：i2ceeprom.pb

内容：先の"eeprom.pb"はPIC内部のEEPROMを扱いましたが、これは外部EEPROMの読み書きを行います。もし、ベースボード上のICソケットにEEPROMが差し込まれていないとデータの書き込み途中でプログラムが停止してしまいますので注意してください（RESETスイッチを押して復帰できます）。外部EEPROMのアドレス範囲は&h0～1FFFF。1アドレスあたり1バイトですので、全部で131,072バイトものデータを読み書きできることになります。

外部EEPROMの読み書きのプログラムリスト

（デバッグ実行時のプログラム使用量：3.2％／最終書き込み時のプログラム使用量：2.9％）

```
' AKI-PIC877 ベースボードサンプルプログラム
'
' AT24C1024用

dim dat as byte, dat2 as byte
dim i as long

initlcd ' 液晶を初期化

for i=0 to 1024*1024/8
    dat = i & 255
    homelcd
    putlcd "アドレス:",hex(i)

    setpos 0,1
    putlcd "データ",hex(dat)
    i2cwrite &b10100000, i, chr$(dat)

    i2cread &b10100000, i, dat2
    putlcd ":",hex(dat2)," "
    if dat2=dat then
        putlcd "Ok"
    else
        putlcd "Err"
    endif
next i
clearlcd
putlcd "オワッタヨ"
```

じつはこのサンプルプログラムは不完全で、外部EEPROMを読み書きする場合にはアドレスに応じて「コントロールID」という引数を切り替える必要があります。

- アドレスが &h0000 〜 FFFF の場合
  → コントロール ID=&b10100000(&hA0)
- アドレスが &h10000 〜 1FFFF の場合
  → コントロール ID=&b10100010(&hA2)

なので、I2CWRITE命令とI2CREAD命令を次のように修正するといいでしょう。

外部EEPROMの読み書き修正プログラムリスト

```
If I < &h10000 Then
    I2cwrite &b10100000, (i & &hFFFF), chr$(d)
    I2cread &b10100000, i, dat2
Else
    I2cwrite &b10100010, (i & &hFFFF), chr$(d)
    I2cread &b10100010, i, dat2
Endif
```

【LED 表示】 ファイル名：led.pb

内容： 8個のLEDを順番に点灯していきます。プログラムの実行中、LEDは右から左に点灯場所が動いていきます。スイッチSW1を押し続けると逆に左から右に点灯場所が動きます。LEDの点灯する順番は変数 i に格納されています。変数iはFOR～NEXT文によって0～7まで加算されていきます。LEDの出力内容はLookupという命令を使って参照しています。また、スイッチSW1は定義済み変数「RB.Bit0」を参照します。スイッチを押すとビットの内容が0に、スイッチを離すとビットの内容が1になる仕組みです。

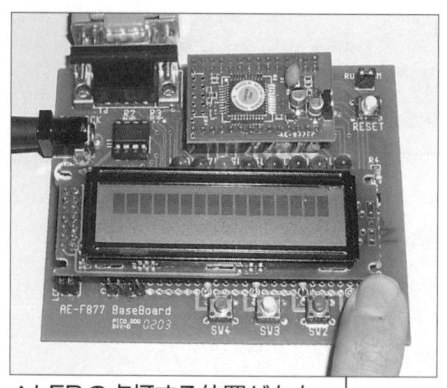

▲LEDの点灯する位置が左右に流れていきます。

LED 表示のプログラムリスト

（デバッグ実行時のプログラム使用量：2.2％／最終書き込み時のプログラム使用量：1.8％）

```
'
'       LEDの点灯デモ
'       SW1を押すと点灯順序が反対になります。
'

Dim pattern As Byte
Dim i,k

        ' RDポートを出力にする。
        tris_rd = 0
main:
    For i=0 To 7
            ' ボタン(SW1)が押されているときは逆回転にする。
            If rb.Bit0=0 Then k = 7-i Else k=i

            ' (k-1)番目のデータをpatternに入れる。
            Lookup k,pattern, &H01,&H02,&H04,&H08,&H10,&H20,&H40,&H80

            ' LEDに出力 ( ^ 255しているのは0を出力すると点灯するため)
            rd = pattern ^ 255

            ' 50ミリ秒待つ
            Sleep 50
    Next
        ' 全消灯
        rd = 255
        Goto main
```

【POKE命令のテスト】ファイル名：poke.pb

内容：POKEという命令を使って8個のLEDを点滅させます。POKE命令を使うと、PIC内部のファイルレジスタ(アドレス&H000～1FF)のどこへでも値を書き込むことができます。プログラムでは変数iの内容をそのままポートDに出力しています。さらに、FOR～NEXT文によって、変数iが0から255まで加算されていきます。

POKE命令のテストのプログラムリスト

（デバッグ実行時のプログラム使用量：1.3％／最終書き込み時のプログラム使用量：0.9％）

```
'
'  Pokeを使ったサンプルプログラム
'  Copyright (c) 2002 sis
'

Dim i

Poke &H88,0        ' &H88はTRIS_TDポート
                   ' つまり TRIS_RD = 0 と同じ

For i=0 To 255
   Poke &H08, i    ' &H08はRDポート
                   ' つまり RD = i と同じ
   Sleep 100
Next
```

▲8個のLEDが点滅します。

第3章 PIC-BASICを動かしてみる！〜基礎編〜

【シリアルポート受信テスト】 ファイル名：serin.pb

内容： シリアル通信でデータを受信するプログラムです。PIC-BASIC開発ソフトでは、ソフトに装備されている「ターミナルウィンドウ」を使うことで、シリアルポートの送受信を行うことができます。「ターミナルウィンドウ」はデバッグ中にのみ使用可能です。このプログラムを最終書き込みしたあとに動作確認したい場合は、Windowsに標準で付属する「ハイパーターミナル」を使うといいでしょう。

▼プログラムを実行したら、カーソルをターミナルウィンドウに合わせます。

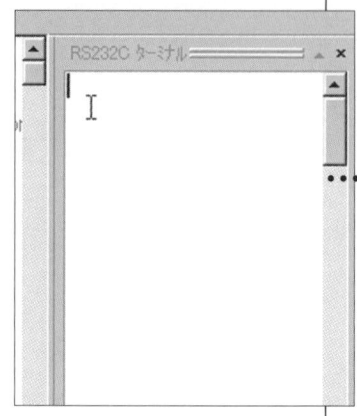

▶たとえば、キーボードの「a」を押すと、パソコンからキャラクタコード(&h61)が送信されます。ベースボードはそのコードを受信。その結果、LCDに「a」が表示されます。

シリアルポート受信テストのプログラムリスト

（デバッグ実行時のプログラム使用量：1.0％／最終書き込み時のプログラム使用量：0.6％）

```
'
'       RS232Cから受信したデータを液晶に表示する
'
'       データは9600bps,8bit DATA, 1bit STOP, Non Parityで送信してください


Dim a As Byte

        Initlcd
        Serclear
main:
        a=0
        ' RS232Cデータを受信
        Serin pb9600,1000,a
        ' 受信できたかをチェックして、液晶に表示
        If a<>0 Then Putlcd chr$(a)
        ' ループ
        Goto main
```

【シリアルポート送信テスト】ファイル名：serout.pb

内容： シリアル通信でデータを送信するプログラムです。デバッグ時にはターミナルウィンドウにパソコンの受信結果が表示されます。送信されるデータはキャラクタコード化された数値で、0から始まり一つずつ加算されていきます。プログラムの動作は果てしなく続きますので、受信内容を確認したい場合は途中で停止させてください。

シリアルポート送信テストのプログラムリスト

(デバッグ実行時のプログラム使用量：1.1％／最終書き込み時のプログラム使用量：0.7％)

```
'
'    RS232Cにデータを送信する。
'
'    データは9600bps,8bit DATA, 1bit STOP, Non Parityで送信されます。


Dim a As Long

    a=0
main:
    Serout pb9600,a,chr$(13),chr$(10)
    a = a + 1
    Sleep 100
    Goto main
```

▶ベースボードのシリアルポートからデータが送信されます。ターミナルウィンドウにパソコン側の受信データが表示されます。

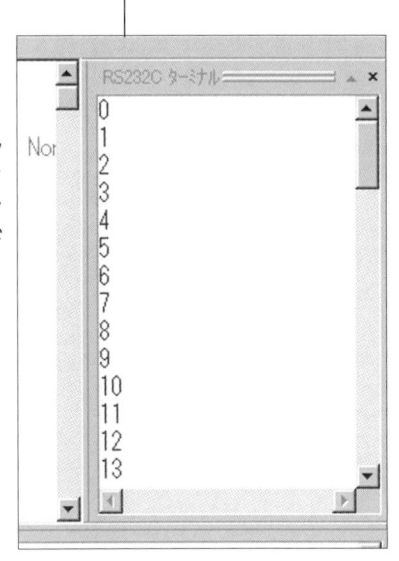

【顔文字のアニメーション表示】ファイル名：smile.pb

内容：LCDに顔文字がアニメーション表示され、さらにLEDが点滅するというサンプルプログラムです。

顔文字のアニメーション表示のプログラムリスト

（デバッグ実行時のプログラム使用量：3.3％／最終書き込み時のプログラム使用量：2.9％）

▲LCDの表示が動き、同時にLEDが点滅します。

```
'
'   smile.pb
'   Copyright (c) 2002 sis
'   液晶のサンプルプログラム
'
    Initlcd
    Clearlcd
    Dim led As Byte

    led = 1
    tris_rd = 0
main:
    Gosub turnled
    Homelcd
    Putlcd "_(^_^)_    "
    Putlcd "_(^_^)_"
    Setpos 0,1
    Putlcd "    _(^_^)_"
    Putlcd "       "
    Sleep 500

    Gosub turnled
    Homelcd
    Putlcd chr$(&H60),"(^_^)/    "
    Putlcd chr$(&H60),"(^_^)/"
    Setpos 0,1
    Putlcd "    ",chr$(&H60),"(^_^)/"
    Putlcd "       "
    Sleep 500
    Goto main
turnled:
    rd = led ^ &Hff
    led = led <<1
    If led=0 Then led=1
    Return
```

第4章
PIC-BASICで
ゲーム三昧!

この章ではPIC-BASICを使ってできるゲームや音楽再生など、遊び心満載の製作を紹介します。製作例では動作原理も解説しています。楽しむと同時に、プログラムと回路の動く仕組みを理解してみましょう。

4-1 ベースボードだけで作るワンキーゲーム

ワンキーゲームというのは、一つのスイッチ(キー)だけで遊べるゲームのことです。ここでは、ベースボードだけで簡単に遊べるワンキーゲームを紹介します。

【動作原理】

ベースボードには四つのスイッチ(SW1〜4)がありますが、実際に配線されているのはSW1だけです。SW1の接続先はポートBビット0です。プログラムでは定義済み変数「RB.Bit0」と記述することで、スイッチの情報を読み取ります。スイッチが押されるとLow(0)、押されないとHigh(1)を返します。

PIC-BASICでは結果が負(マイナス)になる計算ができません。変数absで距離を計算する際には、IF文を使って値の大小を確認し、結果が正(プラス)になるように引き算を行っています。他のプログラムで絶対値を計算したい場合には、参考にしてみてください。

第4章 PIC-BASICでゲーム三昧!

【遊び方】

プログラムを実行したら、次の手順で遊びます。内容は文字だけの表示を使ったゴルフゲームです。文字だけですので、内容は非常にシンプルでアバウトです。たった2行だけの表示ですが、想像力を駆使して遊んでみてください。

▶タイトル画面。スイッチSW1だけを使ったゴルフゲームです。

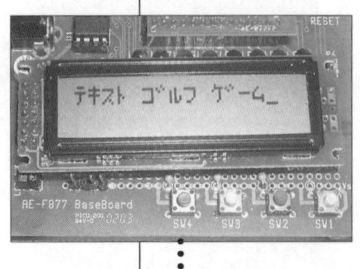

▶まずはボールからカップまでの距離が表示されます。単位はY(ヤード)です。

▶「J」がゴルフクラブ、「o」がゴルフボールです。スイッチSW1を全部で3回押してボールを打ちます。まず、1回目でスイングを開始します。

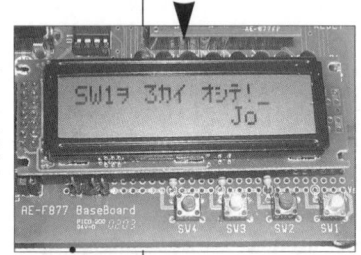

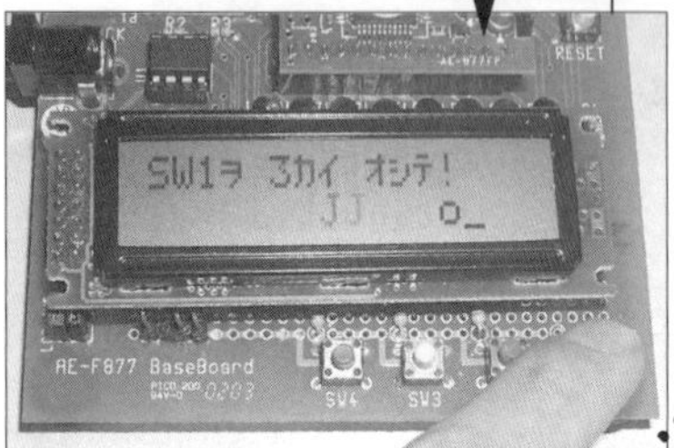

▲クラブを振り上げている途中です。ここで2回目のスイッチSW1を押すと、今度はクラブが振り下ろされます。振り上げが長いほどボールが遠くに飛びます。

右上に続く

左下から続く

▶2回目のスイッチSW1を押すタイミングが遅いとショットの失敗(1打減点)になります。

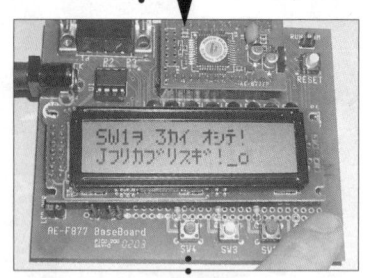

▶クラブの振り下ろしです。3回目のスイッチSW1を押すとボールを打ちます。「J」と「o」が接している状態でスイッチを押すと、最もボールが遠くに飛びます。

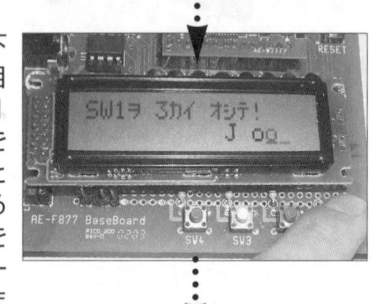

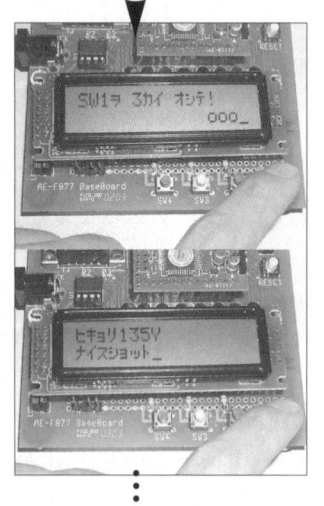

▶ボールが飛びました。ボールの飛距離が表示されます。これを繰り返して、カップまでの距離を縮めていきます。ショットした飛距離が大きすぎると、逆に距離が増えてしまいますので、注意しましょう。

▶距離が10Y以内に収まるとゲーム終了です(グリーン上のパットは省略しています)。最後にショットした回数が「スコア」として表示されます。

電源のON／OFFを簡単に

PIC-BASICでプログラムを開発する際に役立つ方法を考えてみました。たとえば、「こたつスイッチ」のついたAC100Vの延長コンセントです。これを使うと、根元で電源をON／OFFできるため、DCジャックを頻繁に抜き差しする作業がいらなくなります。同様にジャンパピンの抜き差し作業もトグルスイッチを取り入れることで、解消できます。

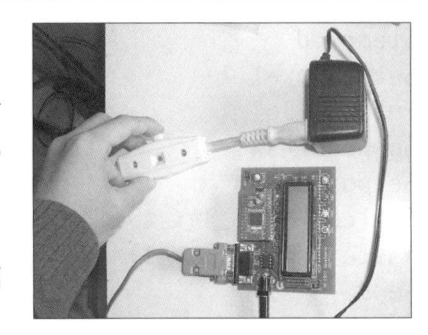

いろいろ工夫して作業効率を上げてみましょう。

ワンキーゲーム(テキストゴルフゲーム)のプログラムリスト

```
'onekey.pb
'ワンキーゲーム(テキストゴルフゲーム) for PIC-BASIC
'
'by松原拓也

Dim m As Word           'カップまでの距離
Dim score As Byte       '打数、スコア
Dim power As Word       '飛距離
Dim abs As Word         'ボールとクラブの距離
Dim x As Byte           'クラブ座標
Dim bx As Byte          'ボール座標

    Initlcd

restart:    'タイトル表示
    Clearlcd
    Putlcd "テキスト ゴルフ ゲーム"
    Sleep 3000
    m = 200
    score = 0
main:   '---------打数とカップまでの距離を表示
    Clearlcd
    score=score+1
    Putlcd "ダイ",score,"ダ"
    Setpos 1,1
    Putlcd "ノコリ",m,"Yデス"
    Sleep 2000
    bx=12
```

```
        Clearlcd
        Setpos bx-1,1
        Putlcd "Jo"
        Gosub offsw
        Setpos 0,0
        Putlcd "SW1ｦ 3ｶｲ ｵｼﾃ!"
        While (rb.Bit0 = 1)        'スイッチが入力待ち
        Wend
        Gosub offsw

        x = bx-1
swing:             '--------スイング振り上げ中
        Setpos x,1
        Putlcd " "
        x=x-1
        Setpos x,1
        Putlcd "J"
        If (x = 0) Then
            Putlcd "ﾌﾘｶﾌﾞﾘｽｷﾞ!"
            Sleep 3000
            Goto main
        Endif
        Sleep 200
        If (rb.Bit0 = 1) Then swing
        Gosub offsw
        power = (bx-x)*3
swing2:            '--------スイング振り下げ中
        Setpos x,1
        Putlcd " "
        x=x+1
        Setpos x,1
        Putlcd "J"
        Setpos bx,1
        Putlcd "o"
        Sleep 100
        If (x >= (bx+4)) Then
            Setpos 0,1
            Putlcd "ｵｽﾉｵｿｽｷﾞ!"
            Sleep 3000
            Goto main
        Endif
        If (rb.Bit0 = 1) Then swing2
        Gosub offsw
```

```
shot:           '-----------ボールのヒット
    If(bx > x)Then    'ボールとクラブの距離(絶対値)
        abs = bx-x
    Else
        abs = x-bx
    Endif
    power = power * (5-abs) '飛距離算出

    While(bx < 15)
        bx=bx+1
        Setpos bx,1
        Putlcd "o"
        Sleep 300
    Wend

    Clearlcd
    Putlcd "ﾋｷｮﾘ",power,"Y"
    Setpos 0,1
    If(power > m) Then
        Putlcd "ﾄﾋﾞｺｴﾏｼﾀ"
        m = power - m
    Else
        Putlcd "ﾅｲｽｼｮｯﾄ"
        m = m - power
    Endif
    Sleep 2000

    If (m > 10) Then main    '距離10Y以内だと終了

    Clearlcd
    Putlcd "ﾅｲｽｵﾝ!"
    Sleep 2000
    Setpos 0,1
    Putlcd "ｽｺｱ:",score
    Sleep 3000
    Goto restart
'-----------------------スイッチがオフになるまで待つ
offsw:
    While(rb.Bit0 = 0)
    Wend
    Return
```

4-2 LCDゲームを作る ～液晶ディスプレイの制御

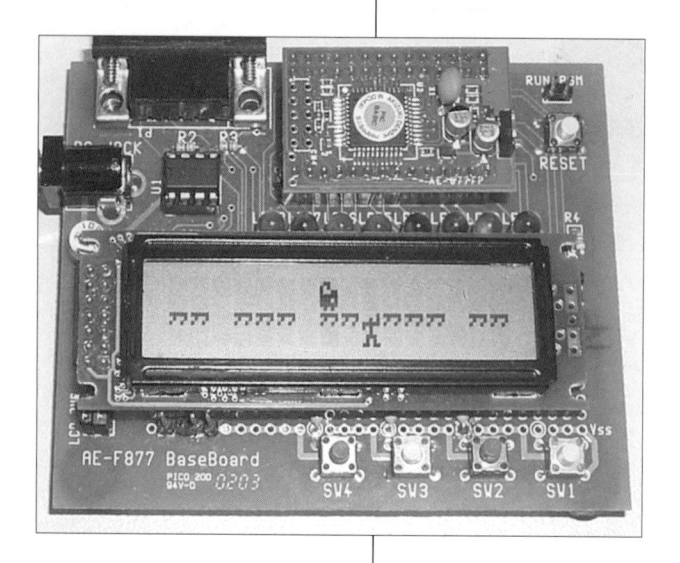

　ベースボードには標準でLCD（液晶ディスプレイ）モジュールが付属します。このLCDを使って楽しめる簡単なゲームを作ってみましょう。

　一体、どんなゲームを作ればいいのか？といきなり悩んでしまいそうですが、表示できる文字の数や、ベースボード上のスイッチの数から考えて、おのずと表現できる範囲が定まってくるはずです。ここでは、1980年に登場しブームとなった懐かしい「ゲーム＆ウォッチ」のようなゲームを作ってみたいと思います。

【材料】総製作費約 15 円（税込）※マイコン代を含まず

- 抵抗 4.7kΩ×3本。
- リード線（適量）。

※この他に PIC-BASIC モジュールとベースボードが必要です。

【回路図】

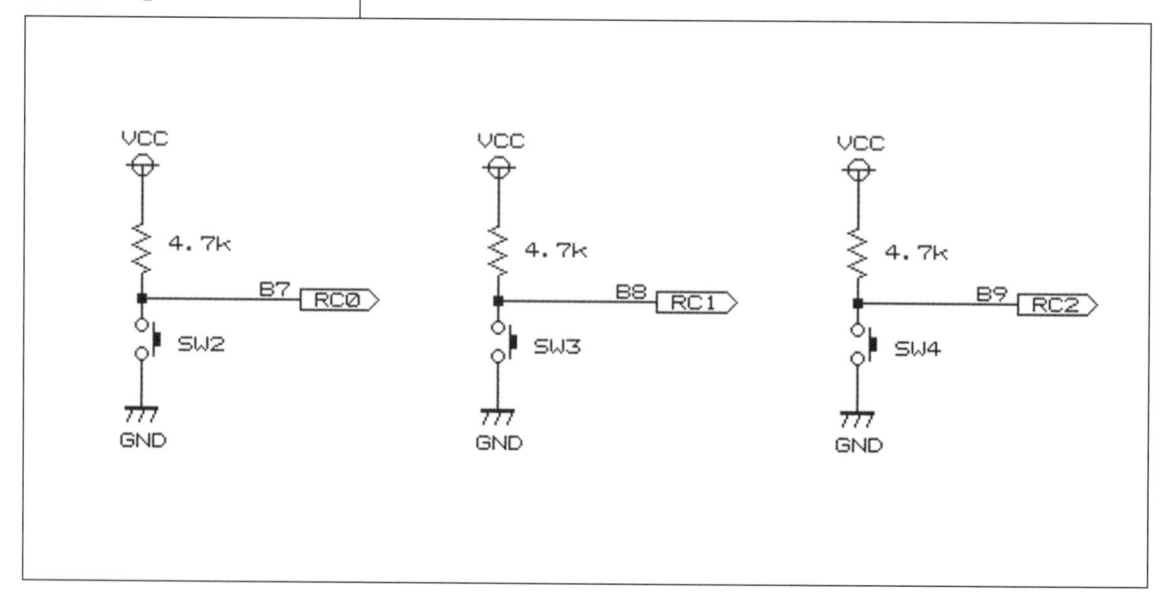

【動作原理】

　ベースボード上のスイッチSW2、SW3、SW4は、組み立てた当初、どのポートにも接続されていません。そこで、スイッチをポートに接続します。ベースボードで未使用のポートというと、ポートA、ポートE、ポートCがあります(ポートCのビット6～7はシリアル通信用なので使えません)が、ここではポートCのビット0～2に接続しました。

　ポートにはプルアップの処置をします。「プルアップ」とは、回路上の端子に抵抗を通してVccに接続することです。プルアップを行うと、抵抗に電流が流れない場合は端子の電位がHighになり、逆に電流が流れた場合にはLowになります。これによって、出力端子の電位をHighかLowかにハッキリと振り分けることができます。

　また、プログラム内では、ポートCのビット0～2の入出力設定を「入力」に変更します。この設定がないとスイッチを検知できませんので、忘れずに行いましょう。

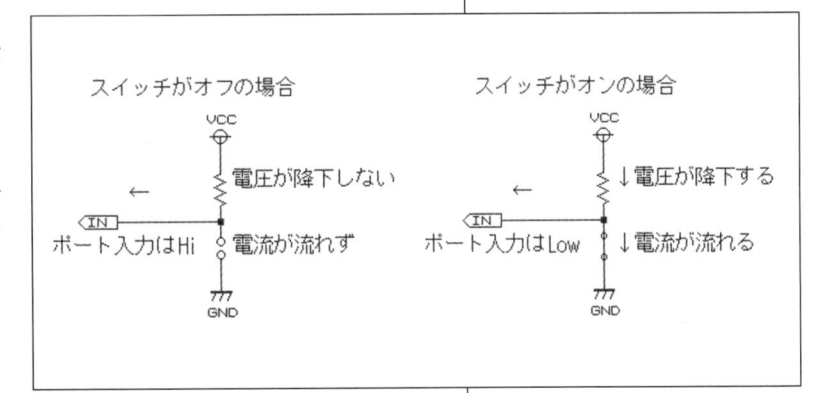

▲プルアップの原理です。スイッチを押すと「Low(0)」、スイッチを離すと「High(1)」がポートに入力されます。ポートの向きは入力に設定します。

　次はLCDへの表示方法です。PIC-BASICでLCDに表示する場合、SETPOS命令で座標を指定し、PUTLCD命令で文字を表示させます(N88-BASICでいうところのLOCATEとPRINT命令です)。CHR$関数を使えば、カタカナや英数字以外に記号も表示できます。

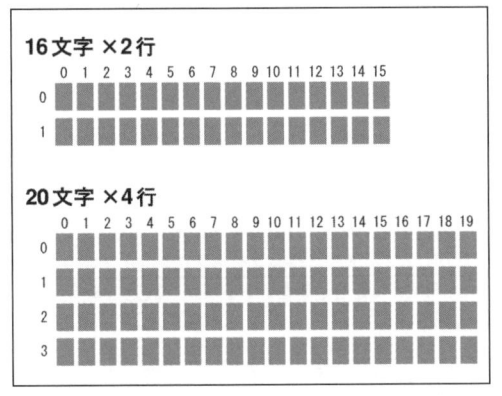

▲LCDの画面のイメージです。ベースボードに付属するLCDは16字×2行です。

▶LCDのキャラクタ一覧です。キャラクタには&H00～FFまでのキャラクタコードが割り振られています。たとえば"A"のキャラクタコードは&H41です。

第4章 PIC-BASICでゲーム三昧！

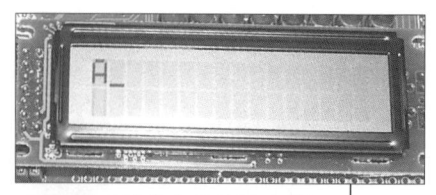

▲PUTLCD命令で普通に文字を表示した場合。「A」の隣に見えるのが「カーソル」です。

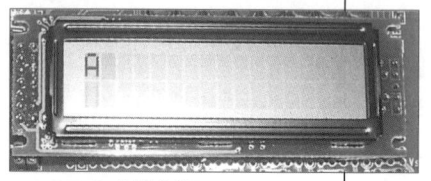

▲LCDを直接制御して、カーソル表示をオフにした場合です。

ここでのプログラムは、カーソルを消す方法とCGRAMを定義する方法を取り入れています。これらは本来、PIC-BASICでは対応していませんので、少々過激ですがLCDを直接制御しています。付属のLCDの製品名は「LCDキャラクタディスプレイモジュール　SC1602BS-B」といいます。HD44780互換のLCDコントローラが使われていますので、対応するコマンドをポートBに出力しています。

また、ゲーム作りで重要な「乱数(不確定な値)」ですが、これはPEEK関数を使い「タイマ0」というレジスタを参照することで作り出しています。

▶▼CGRAMに最高8個までオリジナルのキャラクタを登録できます。1キャラクタのサイズはすべて5×8ピクセルです。

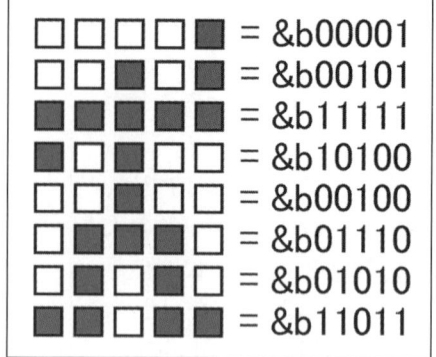

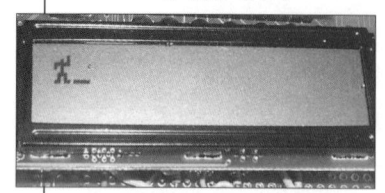

□□□□■	= &b00001
□□■□■	= &b00101
■■■■■	= &b11111
■□■□□	= &b10100
□□■□□	= &b00100
□■■■□	= &b01110
□■□■□	= &b01010
■■□■■	= &b11011

▲LCDとの通信タイミング。E(Enable)をLow→Highにすると、LCDに各信号が伝わります。

ピン番号	信号名	ピン番号	信号名
14	DB7 → RB7 に接続	13	DB6 → RB6 に接続
12	DB5 → RB5 に接続	11	DB4 → RB4 に接続
10	DB3 → GND に接続	9	DB2 → GND に接続
8	DB1 → GND に接続	7	DB0 → GND に接続
6	E → RB3 に接続	5	R/W → GND に接続
4	RS → RB2 に接続	3	Vo →半固定抵抗に接続
2	GND	1	Vcc

▲LCDモジュールのピン配置(14ピン・ピンコネクタ／ピンヘッダ)。

コマンド	DBのビット(2進表記)								
	7	6	5	4	3	2	1	0	
表示オン／オフ・コントロール (RS=0、R/W=0)	0	0	0	0	1	D	C	B	D:0=表示オフ/1=表示オン C:0=カーソルオフ/1=カーソルオン B:0=ブリンクオフ/1=ブリンクオン
CGRAMアドレスセット (RS=0、R/W=0)	0	1	キャラクタコード &b0〜111			行位置 &b0〜111			CGRAMに書き込みたいアドレスを設定します。
CGRAMへのデータ書き込み (RS=1、R/W=0)	-	-	-	キャラクタデータ &b0〜11111					CGRAMアドレスセットの後に8回書き込んで1キャラクタ分になります。

▲LCDモジュールに与えるコマンドです。

【作り方】

回路図のとおりに組み立ててください。スイッチSW2をRC0に、スイッチSW3をRC1に、スイッチSW4をRC2にそれぞれ接続します。さらに4.7kΩの抵抗をVccと各入力ポートに取り付けます（プルアップします）。

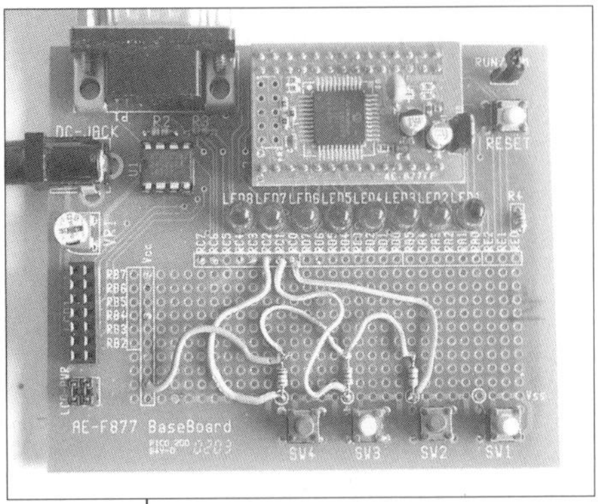

【遊び方】

左右から自動車が走ってきます。道路には4ヵ所の穴が空いていますので、人（プレイヤー）を操って穴をふさぎ、自動車が落ちないようにしてください。自動車の進む速度はランダムで、さらに自動車は最大8台まで増えます。自動車が穴に落ちたらゲームオーバーです。

(操作方法)　　SW1：右から1番目の穴をふさぎます。
　　　　　　　SW2：右から2番目の穴をふさぎます。
　　　　　　　SW3：右から3番目の穴をふさぎます。
　　　　　　　SW4：右から4番目の穴をふさぎます。

……いかがでしょうか。かつて日本中を熱狂させた電子ゲームの雰囲気がうまく伝わったでしょうか。見た目は「1秒間に150万ポリゴン」という現在のゲームと、あまりにもギャップがありますが、

▲スイッチの接続例。わかりやすいように表側にハンダ付けしています。

▶スタート画面です。スイッチSW1を押すとスタートです。

▶左右から自動車が走ってきます。スイッチSW1～4を押して、人（プレイヤー）を移動させます。

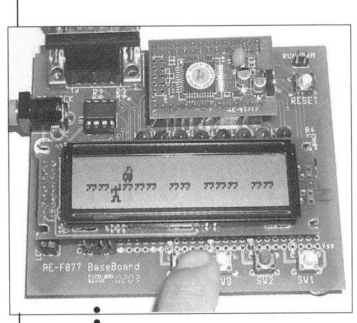

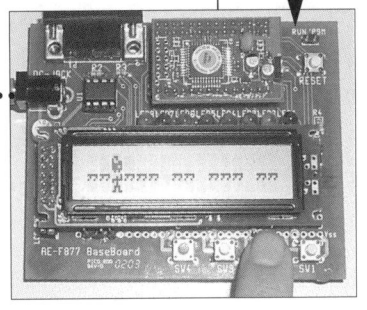

◀穴をふさいで自動車を通します。自動車は最大で8台登場します。自動車は速く走行したり、遅く走行したりします。

▲自動車が穴に落ちたらゲームオーバー。シンプルな画面のわりに熱いゲームです。

こういうモノクロのドット絵にも味わい深いものがあります。
　プログラムはBASIC言語ですので、修正も容易です。難しすぎるという場合は、変数waitを増やすか、PEEK関数の「MOD」の値を増やしてみてください。ゲームを改造していくのも楽しみの一つだと思います。

CMOS回路

　マイコンのポート入力には、CMOSが使われています。「CMOS(Complementary Metal Oxide Semiconductor)」は、NチャネルとPチャネルのMOSFETを組み合わせて構成した回路のことです。まずは、MOSFETについて説明します。

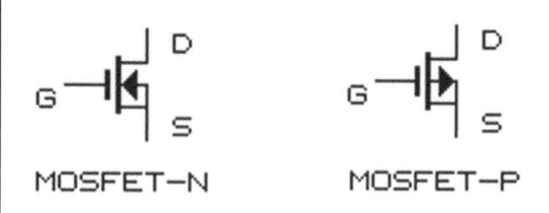

　「MOSFET」とは「Metal-Oxide Semiconductor Field-Effect Transistor(金属酸化物型の電界効果トランジスタ)」、スイッチング(電気を流す制御)用の半導体部品です。「ゲート(G)」「ソース(S)」「ドレイン(D)」という三つの端子で構成されています。MOSFETにはエンハンスメント型(enhancement)とディプレッション型(depletion)の2種類がありますが、エンハンスメント型の場合、ゲートとソースの間に電圧を加えると、ドレインとソースの間が導通します。MOSFETには、「Pチャネル」「Nチャネル」という二つの種類があります。Nチャネルは導通するとドレインからソースへ電気を流します。Pチャネルは導通するとソースからドレインへ電気を流します。

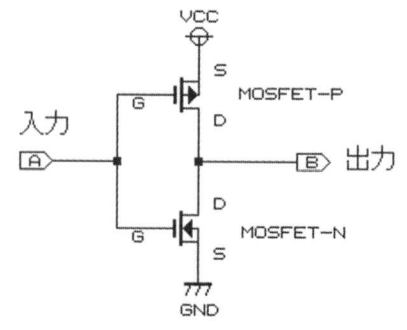

　上の図は、CMOSによる「NOT回路」の例です。Lowを入力するとHighを出力し、Highを入力するとLowが出力されます。

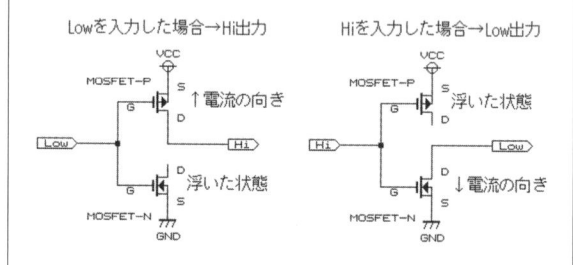

　それぞれの状態をわかりやすく書くと上図のようになります。ドレインを使った出力端子を「オープンドレイン(open drain)」といいます。オープンドレインはHighでもLowでもない「浮いた状態」を作る特徴があります。Lowが入力された場合はNチャネル側が切り離され、Highが入力された場合はPチャネル側が切り離されます。そして、電流は一方通行のため、電流が流れずに電位だけが保たれます。この低消費電力がCMOSの特徴です。

LCD(液晶)ゲームのプログラムリスト
(デバッグ書き込み時のプログラム容量19.3%／最終書き込み時のプログラム容量18.9%)

```
'lcdgame.pb
'
'LCD(液晶)ゲーム　for PIC-BASIC ベースボード
'by 松原拓也

'SW1～SW4で主人公の移動

Dim code As Byte      'キャラクタコード
Dim db As Byte        'データビットDB7-0
Dim i As Byte
Dim tmp As Byte       'テンポラリ
Dim mx As Byte        '主人公座標
Dim my As Byte
Dim wait As Int       'ウエイト時間
Dim cgram(8) As Byte  'CGRAM書き込みデータ
Dim tx(8) As Byte     '自動車座標
Dim ty As Byte
Dim tx1(8) As Byte    '自動車移動量
Dim tmax As Byte      '自動車最大数
Dim anaflag As Byte   '穴に落ちたフラグ
Dim endflag As Byte   '終了フラグ

    Input rb.Bit0     'スイッチSW1～4を入力に
    Input rc.Bit0
    Input rc.Bit1
    Input rc.Bit2

    Initlcd
    code =0 'キャラクターコード
    cgram(0)=&B00001     'CGRAM DATA「人」
    cgram(1)=&B00101     'CGRAM DATA
    cgram(2)=&B11111     'CGRAM DATA
    cgram(3)=&B10100     'CGRAM DATA
    cgram(4)=&B00100     'CGRAM DATA
    cgram(5)=&B01110     'CGRAM DATA
    cgram(6)=&B01010     'CGRAM DATA
    cgram(7)=&B11011     'CGRAM DATA
    Gosub cgramset
```

```
    code =1 'キャラクターコード
    cgram(0)=&B00000      'CGRAM DATA「自動車(右向き)」
    cgram(1)=&B01100      'CGRAM DATA
    cgram(2)=&B10100      'CGRAM DATA
    cgram(3)=&B10011      'CGRAM DATA
    cgram(4)=&B11111      'CGRAM DATA
    cgram(5)=&B11101      'CGRAM DATA
    cgram(6)=&B11111      'CGRAM DATA
    cgram(7)=&B01010      'CGRAM DATA
    Gosub cgramset

    code =2 'キャラクターコード
    cgram(0)=&B00000      'CGRAM DATA「自動車(左向き)」
    cgram(1)=&B00110      'CGRAM DATA
    cgram(2)=&B00101      'CGRAM DATA
    cgram(3)=&B01001      'CGRAM DATA
    cgram(4)=&B11111      'CGRAM DATA
    cgram(5)=&B10111      'CGRAM DATA
    cgram(6)=&B11111      'CGRAM DATA
    cgram(7)=&B01010      'CGRAM DATA
    Gosub cgramset

    code =3 'キャラクターコード
    cgram(0)=&B11111      'CGRAM DATA「橋」
    cgram(1)=&B01001      'CGRAM DATA
    cgram(2)=&B10010      'CGRAM DATA
    cgram(3)=&B00000      'CGRAM DATA
    cgram(4)=&B00000      'CGRAM DATA
    cgram(5)=&B00000      'CGRAM DATA
    cgram(6)=&B00000      'CGRAM DATA
    cgram(7)=&B00000      'CGRAM DATA
    Gosub cgramset

    Low rb.Bit2   'RS=0
    db=&B00001100
    Gosub lcddir 'カーソルを消す

newgame:
    Clearlcd
    Setpos 2,0
    Putlcd "LCD GAME"
    Setpos 1,1
    Putlcd "PUSH SW1 SWITCH"
```

```
        While(rb.Bit0=1)
        Wend
        Clearlcd

        For i=0 To 15
            Setpos i,1
            Putlcd chr$(3)        '橋
        Next
        Setpos 2,1: Putlcd " "    '穴
        Setpos 6,1: Putlcd " "
        Setpos 9,1: Putlcd " "
        Setpos 13,1:Putlcd " "

        mx = 2
        my = 1                    '主人公スタート位置

        tmax=1                    '自動車最大数
        i=0
        Gosub bone
        ty = 0
        wait = 200                'ウエイト時間

        endflag=0
main:
        Setpos mx,my
        Putlcd " "    'スペース表示
        If rb.Bit0=0 Then mx=13   'SW1
        If rc.Bit0=0 Then mx=9    'SW2
        If rc.Bit1=0 Then mx=6    'SW3
        If rc.Bit2=0 Then mx=2    'SW4
        Setpos mx,my
        Putlcd chr$(0)    '主人公表示

        For i=0 To tmax-1
            Setpos tx(i),ty
            Putlcd " "    'スペース表示

            anaflag=0
            If (tx(i)=2) Or (tx(i)=6) Then anaflag=1
            If (tx(i)=9) Or (tx(i)=13) Then anaflag=1
            If anaflag = 1 Then    '自動車が穴に居る
                If (tx(i) <> mx) Then
                    endflag=1      'Game Over
```

```
                    Else
                        Gosub gocar        '自動車通過
                    Endif
                Else
                    If (Peek(&h101) Mod 8 = 0) Then 'タイマ0を乱数に使う
                        Gosub gocar        '自動車通過
                    Endif
                Endif
                Setpos tx(i),ty
                If (tx1(i)=2) Then
                    Putlcd chr$(1)         '自動車表示(右向き)
                Else
                    Putlcd chr$(2)         '自動車表示(左向き)
                Endif
            Next
            If (Peek(&h101) Mod 50 = 0) Then 'タイマ0を乱数に使う
                If (tmax<8) Then
                    i=tmax
                    Gosub bone             '新しい自動車出現
                    tmax=tmax+1
                Endif
            Endif
            Sleep wait
    If endflag =0 Then Goto main

    Setpos 3,0
    Putlcd "GAME OVER!"
    Sleep 4000
    Goto newgame

'------------自動車を前進
'(引数)i
gocar:
    tx(i) =tx(i)+tx1(i)-1
    If (tx(i) = 0) Or (tx(i)=15) Then
        Gosub bone    '新しい自動車
    Endif
    Return

'------------自動車の新規出現
bone:
    'タイマ0を乱数に使う
    tx(i) = (Peek(&h101) Mod 2)*15
```

```
        If tx(i)=0 Then
            tx1(i)=2            '右向き
        Else
            tx1(i)=0            '左向き
        Endif
        Return

'-------------CGRAM設定
' (引数) code=キャラクターコード、cgram(0-7)=データ
cgramset:
    Low rb.Bit2             'RS=0
    db=&B01000000 | (code << 3)
    Gosub lcddir            'CGRAM Addr
    High rb.Bit2            'RS=1
    For i=0 To 7
        db=cgram(i)
        Gosub lcddir        'CGRAM DATA
    Next
    Low rb.Bit2             'RS=0
    Return

'---------------DB7-4／DB3-0をポートBに出力
lcddir:
    tmp = rb
    'DBの上位4bitを、RBの上位4bitに出力
    tmp = tmp & &B00001111
    tmp = tmp | (db & &B11110000)
    rb = tmp
    High rb.Bit3            'E=1
    Sleep 1
    Low rb.Bit3             'E=0
    Sleep 1

    'DBの下位4bitを、RBの上位4bitに出力
    tmp = tmp & &B00001111
    tmp = tmp | ((db << 4) & &B11110000)
    rb = tmp
    High rb.Bit3            'E=1
    Sleep 1
    Low rb.Bit3             'E=0
    Sleep 1

    Return
```

4-3 音を鳴らしてみる ～圧電スピーカを増設

PIC-BASICで音を鳴らす方法を紹介します。圧電スピーカという部品を使えば、簡単に音を再生することができます。

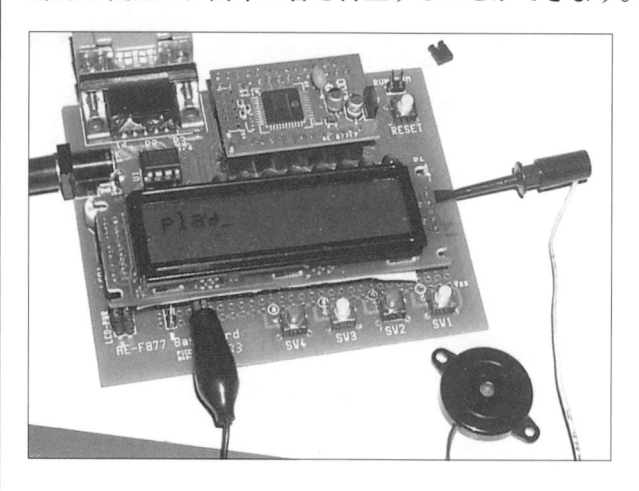

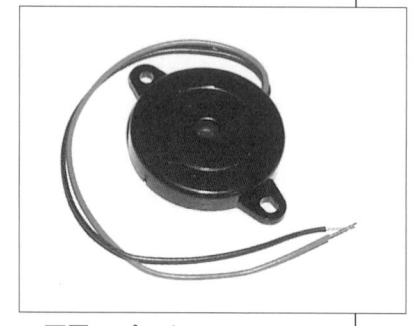

▲圧電スピーカ

【材料】 総製作費約205円(税込) ※マイコン代を含まず

- 「圧電スピーカ」。実売価格200円。
 ちょうど10円玉くらいの大きさのスピーカです。圧電素子と金属板が振動して音が鳴る仕組みです。コーンスピーカに比べて価格が安くて、消費電流が少ないのが特徴です。端子の極性はありません。

- 抵抗1k～5.1kΩ。実売価格5円。

【回路図】

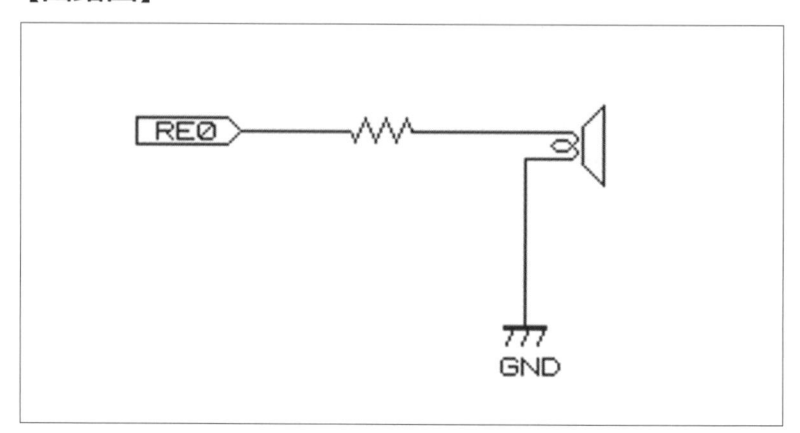

【動作原理】

　圧電スピーカには圧電素子が使われています。圧電素子(ピエゾ素子)の材料は、圧電セラミックスや水晶(珪素と酸素分子の結晶)です。圧電素子に物理的な力を加えて、素子の両端に電圧が発生する現象を「圧電効果」と呼びます。これとは逆に、電圧を加えて圧電素子が変形する現象を「逆圧電効果」と呼びます。圧電スピーカ以外に、これらの技術を応用した製品として、超音波センサ、超音波モータ、水晶振動子などがあります。

　音というものは、空気が波のように振動することで伝わります。1秒間あたりに振動する波の数を周波数(単位はHz：ヘルツ)で表すと、たとえば、「ラ」は440Hzです(442Hzの場合もあります)。ちなみに「ド」の音の、周波数を2倍にすると1オクターブ上の「ド」の音になります。そしてこの1オクターブの間には、半音が12個並んでいます。これが音階です。そして、半音の周波数は2の12分の1乗倍(1.05946倍)という割合で増えていきます。この一定に求めた音階を「平均律」といいます。この他に、整数の比で周波数を求めた「純正律」という音階もあります。

　「平均律」をもとに音階の周波数を求めると、次のようになります。

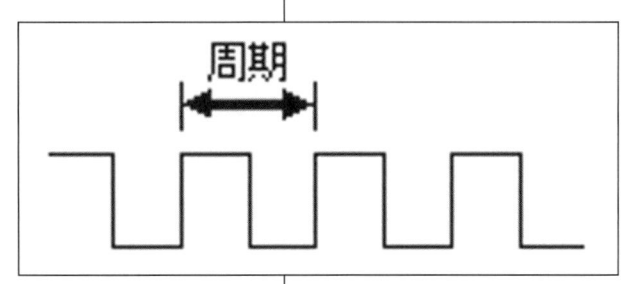

ド	C	262Hz
レ	D	294Hz
ミ	E	330Hz
ファ	F	349Hz
ソ	G	392Hz
ラ	A	440Hz
シ	B	494Hz
ド	C	523Hz

▲信号の波を作ることで音になります。波一つ分を1周期と呼びます。

　たとえば、「シ」ならば、1秒間に494回ほど圧電スピーカを振動させればいいわけです。1周期あたりの時間は(1秒÷494=)約2ms。「ラ」は約2.2msですから、その差は200μsです。ただし、SLEEP命令では「200μs」のような微妙な時間待ちができませんので、FOR〜NEXT文を使っています。

　まず、時間計測用のテストプログラムを作成して、一定ループ(10000回)終了までの時間を計り、それから変数waitの値一つあたりの周波数を算出しています。詳しくは、プログラムリストを見てください。

【作り方】

PIC-BASIC用のベースボードに圧電スピーカを取り付けます。

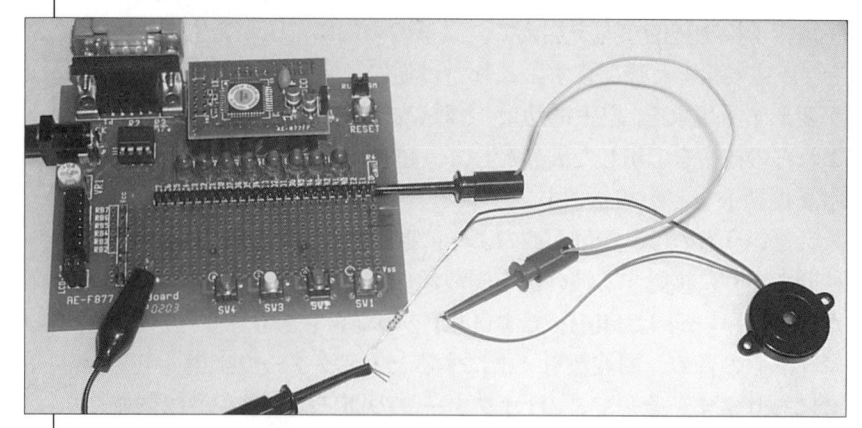

▲圧電スピーカの端子の一方をRE0(ポートEのビット0)に、もう片方をグランドに接続します。途中に抵抗も入れます。RE0のピン番号は、「AKI-PIC877モジュール」の場合はCN-Aの1番ピン、「AKI-PIC 16F877-20 IC-STAMP」の場合は8番ピンになります。

【動かし方】

プログラムを実行すると、簡単な音楽が再生されます。プログラム内のLOOKUPの値を更新すると、楽曲を変えることができます。さすがに音質はイマイチですが、自作した機器から音が鳴るだけで感動です。ゲームに効果音として取り入れると楽しさ倍増かもしれません。

◀サウンドを再生中！LCDには音の周波数とFOR～NEXTのウエイト回数が表示されます。

サウンドの再生（圧電スピーカ）のプログラムリスト
（デバッグ書き込み時のプログラム容量8.1%／最終書き込み時のプログラム容量7.8%）

```
'sound.pb
'サウンドの再生（圧電スピーカ）　For PIC-BASIC
'
'by 松原拓也
Dim pt As Byte
Dim i As Word
Dim j As Byte
Dim tone As Byte       '音階
Dim leng As Byte       '音の長さ
Dim wait As Byte       'ウエイト
Dim hz(9)   As Word    '周波数テーブル
Dim hzx As Word        '周波数
Dim hz1 As Word        '周波数
Dim hz30 As Word       '周波数
Dim time1 As Byte
Dim time30 As Byte

        '周波数テーブル
    hz(0)=0            '無音
    hz(1)=262          'ド
    hz(2)=294          'レ
    hz(3)=330          'ミ
    hz(4)=349          'ファ
    hz(5)=392          'ソ
    hz(6)=440          'ラ
    hz(7)=494          'シ
    hz(8)=523          'ド

    time1 = 8          'wait=1の実行時間[秒]
    hz1 = 10000/time1  'wait=1の周波数[Hz] =1250Hz
    time30 = 100       'wait=30の実行時間[秒]
    hz30 = 10000/time30 'wait=30の周波数[Hz]=100Hz

    Initlcd            'LCD初期化
    tris_re = 0        ' ポートを出力(0)に
main:
    For pt=0 To 13
        '曲のデータ
        '音階テーブル：   シ，ラ， ソ,休，ラ,休，シ,休，シ,ラ，ソ，ラ，シ，ラ
        Lookup pt,tone, 7, 6,  5, 0, 6, 0, 7, 0, 7, 6, 5, 6, 7, 6
        Lookup pt,leng,40,40,130,40,30,40,40,99,20,20,20,20,20,99
```

```
            hzx = hz(tone)
            Clearlcd
            Putlcd pt,":"
            Putlcd hzx,"Hz"
            '音を鳴らす
            If (hz1 < hzx) Or (hz30 > hzx) Then
                For i=1 To leng        '無音
                    For j=1 To 10
                    Next
                Next
            Else
                wait =  30 - ((30-1)*(hzx-hz30)/(hz1-hz30))

                Putlcd "=",wait,"loop"
                For i=1 To leng
                    High re.Bit0     'パルス出力
                    For j=1 To wait
                    Next
                    Low re.Bit0
                    For j=1 To wait
                    Next
                Next
            Endif
Next
Sleep 2000

Goto main
```

テストプログラム

FOR～NEXT文の時間計測の方法を紹介します。計測にはHSP（Hot Soup Processor）というフリーソフトのプログラミング環境で時間計測プログラムを作成しました。HSPは、プログラム言語にBASICに似たインタプリタ言語を採用しています。HSPの「Hot Soup Processor オフィシャルホームページ（http://www.onionsoft.net/hsp/）」などから無償で入手できます。対応OSはWindows9x/NT/2000/XPです。

```
測定時間=8031[msec]
測定時間=99984[msec]
測定時間=8022[msec]
測定時間=99984[msec]
測定時間=8021[msec]
測定時間=99983[msec]
測定時間=8021[msec]
測定時間=99984[msec]
測定時間=8022[msec]
```

▲時間計測プログラムの実行結果です。これによって、PIC-BASICの動作速度が求まり、正しい周波数のパルスが出せるようになります。

手順としては、まずテストプログラム「sound_test.pb」を「最終書き込み」でベースボードに書き込みます。それから、PIC-BASIC開発ソフトを終了させて、時間計測プログラム「jikan.AS」をパソコン上で実行させます。ベースボードの電源をオンにすると、計測結果がパソコンに表示されます。

【サウンドテストのプログラムリスト】sound_test.pb

```
'sound_test.pb
'サウンドの再生（圧電スピーカ）テストプログラム　for PIC-BASIC

Dim i As Word
Dim j As Byte
Dim wait As Byte

    Serclear
    Initlcd            'LCD初期化
    Output re.Bit0    ' ポートre.Bit0を出力に
    Sleep 2000

main:
    wait=1    'ウエイト
    Gosub play
    Sleep 2000

    wait=30 'ウエイト
    Gosub play
    Sleep 2000
```

```
        Goto main

    '-----------------音を鳴らします
play:
        Clearlcd
        Putlcd "play"
        Serout pb115200,chr$(&h31)
        For i=1 To 10000
            High re.Bit0        'ポートをHに
            For j=1 To wait
            Next
            Low re.Bit0         'ポートをLに
            For j=1 To wait
            Next
        Next
        Serout pb115200,chr$(&h32)
        Putlcd "...stop"

        Return
```

【時間計測のプログラムリスト】jikan.as（HSP用）

```
        ;jikan.as
        ;「時間計測プログラム」  for HSP
        ;シリアルポートから2バイトを受信して、その時間を計測する

    #include "hspext.as"

        onexit *combye    ;終了ボタンを押した時のジャンプ先を指定します

        comopen 1,"baud=115200 parity=N data=8 stop=1"   ;シリアルポートを初期化
        if stat : dialog "シリアルポートは使えません" : end

        screen 0,400,300
        cls
        repeat 10
            do
                stick ky,0
                if(ky ! 0):comclose:end
                comgetc a            ;シリアルポートから1バイト受信
            until (stat ! 0)         ;受信バッファが空でなくなるまで
```

```
            if(a ! $31):continue
            gosub *get_msec: msec_start=msec

            do
                stick ky,0
                if(ky ! 0):comclose:end
                comgetc a           ;シリアルポートから1バイト受信
            until (stat ! 0)        ;受信バッファが空でなくなるまで
            if(a ! $32):continue
            gosub *get_msec
            msec = msec - msec_start     ;測定時間を算出

            pos 10,cnt*20
            print "測定時間="+msec+"[msec]"
        loop
        stop
*combye
        comclose     ;シリアルポートとの通信を終了します
        end


;-------------------------------現在時刻の取得
*get_msec
        gettime hour,4   ;時
        gettime min,5    ;分
        gettime sec,6    ;秒
        gettime msec,7   ;ミリ秒
        msec=msec+(hour*3600000)+(min*60000)+(sec*1000)  ;ミリ秒に換算
        return
```

4-4 携帯ゲームを作る ～ドットマトリックスLEDの制御

ドットマトリックスという種類のLEDを使った携帯ゲーム機です。サイズが小さくて電池で動くので持ち運びに便利、LEDを使っているので表示が鮮やかなのが特徴です。

【材料】総製作費約400円(税込)※マイコン代を含まず

- 「8×8=64ドットマトリックスLED表示器単色(赤)タイプ BU5004-R」×1個。実売価格200円。
  大きさは2.4×2.4cmの正方形。縦8個、横8個、全64個の赤色LED(発光ダイオード)が内蔵されています。秋月電子通商で購入。
- 抵抗200Ω×8本。実売価格1本5円(※100本単位でまとめ買いすると1本1円ほどで購入できます)。
- 抵抗4.7kΩ×3本。実売価格1本5円。
- タクトスイッチ×3個。実売価格1個10円。
- 9V形電池用スナップ×1個。実売価格50円。
- ユニバーサル基板。実売価格70円。
- リード線(適量)。

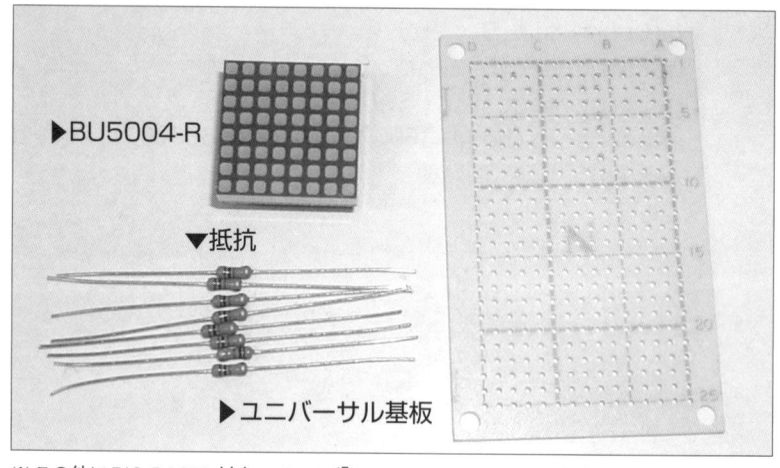

▶BU5004-R
▼抵抗
▶ユニバーサル基板

※この他にPIC-BASIC対応マイコン(「AKI-PIC877ベーシック完成モジュール」など)とピンコネクタが必要です。

タクトスイッチ

タクトスイッチ(Tactile Switch)は、プリント基板への実装用として設計された小型のスイッチです。

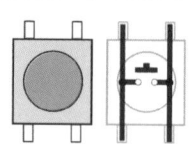

◀タクトスイッチの一般的な内蔵構造です。4本の端子のうち2本があらかじめつながっています。

4-4 携帯ゲームを作る～ドットマトリックスLEDの制御

【回路図】

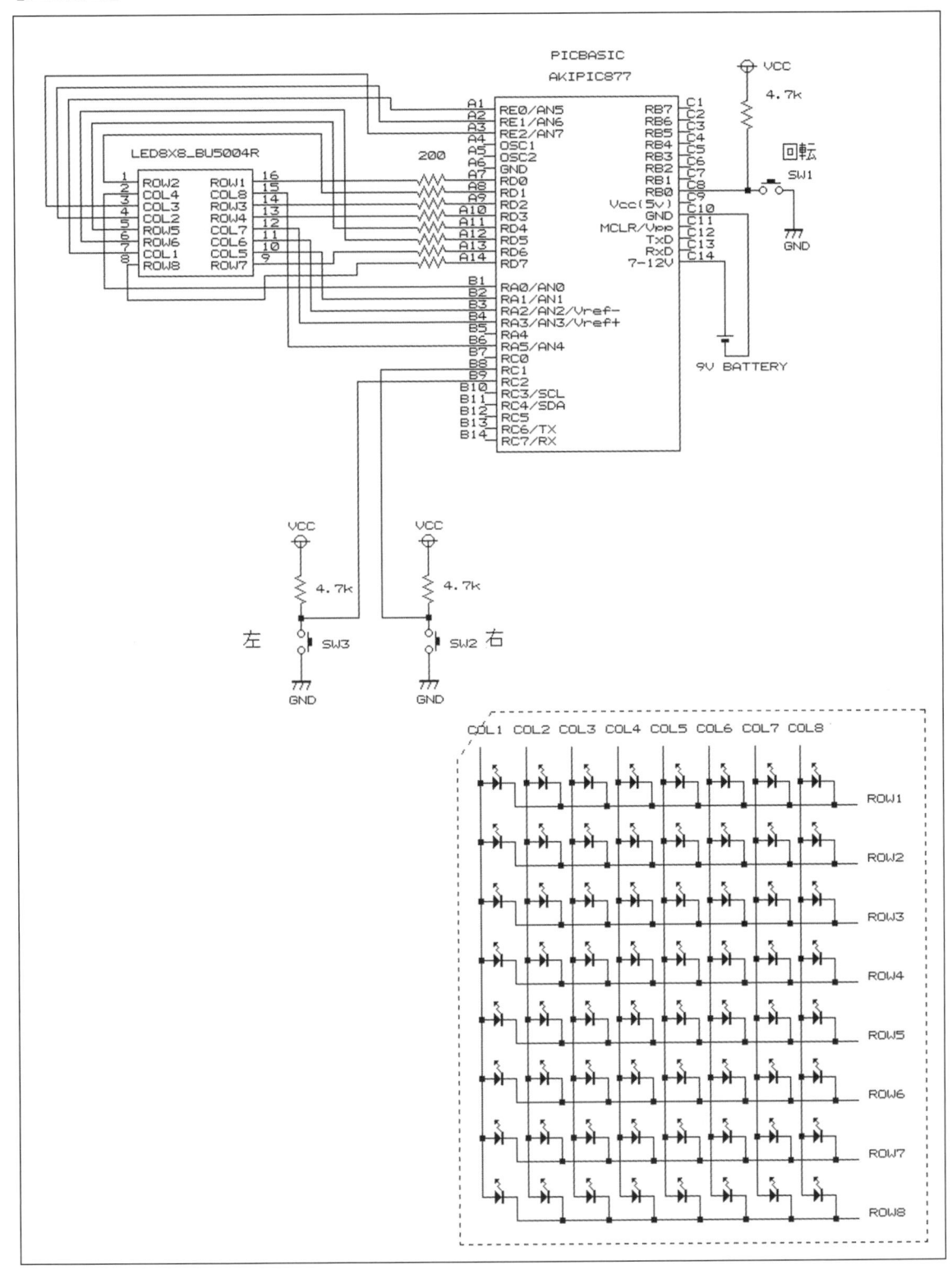

【動作原理】

　購入したドットマトリックスLEDでは、ドットの座標を「COL」と「ROW」と呼んでいます。「Columns=列」と「Rows=行」を縮めた意味です。

　LEDはアノードからカソードに向かって電流を流すと光ります。この製品（BU5004-R）では、COLがアノード側、ROWがカソード側です。LEDが8個まとめて（8又に）接続され、COLに接続されています。そこで、八つあるCOLのうち一つをHigh（残りをLow）にして、1列8個のLEDだけを点灯させます。そして、Highの出力を8回ほど切り替えて、1画面分を表示します。こうやって順番に点灯させることを「ダイナミック点灯」と呼びます。この方法だと、消えている分だけLEDが点滅してしまうのですが、人間の目には残像となって残りますので、違和感がありません。

　製作した回路では、ROW1～8をポートD0～7に接続、COL1～8をポートE0～2とポートA0～3とA5に接続します。ポートAとEは基本的にCMOS出力ですが、ポートA4（RA4/T0CKI）だけはオープンドレイン出力（Vddを出せない）のため、LEDには接続しませんでした。

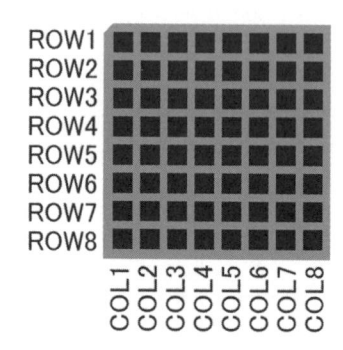

▲ドットマトリックスLEDを正面から見た様子です。COLが列、ROWが行を表します。

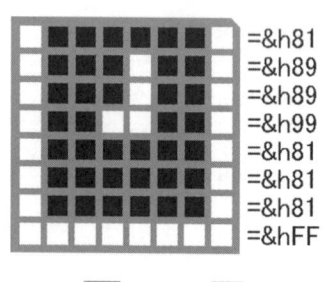

```
=&h81
=&h89
=&h89
=&h99
=&h81
=&h81
=&h81
=&hFF
```

□点灯(1)　■消灯(0)

▲表示データの例。1画面分が8バイトです。

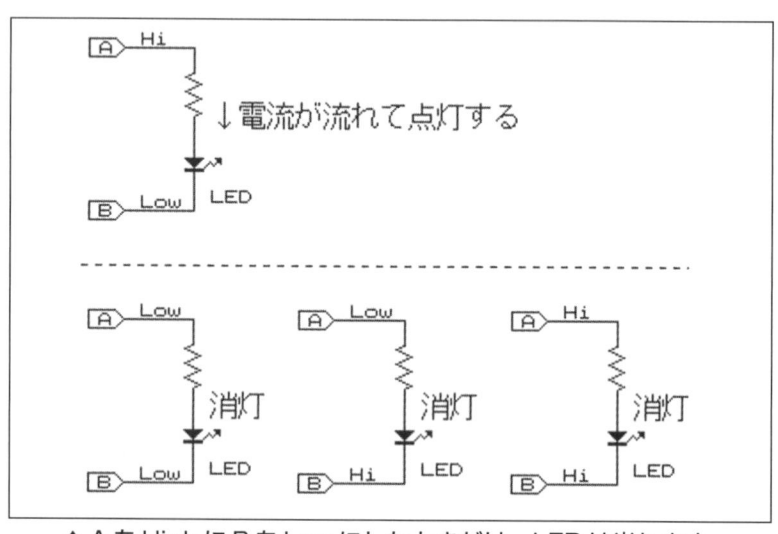

▲AをHighにBをLowにしたときだけ、LEDは光ります。

　プログラム内ではLEDの点灯／消灯を2進数に置き換え、8バイトの一次元配列datとして格納しています。ゲーム中、自分で操作できるブロックを「マイブロック」と呼んでいますが、マイブロックは3バイトの一次元配列blockに格納しています。2進数の表示データをプログラムリストにしたときの都合を考えて、今回はLEDの画面を90度回転させて使いました。

【作り方】

　回路図のとおりに各部品をハンダ付けしてください。LED表示器のピン番号とCOL/ROWは順番どおりではありませんので、注意してください。

　今回は、9V形電池で動かすことを考えて専用のスナップ(コネクタ)を取り付けました。もし、ACアダプタで動かしたい場合は、DCジャックに取り替えてください。

　この回路には通信用の端子はありませんので、プログラムの最終書き込みはベースボード上で行ってください。

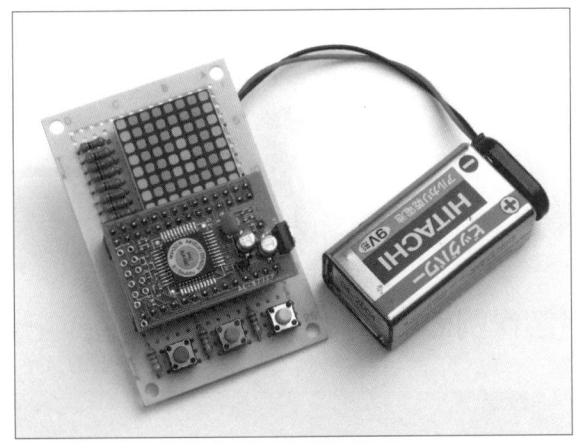

▲電池を差し込むとゲーム開始です。

【遊び方】

　いわゆる「落ち物」ゲームです。上から落ちてくるブロックを操って、下に積み重ねてください。ブロックは全部で7種類です。ブロックが横一列に並ぶと、そのブロックを消すことができます。ブロックを消すごとにブロックの落下速度が上がっていきます。ブロックが上一杯まで積み重なるとゲームオーバーなり、ゲームが最初から始まります。

(操作方法)
- スイッチSW1：落下ブロックの回転。反時計回りに90度ずつ回転します。
- スイッチSW2：落下ブロックの右移動。
- スイッチSW3：落下ブロックの左移動。

▶上から落ちてくるブロックを並べるゲームです。

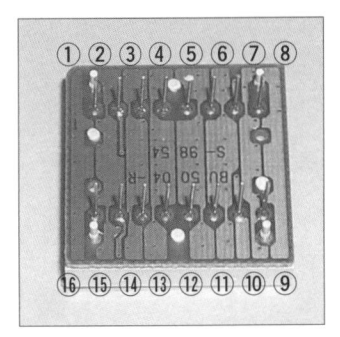

ピン番号	端子
1	ROW2
2	COL4
3	COL3
4	COL2
5	ROW5
6	ROW6
7	COL1
8	ROW8
9	ROW7
10	COL5
11	COL6
12	COL7
13	ROW4
14	ROW3
15	COL8
16	ROW1

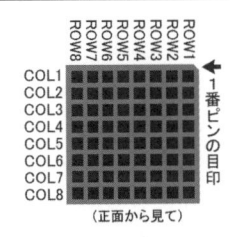

▲LEDの取り付け向きです。正面から見て1番ピン側が右上になります。

第4章　PIC-BASICでゲーム三昧!

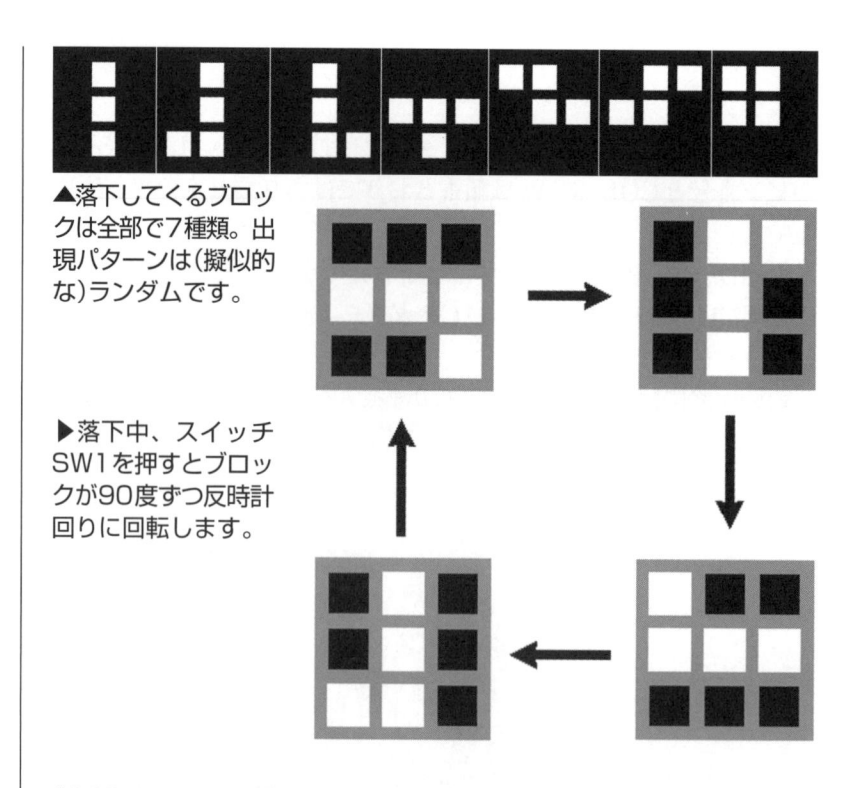

▲落下してくるブロックは全部で7種類。出現パターンは(擬似的な)ランダムです。

▶落下中、スイッチSW1を押すとブロックが90度ずつ反時計回りに回転します。

【製作例その2】

▼ベースボード上にLED表示器を搭載した例です。ベースボードのスイッチが流用できます。

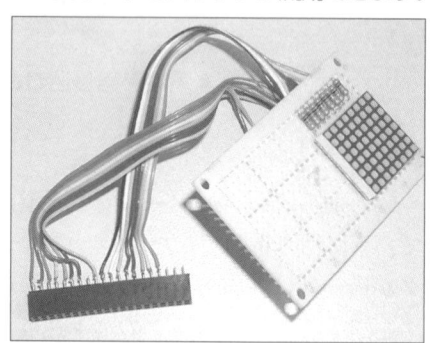

携帯LEDゲームのプログラムリスト

(デバッグ実行時のプログラム容量23.1％／最終書き込み時のプログラム容量22.7％)

```
'LED8X8GAME.pb
'
'携帯LEDゲーム for PIC-BASIC
'    8x8=64ドットマトリックスLED表示器
'    単色（赤）タイプ 「BU-5004-R」使用
'
'by   松原拓也
```

```
Dim i As Byte
Dim x As Byte              'マイブロック座標
Dim y As Byte
Dim cx As Byte             '衝突チェック座標
Dim cy As Byte
Dim hit As Byte            'ブロック衝突フラグ
Dim col As Byte            'カラム数
Dim col2 As Byte
Dim mask As Byte
Dim rnd As Byte            '擬似乱数
Dim level As Byte          'ゲームレベル
Dim dropcnt As Byte        'ブロック落下カウンタ
Dim dat(8) As Byte         'ブロック情報
Dim block(3) As Byte       'マイブロック情報
Dim blockbak(3) As Byte    'バックアップ用マイブロック情報
Dim vram(8) As Byte        'vram

    tris_rd = 0            'rd.0～7を出力に(row用)
    tris_re = 0            're.0～2を出力に(col用)
    tris_ra = 0            'ra.0～7を出力に(col用)
    Input rc.Bit0
    Input rc.Bit1

newgame:
    dat(0)= &b10000001     'col=1
    dat(1)= &b10000001     'col=2
    dat(2)= &b10000001     'col=3
    dat(3)= &b10000001     'col=4
    dat(4)= &b10000001     'col=5
    dat(5)= &b10000001     'col=6
    dat(6)= &b10000001     'col=7
    dat(7)= &b11111111     'col=8

    Gosub newblock         '新規マイブロック

    dropcnt=0              'ブロック落下カウンタ
    level=20'ゲームレベル
main:
    If (rc.Bit0 = 0) And (rc.Bit1 = 0) Then
        dropcnt = level 'ブロック落下
    Else
        If (rc.Bit0 = 0) And (x>0) Then 'sw2:右ボタン
            cx=x-1
```

```
                    cy=y
                    Gosub hitcheck      'ブロック衝突チェック
                    If (hit=0) Then x=x-1
                    rnd=rnd+1
            Endif
            If (rc.Bit1 = 0) And (x<7) Then   'sw3:左ボタン
                    cx=x+1
                    cy=y
                    Gosub hitcheck      'ブロック衝突チェック
                    If (hit=0) Then x=x+1
                    rnd=rnd+1
            Endif
    Endif

    If (rb.Bit0 = 0) Then       'sw1:回転ボタン
            Gosub turnblock         'マイブロック回転

            cx=x
            cy=y
            Gosub hitcheck          'ブロック衝突チェック
            If (hit>0) Then
                    For col=0 To 2
                            block(col) = blockbak(col)   '元に戻す
                    Next
            Endif
            rnd=rnd+1
    Endif

            '---------マイブロックの落下、衝突判定
    dropcnt=dropcnt+1
    If (dropcnt > level) Then
            dropcnt=0

            If (y>=5) Then
                    Gosub fixblock    'ブロックを定着
            Else
                    cx=x
                    cy=y+1
                    Gosub hitcheck    'ブロック衝突チェック

                    If (hit>0) Then
                            Gosub fixblock    'ブロックを定着
                                    '------------最上段の場合、ゲームオーバー
```

```
                    If (dat(0) & &b1111110)>0 Then Goto newgame
                Else
                    y =y+1
                Endif
            Endif
        Endif
        '---------ブロックをvramに転送
        For col = 0 To 7
            vram(col)=dat(col)
        Next
        '---------マイブロックをvramに転送
        For col = 0 To 2
            vram(col+y) = vram(col+y) | (block(col)<<x)
        Next
        '---------vramからLEDに出力
        For i=1 To 8*10
            col = i Mod 8
            mask = (1 << col)
            
            ra = 0   '表示クリア
            re = 0
            
            rd = vram(col) ^ &b11111111 '表示
            
            If col=7 Then
                ra = (1 << 5)     '例外処理
                re = 0
            Else
                re = mask & &b00000111
                ra = (mask >> 3)
            Endif
        Next
        ra = 0   '表示クリア
        re = 0
        
        rnd=rnd+1
        
        Goto main

'------------------マイブロック回転
turnblock:
    For col=0 To 2
        blockbak(col) = block(col)
```

```
            block(col)=0
    Next
    For col=0 To 2
        For col2=0 To 2
            block(col) = block(col) << 1
            block(col) = block(col) | ((blockbak(col2) >> col) & 1)
        Next
    Next
    Return

'-------------------ブロック衝突チェック
hitcheck:
    hit=0
    For col = 0 To 2
        hit = hit | (dat(col+cy) & (block(col)<<cx))
    Next
    Return

'-------------------ブロックを定着
fixblock:
    For col = 0 To 2
        dat(col+y) = dat(col+y) | (block(col)<<x)
    Next
    '---------そろった列のブロックを消す
    For col = 0 To 6
        If dat(col)=&hff Then
            For i=col To 1 Step -1
                dat(i)=dat(i-1)
            Next
            dat(0)=&b10000001
            If level>0 Then level=level-1
        Endif
    Next

    Gosub newblock    '新規マイブロック
    Return

'--------------------新規マイブロック
newblock:
    i = rnd Mod 7
    If i=0 Then
        block(0) = &b010
        block(1) = &b010
```

```
        block(2) = &b010
Endif
If i=1 Then
    block(0) = &b010
    block(1) = &b010
    block(2) = &b110
Endif
If i=2 Then
    block(0) = &b010
    block(1) = &b010
    block(2) = &b011
Endif
If i=3 Then
    block(0) = &b000
    block(1) = &b111
    block(2) = &b010
Endif
If i=4 Then
    block(0) = &b110
    block(1) = &b011
    block(2) = &b000
Endif
If i=5 Then
    block(0) = &b011
    block(1) = &b110
    block(2) = &b000
Endif
If i=6 Then
    block(0) = &b110
    block(1) = &b110
    block(2) = &b000
Endif

i= rnd Mod 4
While(i>0)
    Gosub turnblock  'マイブロック回転
    i=i-1
Wend

x=2
y=0
Return
```

4-5 携帯ゲームを作る2 ～2色ドットマトリックスLEDの制御

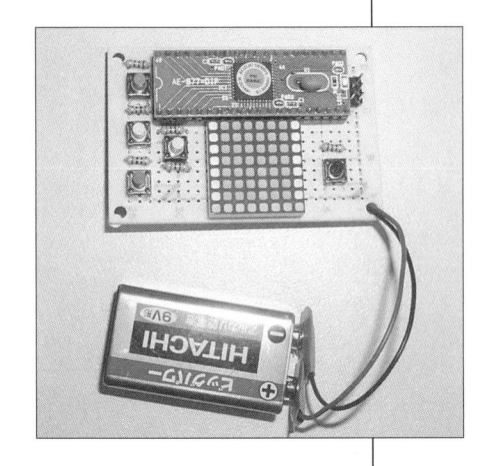

「4-4 携帯ゲームを作る」で製作したゲームをさらに改良してみました。名付けて「携帯ゲームmkⅡ」です。

・スイッチの数が3個から5個に増えました。それにより上下左右の入力ができるようになりました。
・LED表示が赤1色から、赤と緑の2色になりました。赤＋緑＝黄なので3色表示が可能です。
・マイコンを「AKI-PIC 16F877-20/IC スタンプ」に換えたため、コストが下がりました。

【材料】総製作費約2,000円(税込) ※マイコン代を含みます

- 「8×8＝64 ドットマトリックスLED表示器2色(赤・緑)タイプ BU5004-RG」。実売価格200円。
  ※秋月電子通商で購入。
- 抵抗10Ω×8本。実売価格1本5円。
- 抵抗4.7kΩ×6本。実売価格1本5円。
- タクトスイッチ×5個。実売価格1個10円。
- ユニバーサル基板。実売価格70円。
- 電解コンデンサ100μF。実売価格1個30円。
- 積層セラミックコンデンサ10μF。実売価格1個10円。
- 三端子レギュレータ「LM7805」互換品。実売価格50円。
  5V出力です。製作例では東芝セミコンダクター製の「TA78M05」を使っています。
- シリアル通信用IC「MAX232」互換品。実売価格200円。ANALOG DEVICES社の「ADM232」「ADM3202AN」などが使えます。
- 「AKI-PIC 16F877-20/IC スタンプ(BASIC 書込済ピンヘッダ接続タイプ)」。実売価格1,400円。
- 20ピン・ピンコネクタ×2個。
- リード線(適量)。

◀左から「電解コンデンサ」「LM7805互換品」「積層セラミックコンデンサ」です。LM7805のピン配置は正面から見て、左からIN、GND、OUTです。

4-5 携帯ゲームを作る2〜2色ドットマトリックスLEDの制御

【回路図】

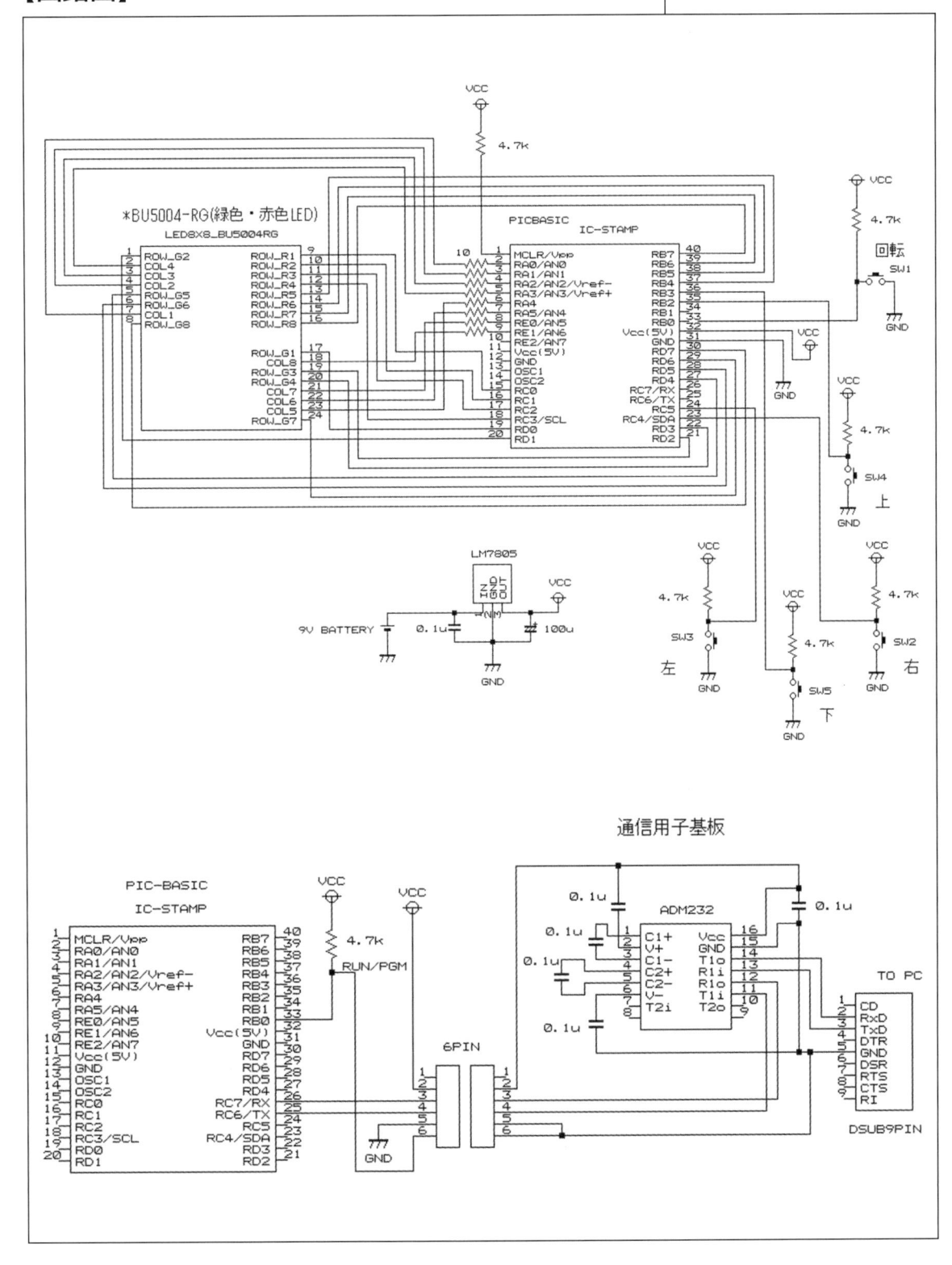

第4章　PIC-BASICでゲーム三昧！

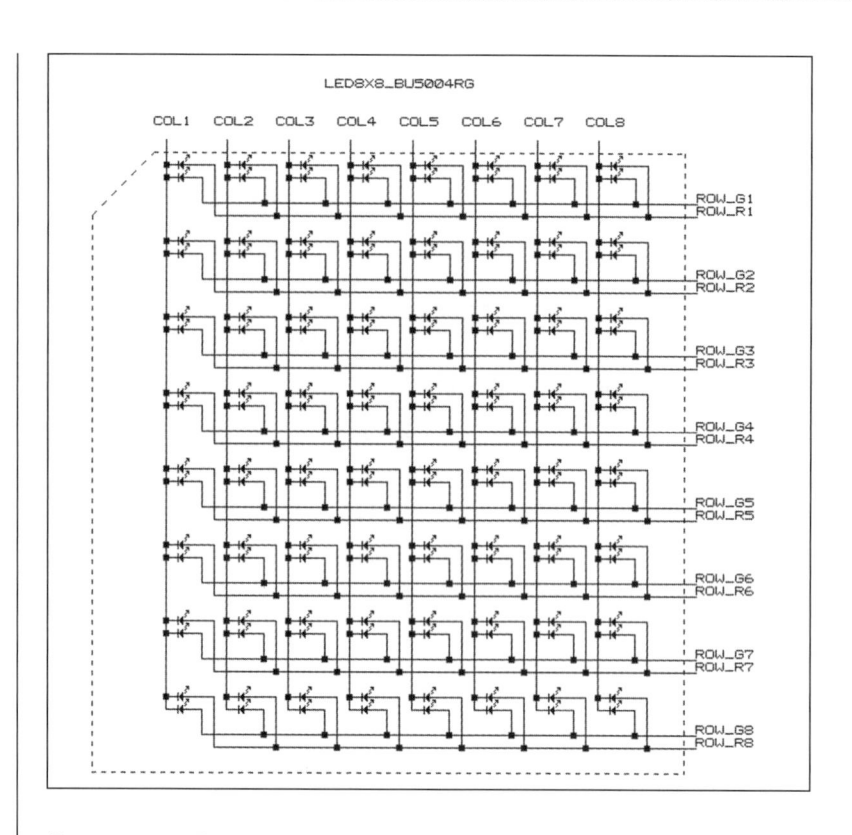

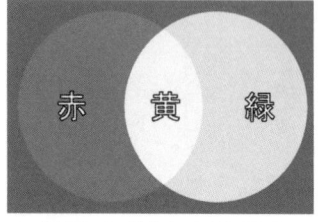

▲「緑」と「赤」のLEDを一緒に光らせると「黄色」になります。

【動作原理】

　ドットマトリックスLED「BU5004-RG（赤・緑）」は、「第4章 4-3」で使用した「BU5004-R（赤）」と全く同じ外見ですが、内部のLEDの向きが逆になっています。つまり、電流の向きが逆です。「第4章 4-3」では、点灯時にCOLを一つずつHighに出力していましたが、ここでは逆にCOLを一つずつLowに（残りの七つをHighに）出力します。また、表示が2色に増えたため、ROWの端子が2倍の16本に増えています。その結果、まとまったポートを確保するためにLEDやスイッチの接続先を変更しました。

　プログラム内の表示データ用の配列も2倍に増えています。赤と緑のLEDを同時に光らせると黄色になりますが、実際だと緑のLEDがすでに黄色っぽいため、オレンジ色になってしまいます。

　今回は、部品の量を減らすため、抵抗の取り付け場所をCOL側に変更しました。この方式の場合、根元で電流が制御されるため、点灯LEDの数が増えると表示が暗くなってしまうという欠点があります。もし、基板の空間に余裕があるならば、抵抗はROW側に付けるといいでしょう。その場合、抵抗値は200Ωくらいが適当です。

　さらに新しい試みとして、シリアル通信用のICを子基板にして本体と切り離しました。ゲーム中は取り外しができて、使いまわしがきくというメリットがあります。

4-5 携帯ゲームを作る2～2色ドットマトリックスLEDの制御

【作り方】

回路を回路図のとおりに作成してください。製作時のポイントは次のとおりです。

①	②	③	④	⑤	⑥	⑦	⑧
ROW G2	COL4	COL3	COL2	ROW G5	ROW G6	COL1	ROW G8

⑨	⑩	⑪	⑫	⑬	⑭	⑮	⑯
ROW R1	ROW R2	ROW R3	ROW R4	ROW R5	ROW R6	ROW R7	ROW R8

⑰	⑱	⑲	⑳	㉑	㉒	㉓	㉔
ROW G1	COL8	ROW G3	ROW G4	COL7	COL6	COL5	ROW G7

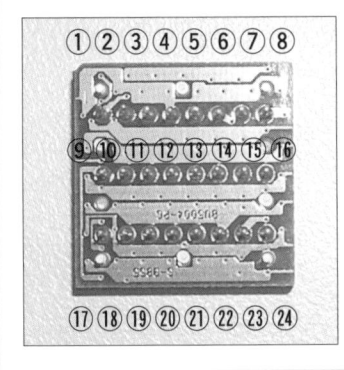

◀LED「BU5004-RG」のピン配置です。「BU5004-R」とは1～8と17～24ピンだけ互換性があります。

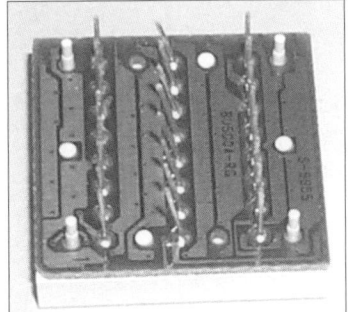

▲LEDの取り付け向きです。正面から見て1番ピン側が右上になります。

▶LEDは中央のピンが2.54mmの間隔ではないので、そのままでは基板の穴に入りません。ペンチなどを使ってピンを斜めに傾けます。

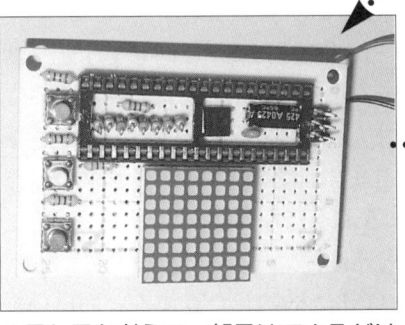

▲見た目を考えて、部品はできるだけICソケットの中に取り付けます。スイッチはぎりぎりの位置に詰め込んでいます。

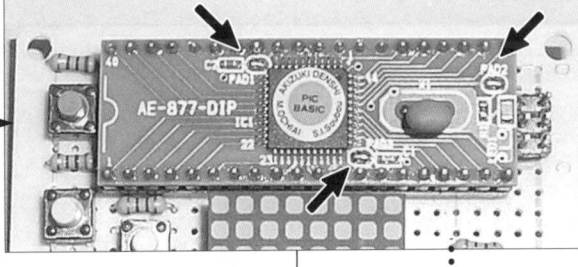

▲「AKI-PIC16F 877-20/ICスタンプ」を取り付けます。PAD1～3(矢印の部分)はあらかじめハンダ付けしておきます。

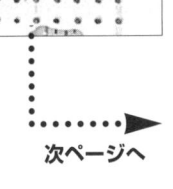

次ページへ

第4章 PIC-BASICでゲーム三昧!

◀子基板です。シリアル通信用IC（MAX232相当品）と積層セラミックコンデンサが搭載されています。6ピン・ピンコネクタは180度逆に差さないよう、未使用の1番ピンを埋めておくといいでしょう。6番ピンがRUN/PGMのショートピンになっていて、差し込むと自動的にプログラム・モードになります。

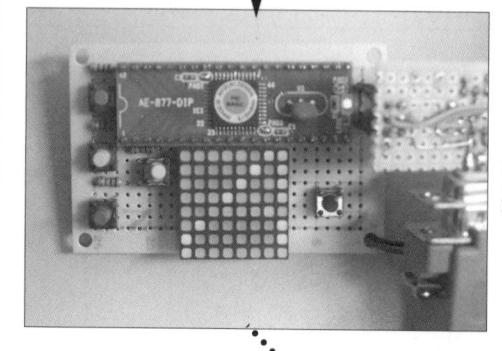

コンデンサの容量の見分け方

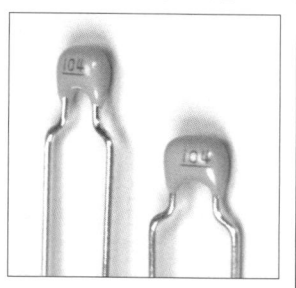

セラミックコンデンサなどサイズの小さなコンデンサに書かれている数字から、その容量を求めることができます。

「104」 → 0.1μF
「105」 → 1μF
「1R0」 → 1pF
「0R1」 → 0.1pF

◀子基板を差し込んで電源を入れ、プログラムを書き込みます。

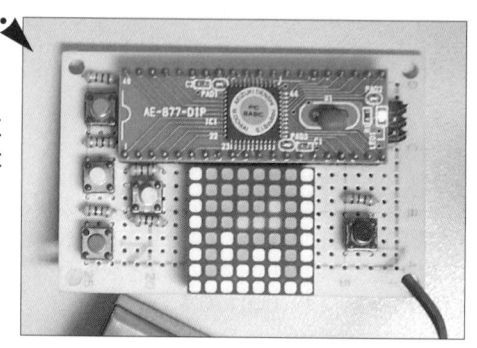

▶完成しました。このように横にして遊びます。サイズは約4.7×7.2cm、名刺よりも小さいです。

▼ゲーム作りはゲームを遊ぶ以上に面白いです。皆さんもどんどん改良していきましょう。

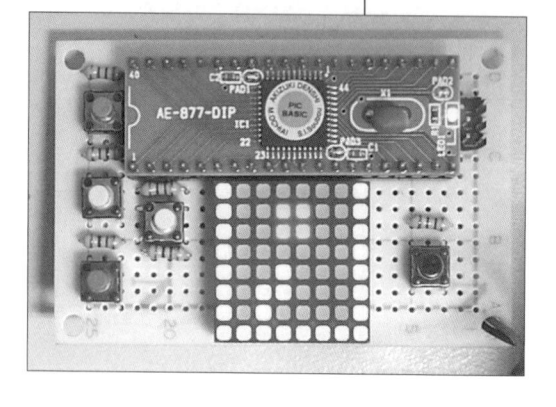

【遊び方】

ゲームのルールは「第4章4-3」と同じですが、新しくスイッチSW5が「下」ボタンとして機能するようになりました。また、落下中のブロックは赤色、下に着くと緑色になります。終盤にブロックがめりこむと黄色に表示されるようになりました。

プログラムはたとえば、ゲームの得点を追加したり、その得点をEEPROMに格納したりすると面白いのではないでしょうか。それから、ポートが一つだけ余っていますので、音が鳴る機能も追加できます。

携帯LEDゲームmkⅡのプログラムリスト
(デバッグ実行時のプログラム容量23.1％／最終書き込み時のプログラム容量22.7％)

```
'LED8x8RGGAME.pb
'
'携帯LEDゲームmkⅡ for PIC-BASIC
'    8x8=64ドットマトリックスLED表示器
'    2色（赤・緑）タイプ「BU5004-RG」使用
'
'by 松原拓也

Dim i As Byte
Dim x As Byte              'ブロック座標
Dim y As Byte
Dim cx As Byte             '衝突チェック座標
Dim cy As Byte
Dim hit As Byte            '衝突フラグ
Dim col As Byte
Dim col2 As Byte
Dim mask As Byte
Dim rnd As Byte            '擬似乱数
Dim level As Byte          'ゲームレベル
Dim dropcnt As Byte        '落下カウンタ
Dim dat(8) As Byte         'ブロック情報
Dim block(3) As Byte       'マイブロック情報
Dim blockbak(3) As Byte    'バックアップ用マイブロック情報
Dim vramr(8) As Byte       'vram赤色
Dim vramg(8) As Byte       'vram緑色

    tris_ra = 0            'ra.0～7を出力に(col用)
    tris_rb = &b00001111
        'rb.Bit0-3を入力(sw/PGM用)
        'rb.Bit4-7を出力(row用)
    tris_rc = &b10110000
        'rc.0-3を出力(row用)
        'rc.4-5を入力(sw用)
        'rc.6を出力(シリアル送信用)
        'rc.7を入力(シリアル受信用)
    tris_rd = 0            'rd.0～7を出力に(row用)
    tris_re = 0            're.0～2を出力に(row用)

newgame:
    dat(0)= &b10000001     'col=1
    dat(1)= &b10000001     'col=2
```

```
        dat(2)= &b10000001    'col=3
        dat(3)= &b10000001    'col=4
        dat(4)= &b10000001    'col=5
        dat(5)= &b10000001    'col=6
        dat(6)= &b10000001    'col=7
        dat(7)= &b11111111    'col=8

        Gosub newblock     '新規マイブロック

        dropcnt=0
        level=20            'ゲームレベル
main:
        If (rb.Bit3 = 0) Then      'sw5:下ボタン
            dropcnt = level        'ブロック落下
        Else
            If (rc.Bit4 = 0) And (x>0) Then 'sw2:右ボタン
                cx=x-1
                cy=y
                Gosub hitcheck    'ブロック衝突チェック
                If (hit=0) Then x=x-1
                rnd=rnd+1
            Endif
            If (rc.Bit5 = 0) And (x<7) Then  'sw3:左ボタン
                cx=x+1
                cy=y
                Gosub hitcheck    'ブロック衝突チェック
                If (hit=0) Then x=x+1
                rnd=rnd+1
            Endif
        Endif

        If (rb.Bit0 = 0) Then     'sw1:回転ボタン
            Gosub turnblock       'マイブロック回転

            cx=x
            cy=y
            Gosub hitcheck        'ブロック衝突チェック
            If (hit>0) Then
                For col=0 To 2
                    block(col) = blockbak(col)   '元に戻す
                Next
            Endif
            rnd=rnd+1
```

```
            Endif

            '---------マイブロックの落下、衝突判定
dropcnt=dropcnt+1
If (dropcnt > level) Then
    dropcnt=0

    If (y>=5) Then
        Gosub fixblock   'ブロックを定着
    Else
        cx=x
        cy=y+1
        Gosub hitcheck   'ブロック衝突チェック

        If (hit>0) Then
            Gosub fixblock   'ブロックを定着
            '------------最上段の場合、ゲームオーバー
            If (dat(0) & &b1111110)>0 Then Goto newgame
        Else
            y =y+1
        Endif
    Endif
Endif
'---------ブロックをvramに転送
For col = 0 To 7
    vramr(col)=0         '赤
    vramg(col)=dat(col)  '緑
Next
'---------マイブロックをvramに転送
For col = 0 To 2
    vramr(col+y) = vramr(col+y) | (block(col)<<x)      '緑
Next

'---------vramからLEDに出力
For i=1 To 8*10
    col = i Mod 8
    mask = (1 << col) ^ &b11111111

    ra = &b00111111 '表示クリア
    re = &b00000011

    rd = vramg(col)                   '緑LED
    rc = vramr(col) & &b1111           '赤LED
```

```
            rb = vramr(col) & &b11110000

            ra = mask & &b00111111
            re = (mask >> 6) & &b00000011
    Next
    ra = &b00111111
    re = &b00000011  '表示クリア

    rnd=rnd+1

    Goto main

'------------------マイブロック回転
turnblock:
    For col=0 To 2
        blockbak(col) = block(col)
        block(col)=0
    Next
    For col=0 To 2
        For col2=0 To 2
            block(col) = block(col) << 1
            block(col) = block(col) | ((blockbak(col2) >> col) & 1)
        Next
    Next
    Return

'------------------ブロック衝突チェック
hitcheck:
    hit=0
    For col = 0 To 2
        hit = hit | (dat(col+cy) & (block(col)<<cx))
    Next
    Return

'------------------ブロックを定着
fixblock:
    For col = 0 To 2
        dat(col+y) = dat(col+y) | (block(col)<<x)
    Next
    '---------そろった列のブロックを消す
    For col = 0 To 6
        If dat(col)=&hff Then
            For i=col To 1 Step -1
```

```
                    dat(i)=dat(i-1)
                Next
                dat(0)=&b10000001
                If level>0 Then level=level-1
            Endif
        Next

        Gosub newblock    '新規マイブロック
        Return

'--------------------新規マイブロック
newblock:
    i = rnd Mod 7
    If i=0 Then
        block(0) = &b010
        block(1) = &b010
        block(2) = &b010
    Endif
    If i=1 Then
        block(0) = &b010
        block(1) = &b010
        block(2) = &b110
    Endif
    If i=2 Then
        block(0) = &b010
        block(1) = &b010
        block(2) = &b011
    Endif
    If i=3 Then
        block(0) = &b000
        block(1) = &b111
        block(2) = &b010
    Endif
    If i=4 Then
        block(0) = &b110
        block(1) = &b011
        block(2) = &b000
    Endif
    If i=5 Then
        block(0) = &b011
        block(1) = &b110
        block(2) = &b000
    Endif
```

```
    If i=6 Then
        block(0) = &b110
        block(1) = &b110
        block(2) = &b000
    Endif

    i= rnd Mod 4
    While(i>0)
        Gosub turnblock 'マイブロック回転
        i=i-1
    Wend

    x=2 'ブロック座標
    y=0
    Return
```

4-6 ゲーム機のコントローラをつなぐ 〜プレイステーション用パッドとの通信

　家庭用ゲーム機のコントローラとベースボードを接続して、パッドの入力情報をLCDに表示します。この技術を応用すれば、ゲームやロボットをパッドで操作することが可能になります。接続するコントローラには、最も市場に流通しているプレイステーション用のパッドを選んでみます。

【材料】総製作費約 1,300 円(税込)
※マイコン代とPS用パッド代は含まず

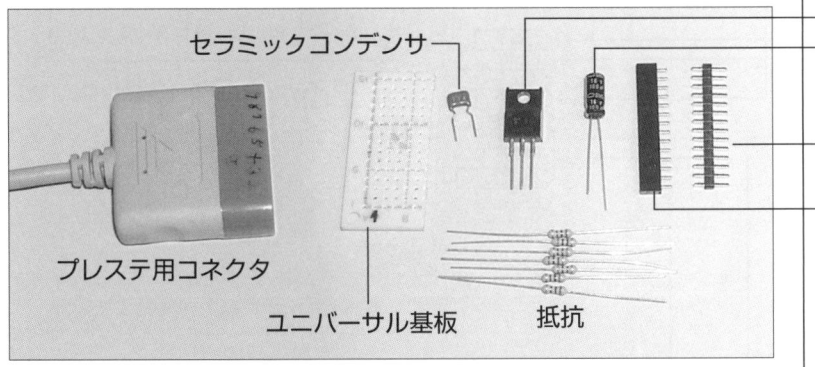

- プレステ用コネクタ
- セラミックコンデンサ
- 三端子レギュレータ
- 電解コンデンサ
- ピンヘッダ
- ピンコネクタ
- ユニバーサル基板
- 抵抗

- プレイステーション用パッド(コントローラ)。
  大きく分けてハンドル(アナログスティック)のあるタイプとないタイプがありますが、どちらでもかまいません。

- プレイステーション専用コネクタ(メス)×1個。実売価格1,000円。
  パッドを接続するためのコネクタです。コネクタ単体の入手は難しいため、「プレイステーション用パッド延長ケーブル」を購入します。
- 抵抗5.1kΩ×7本。実売価格1本5円。

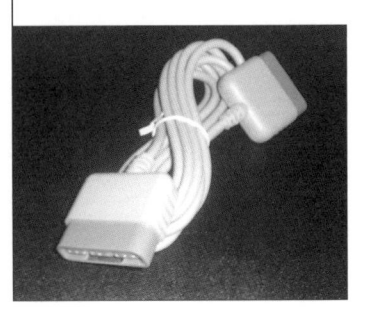

111

- ユニバーサル基板。70円。
- 三端子レギュレータ「TA48033S」。実売価格100円。3.3V出力のものを選んでください。秋月電子通商で購入したセットでは、電解コンデンサ$100\mu F$と、積層セラミックコンデンサ$10\mu F$が付属しています。
- ピンコネクタ、ピンヘッダ(適量)。
- リード線(適量)。

※この他に PIC-BASIC 対応マイコンとベースボードが必要です。

【回路図】

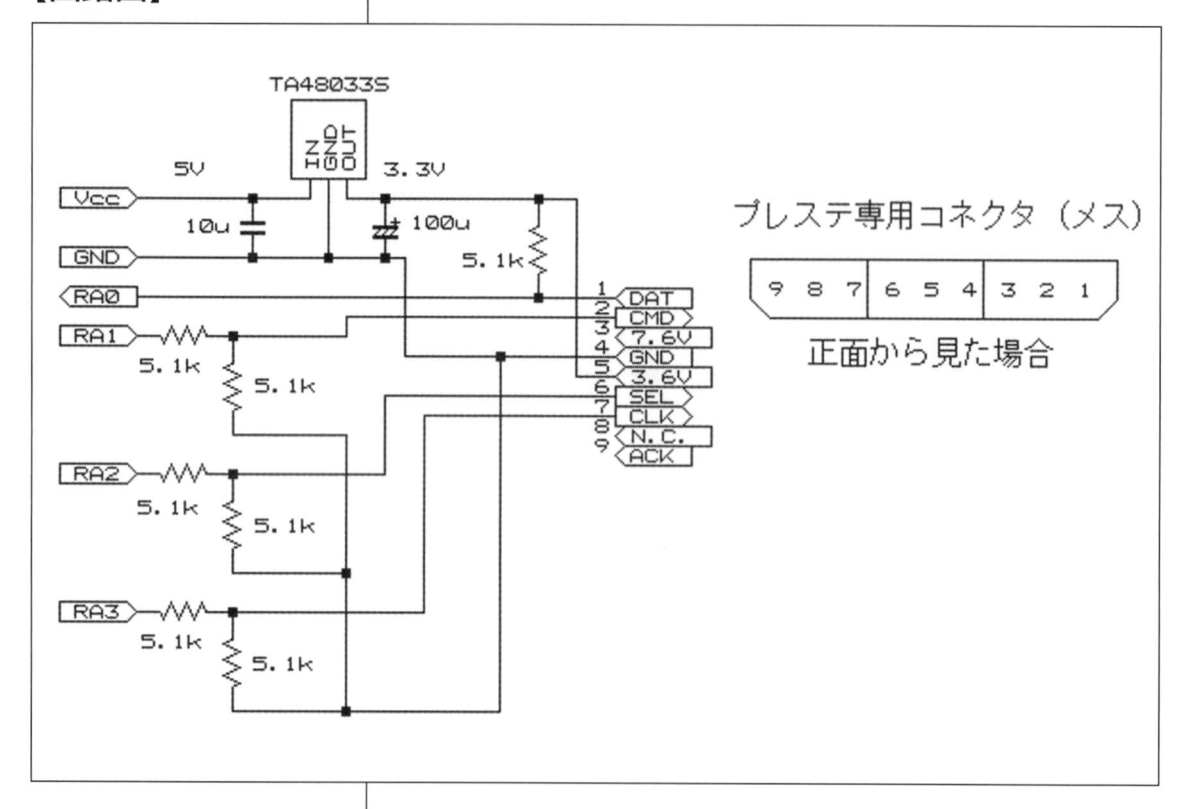

(回路図: TA48033S を使用した 5V→3.3V 電源回路と、RA0～RA3 を 5.1k の抵抗で分圧してプレステ専用コネクタ(メス)の DAT, CMD, 7.6V, GND, 3.6V, SEL, CLK, N.C., ACK に接続する回路図)

プレステ専用コネクタ（メス）

```
 9 8 7  6 5 4  3 2 1
```

正面から見た場合

【動作原理】

　プレイステーション用パッドのピン配置と通信仕様は次ページ上の表のとおりです。なお、正式な資料を入手できなかったため、端子名やモード名には独自の呼び名を使っています。

　ベースボードのVccが5Vなのに対して、パッドの動作電圧は3.6Vです。そこで、三端子レギュレータを使って3.3V作り、パッドを動かしています。7.6Vの端子は振動用なので接続しません。コンデンサはパッドの電圧を安定させるための部品です。パッドに3.3Vより大きな電圧を与えるのは好ましくありませんので、マイコン側の出力信号(5V)は抵抗で分圧して接続しています。

プレイステーション用パッドのピン配置

ピン番号	信号名	信号の流れ	
1	DAT	CPU ← PAD	データ信号。
2	CMD	CPU → PAD	コマンド信号。
3	7.6V		振動用Vcc。接続しません。
4	GND		グランド。0V。
5	3.6V		回路用Vcc。
6	SEL	CPU → PAD	セレクト信号。アクティブ時にLow。
7	CLK	CPU → PAD	クロック信号。アクティブ時にLow。
8	N.C.		未使用。接続せず。
9	ACK	CPU ← PAD	アクノリッジ信号。1バイトの送受信が完了すると、数μsほどLowになります。接続しません。

　抵抗値は約2:3(たとえば2.2kΩと3.3kΩ)にするのが理想的ですが、部品の集めやすさを優先させて、すべて同じ抵抗値にします。パッドからのデータ(DAT)信号はプルアップしてから入力します。

　通信方法は同期式のシリアル通信です。セレクト(SEL)信号は非通信時がHighで通信時がLowです。コマンド(CMD)信号とデータ(DAT)信号は、クロック(CLK)信号に合わせて同時に送受信します。送受信データは8ビット単位で、下位ビットから順に送ります。クロックの周期は最高1μsです。パッド側は8ビットごとに、アクノリッジ(ACK)信号をHigh→Lowにすることで受信完了を伝えます。例外として最後の1バイトだけはACKを返しません。製作例では、受信データの内容からパッドの存在を確認しますので、アクノリッジ(ACK)信号のチェックは省略します。

　パッドには、「ノーマルモード」と「アナログモード」という二つのモードがあります。「アナログモード」では「ハンドル」と呼ぶレバー(2本)入力が可能です。ノーマルモード時の送受信バイト数が5バイト、アナログモード時の送受信バイト数が9バイトです。「デュアルショック2」というパッドでは21バイトのモードもあります。

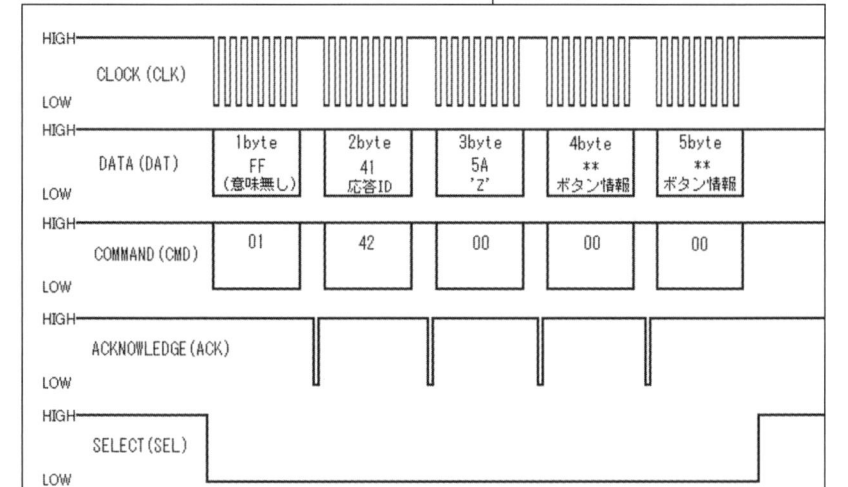

パッドとの通信方法

第4章　PIC-BASICでゲーム三昧!

パッドへの送信データ

送信データ	
+0 バイト	&H01
+1 バイト	&H42
+2 バイト	&H00
+3 バイト	&H00
+4 バイト(ノーマルモード時はここまで)	&H00
+5 バイト	&H00
+6 バイト	&H00
+7 バイト	&H00
+8 バイト(アナログモード時はここまで)	&H00

【収縮チューブ】

リード線を絶縁するときに使います。価格は1.5mあたり150円程度です。チューブは適当な長さに切ってリード線に通します。専用ドライヤなどで温めるとチューブが縮みます。

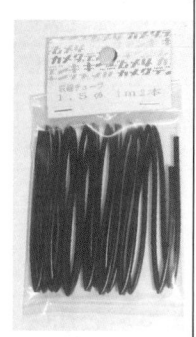

パッドからの受信データ(配列pad_bufに格納されるデータ)

	bit7	bit6	bit5	bit4	bit3	bit2	bit1	bit0
+0 バイト	\&HFF							
+1 バイト	4=ノーマル/5or7=アナログ				2倍して+1した値が残り受信バイト数			
+2 バイト	&H5A							
+3 バイト	LEFT	DOWN	RIGHT	UP	START	R3	L3	SELECT
+4 バイト	■	×	●	▲	R1	L1	R2	L2
+5 バイト	右ハンドル左右(&H00～FF)							
+6 バイト	右ハンドル上下(&H00～FF)							
+7 バイト	左ハンドル左右(&H00～FF)							
+8 バイト	左ハンドル上下(&H00～FF) ＊中間の位置で約&H80です。							

＊受信データの+3～4バイトのビットは、ボタンを押さない状態で1、ボタンを押すと0になります。
＊「R3」「L3」はアナログモード時のみ有効です。ハンドルを押し込んだ状態で0になります。
＊受信データの+5～+8バイトのデータは、アナログモード時のみ格納されます。アナログモードへはパッドの「ANALOG」ボタンを一度押すと移行します。

【作り方】

回路図のとおりに組み立てます。

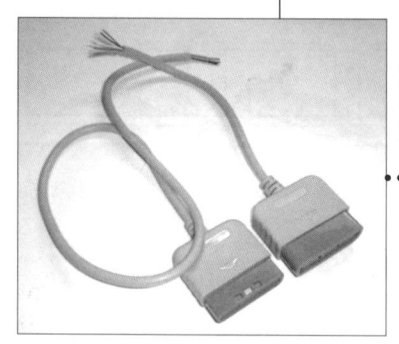

◀プレイステーション用パッド延長ケーブルを切断します。メス型のコネクタのみ使います。

▶プレイステーション専用コネクタのピン配置です。

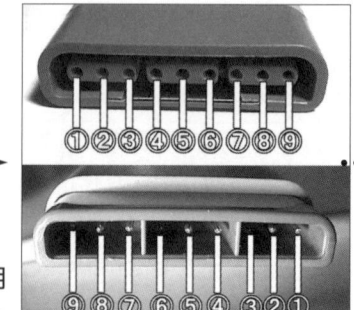

4-6 ゲーム機のコントローラをつなぐ～プレイステーション用パッドとの通信

【使い方】

次の手順で動作を確認してみます。

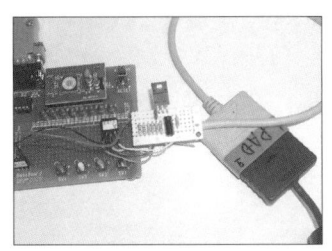

◀完成した基板をベースボードに接続して電源を入れます。最初はパッドを接続せずに、テスタで電圧を確認してください。もし、パッド用の電源が3.3Vでない場合は回路にミスがあります。

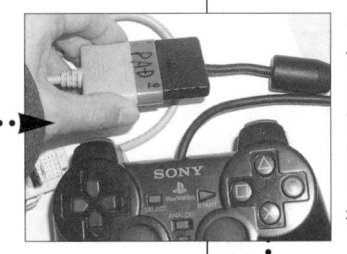

◀電圧が正常な場合、パッドをコネクタに差し込みます。コネクタの抜き差しは常に電源を落とした状態で行ってください。

◀ためしに方向スイッチ（ボタン）の左を押すと、「LEFT.」と表示されます。通信は成功です！

▲電源を入れて、プログラムリスト"pspad.pb"を実行します。

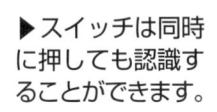

▶スイッチは同時に押しても認識することができます。

▶「ANALOG」スイッチを押すと左／右ハンドルの座標がLCDに表示されます。それぞれXY座標は0～255の範囲で変動します。たとえば、左ハンドルを上一杯に倒すとY座標が0になりました。微妙に倒すと、座標は細かく変わります。

▲ベースボードのスイッチSW1を押すと、受信データの内容を16進数で見ることができます。パッド入力の変化や、モードによるデータサイズの変化がわかります。

◀三端子レギュレータ「TA 48033S」とコンデンサのピン配置です。左から順にIN、GND、OUTです。OUTの端子から3.3Vを出力します。

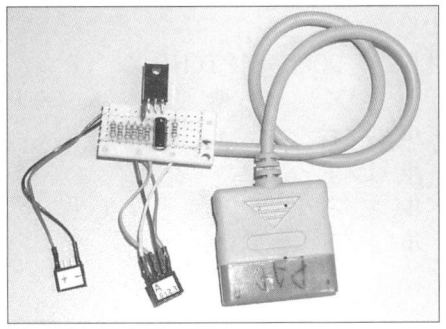

完成した基板です。取り外しできるように、ベースボードとの接続はピンコネクタにしました。コネクタには、接続を間違えないようにシールを貼っています。

プレイステーション用パッドの入力のプログラムリスト

（デバッグ実行時のプログラム容量14.9%／最終書き込み時のプログラム容量14.5%）

```
'pspad.pb
'    プレイステーション用パッドの入力 for PIC-BASIC
'
'by松原拓也


'PLAYSTATION PAD 9PIN ASIGN
' 1: DAT (PIC <- PAD)
' 2: CMD (PIC -> PAD)
' 3: 7.6V
' 4: GND
' 5: 3.6V
' 6: SEL (PIC -> PAD)
' 7: CLK (PIC -> PAD)
' 8: N.C.
' 9: ACK (PIC <- PAD)


'PIC <----> PS PAD
' VCC------5:Vcc 3.6V
'          3:Vcc 7.6V *接続せず
' RA.0<----1:DAT   *PULL UP必要
' RA.1---->2:CMD
' RA.2---->6:SEL
' RA.3---->7:CLK
'          8:N.C.  *接続せず
'          9:ACK   *接続せず
' GND------4:GND


Dim pad_buf(10) As Byte
'  +0 null
'  +1 0x41='A'ノーマルモード / 0x53=アナログモード
'  +2 null
'  +3 sw1( LEFT / DOWN / RIGHT / UP  / START /   1 /   1 / SEL
'  +4 sw2(  □  /  ×  /  ●   /  ▲  / R1    / L1 / R2 / L2
'  +5 右ハンドル 左/右
'  +6 右ハンドル 上/下
'  +7 左ハンドル 左/右
'  +8 左ハンドル 上/下
```

```
Dim pad_byte As Byte        '受信完了バイト数(4以下の場合エラー)
Dim tx_chr As Byte          '送信1バイトデータ（テンポラリ）
Dim rx_chr As Byte          '受信1バイトデータ（テンポラリ）
Dim lastbyte As Byte        '残りバイト数（テンポラリ）
Dim bitmask As Byte         'マスク値（テンポラリ）

Dim i As Byte

main:
    Input rb.Bit0

    Initlcd                 'LCD 初期化
    Clearlcd
    Gosub pad_init          'PAD 初期化

    While( 1 )
        Gosub pad_get       'パッド情報の取得

        'パッド情報の表示
        If rb.Bit0=0 Then
            Clearlcd
            For i=0 To pad_byte-1
                Setpos (i Mod 5)*3 ,(i / 5)
                Putlcd Hex(pad_buf(i))
            Next
        Else
            Gosub pad_print
        Endif
        Sleep 100
    Wend

'-----------------------------------------------------------------
'   パッド情報表示
'-----------------------------------------------------------------
pad_print:
    Clearlcd
    Setpos 0,0
    If (pad_buf(3) & (1 << 0))=0 Then Putlcd "SELECT."
    If (pad_buf(3) & (1 << 1))=0 Then Putlcd "L3."
    If (pad_buf(3) & (1 << 2))=0 Then Putlcd "R3."
    If (pad_buf(3) & (1 << 3))=0 Then Putlcd "START."
    If (pad_buf(3) & (1 << 4))=0 Then Putlcd "UP."
    If (pad_buf(3) & (1 << 5))=0 Then Putlcd "RIGHT."
```

```
        If (pad_buf(3) & (1 << 6))=0 Then Putlcd "DOWN."
        If (pad_buf(3) & (1 << 7))=0 Then Putlcd "LEFT."

        If (pad_buf(4) & (1 << 0))=0 Then Putlcd "L2."
        If (pad_buf(4) & (1 << 1))=0 Then Putlcd "R2."
        If (pad_buf(4) & (1 << 2))=0 Then Putlcd "L1."
        If (pad_buf(4) & (1 << 3))=0 Then Putlcd "R1."
        If (pad_buf(4) & (1 << 4))=0 Then Putlcd "SANKAKU."
        If (pad_buf(4) & (1 << 5))=0 Then Putlcd "MARU."
        If (pad_buf(4) & (1 << 6))=0 Then Putlcd "BATU."
        If (pad_buf(4) & (1 << 7))=0 Then Putlcd "SIKAKU."

        If (pad_byte<=5) Then Return
        Setpos 0,1
        Putlcd pad_buf(7),",",pad_buf(8)
        Setpos 8,1
        Putlcd pad_buf(5),",",pad_buf(6)
        Return

'----------------------------------------------------------------
'    パッド初期化
'----------------------------------------------------------------
pad_init:
    Input ra.Bit0
    Output ra.Bit1
    Output ra.Bit2
    Output ra.Bit3

    High ra.Bit2      'SEL=H
    High ra.Bit3      'CLK=H
    Return



'----------------------------------------------------------------
'    パッド情報の取得
'
'     +0 +1 +2 +3 +4 +5 +6 +7 +8
' CMD  01 42 00 00 00
' DAT  ff 41 5a ** **                    (通常)
' DAT  ff 53 5a ** ** ** ** ** **        (アナログ)
' DAT  ff 73 5a ** ** ** ** ** **
'----------------------------------------------------------------
pad_get:
```

```
        pad_byte=0
        Low ra.Bit2         'SEL=L
        
        tx_chr=&h01         '1バイト送受信(送信[+0]=01h)
        Gosub exc1byte      '受信データ[+0]→0xff
        
        tx_chr=&h42         '1バイト送受信(送信[+1]="B"42h)
        Gosub exc1byte
        
        If (rx_chr=0) Or (rx_chr=&hff) Then pad_end
        lastbyte = (rx_chr & &h0f)* 2
              '受信データ[+1]→応答ID"A"
              ' (上位4bit)→コントローラタイプ
              ' (下位4bit*2+1)→受信残りバイト数
        
                            '1バイト送受信(送信[+2]=00h)
        tx_chr=0
        Gosub exc1byte      '受信データ[+2]→Z
        
        While(lastbyte > 0)
            '1バイト送受信(送信[+3〜]=00h)*/
            Gosub exc1byte   '受信データ1バイトを格納*/
            
            lastbyte = lastbyte - 1 '受信残りバイト数-1
        Wend

pad_end:
        High ra.Bit2        ' SEL=H
        Return              '正常終了



'-------------------------------------------------------------
'    パッド 1バイト送受信
'-------------------------------------------------------------
exc1byte:
        rx_chr = 0
        bitmask = 1
        
        '下位ビットから1バイト送信
        While(bitmask>0)
            'CMD(コマンド)書き込み
            If((tx_chr & bitmask) = 0) Then
                Low ra.Bit1
```

```
        Else
            High ra.Bit1
        Endif
        Low ra.Bit3      ' CLK=L
        If(ra.Bit0 = 1) Then rx_chr = rx_chr | bitmask    'DAT(データ)読み取り
        High ra.Bit3     ' CLK=H
        bitmask=bitmask << 1
Wend

pad_buf(pad_byte) = rx_chr
pad_byte = pad_byte+1
Return
```

第5章 PIC-BASICを実用的に使う

この章では、実用性の高さを重視した電子工作を紹介します。製作例は、学習リモコンや温度計、電卓などマイコンのもつ機能を生かしています。プログラムと回路の動作原理を覚えつつ、PIC-BASICを実生活に役立ててみましょう。

5-1 EEPROMにファイルを書き込む ～外部EEPROMの制御

ベースボードに取り付けられている外部EEPROM（I2C EEPROM）にテキストファイルを読み書きする「EEPROMリードライタ」というプログラムです。これによって、ベースボードがフロッピーディスクやメモリカードに変身します。対応しているファイルはテキスト形式のみです。

このプログラムは、ベースボードをそのまま使いますので、新しく回路を製作する必要はありません。

【動作原理】

外部EEPROMとはベースボードにあるEEPROMのことで、マイコンの内部にあるEEPROMと区別するための呼び名です。外部EEPROMは、「I2C」という通信規格でマイコンと接続されていますので、「I2C EEPROM」とも呼んでいます。

パソコン側の通信プログラムは「Hot Soup Processor（HSP）」を使って作りました。HSPはフリーの開発環境で、インターネットなどから無償で入手できます。対応OSはWindows9x/NT/2000/XPです。

第5章　PIC-BASICを実用的に使う

　ベースボード側のプログラムは通信の待機状態からスタートします。最初の1バイトを受信して、その内容が「w」の場合は「書き込みモード」に、「r」の場合は「読み込みモード」に移行します。

　書き込みモードでは、パソコンからデータを1バイトずつ送り、ベースボードの外部EEPROMに書き込みます。実測した外部EEPROMのデータ書き込み時間は約10msでした。そこで、パソコン側のプログラムは安全を考えて1バイトごとに20msのウエイト（待ち時間）を設けています。外部EEPROM「24C1024」の記憶容量は131,072バイトという大容量なものですが、これをすべて書き込んだ場合、40分以上もの時間がかかってしまうのが難点です。ファイルに0が含まれるか、もしくはファイル内容が最後になると、通信を終了します。

　読み込みモードでは、外部EEPROMのデータを1バイトずつ順番に読み込んで、パソコンへ送ります。データに0が含まれる前のデータをファイルとして書き込みます。書き込みモードとは違い、このモードにはウエイトはありません。

【使い方】

　最初、ベースボードにプログラム"eeprom_rw.pb"を書き込みます（最終書き込み）。ベースボードとパソコンを接続して、次の手順で操作を行います。

◀HSPで作成した通信プログラム"eeprom_rw.as"を実行します。実行後、画面にメニューが表示されます。

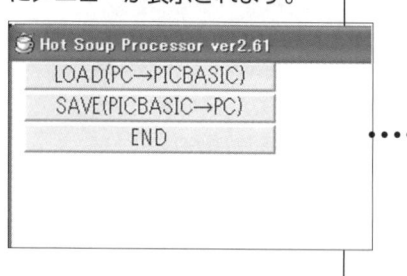

◀ベースボードの電源を入れると、通信の待機状態になります。

◀通信プログラムのメニューから「LOAD」を選択して、テキストファイルを指定します。この例では、"eeprom_rw.pb"を選択しました。選択したファイルを転送して、ベースボードの外部EEPROMに書き込みます。対応するファイルのサイズは131,072バイトまでです。

次ページへ

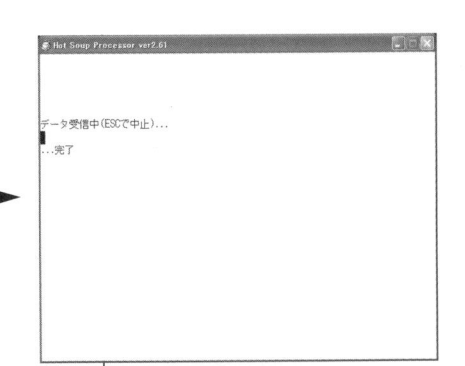

5-1 EEPROMにファイルを書き込む～外部EEPROMの制御

▲転送の完了後、ベースボードのスイッチSW1を押すと、外部EEPROM内部のデータを見ることができます。LCDの仕様上、改行コードや漢字、全角文字は正しく表示できません(文字化けします)。アルファベット、数字、カタカナは表示できます。

▲今度は通信プログラムのメニューから「SAVE」を選択します。ファイルダイアログの画面では、任意のファイル名を入力します(例：EEPROM.TXT)。入力後、外部EEPROMからテキストファイルを取り出して、パソコン上に保存します。

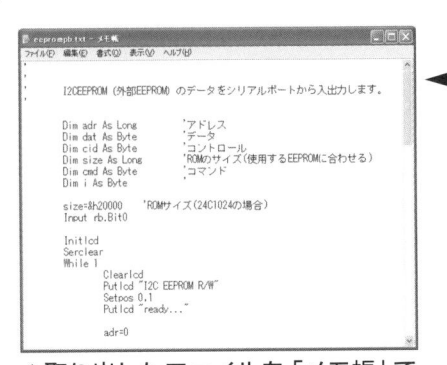

▲取り出したファイルを「メモ帳」で開いてみます。テキストファイルの送信と受信が無事完了しました。

EEPROMリードライタのプログラムリスト

(デバッグ実行時のプログラム容量8.0%／最終書き込み時のプログラム容量7.6%)

```
'eeprom_rw.pb
'EEPROMリードライタ
'I2CEEPROM（外部EEPROM）のデータをシリアルポートから入出力します。
'by松原拓也

    Dim adr As Long         'アドレス
    Dim dat As Byte         'データ
    Dim cid As Byte         'コントロール
    Dim size As Long        'ROMのサイズ(使用するEEPROMに合わせる)
    Dim cmd As Byte         'コマンド
    Dim i As Byte           'テンポラリ
```

```
        size=&h20000       'ROMサイズ(24C1024の場合)
        Input rb.Bit0      'ポート入力設定

        Initlcd
        Serclear           'シリアルポートクリア
        While 1
            Clearlcd
            Putlcd "I2C EEPROM R/W"
            Setpos 0,1
            Putlcd "ready..."
            'コマンド待ち
            adr=0
            cmd=0
            Do
                Serin pb115200,100,cmd
                If(rb.Bit0=0) Then Gosub romview    '閲覧モード
            Until (cmd=0)
            cmd = cmd | &h20      '小文字化

            If cmd=&h72 Then Gosub romread    '読み込みモード
            If cmd=&h77 Then Gosub romwrite   '書き込みモード
        Wend

'閲覧モード
romview:
    For i=0 To 31
        Gosub setadr
        I2cread cid, (adr & &hFFFF), dat
        Setpos (i Mod 16),(i / 16)
        Putlcd chr$(dat)
        adr = (adr+1) Mod size
    Next
    Return

'読み込みモード
romread:
    Clearlcd
    Putlcd "read mode"
    adr=0
loopread:
        Gosub setadr
        I2cread cid, (adr & &hFFFF), dat
        Serout pb115200,chr$(dat)
```

```
            If(dat=0)Then Return        '0を受信したら終了
            Setpos 0,1
            Putlcd Hex(adr)
            adr = adr+1
    If(adr < size)Then loopread
    Return

'書き込みモード
romwrite:
    Clearlcd
    Putlcd "write mode"
    adr=0
loopwrite:
        Gosub setadr
        dat=0
        Serin pb115200,1000,dat
        I2cwrite cid, (adr & &hFFFF), chr$(dat)
        Setpos 0,1
        Putlcd Hex(adr)
        If (dat=0) Then Return    '通信タイムアウトorデータ終了
        adr = adr+1
    If(adr < size)Then loopwrite
    Return

setadr:
    If (adr < &h10000) Then
        cid = &b10100000          'コントロールバイト
    Else
        cid = &b10100010          'コントロールバイト
    Endif
    Return
```

通信用プログラムリスト(HSP用)

```
    ;eeprom_rw.as
    ;PIC-BASIC eeprom.pb用 通信プログラム for HSP
    ;I2C EEPROM (外部EEPROM) のデータを読み書きします
    ;

#include "hspext.as"
```

```
    dim buf,$20000      ;配列変数を作成します
    onexit *endbtn      ;終了ボタンを押した時のジャンプ先を指定します

    comopen 1,"baud=115200 parity=N data=8 stop=1"    ;シリアルポートを初期化
    if stat : dialog "シリアルポートは使えません" : end

    imax = $20000       ;サンプル最大数

    screen 0,640,480
    objsize 200,22   ;ボタンのサイズ
    pos 10, 0:button "LOAD(PC→PICBASIC)",*file_load
    pos 10,24:button "SAVE(PICBASIC→PC)",*file_save
    pos 10,48:button "END",*endbtn

    stop
'---------------------------------------SAVE(PICBASIC→PC)
*file_save
    dialog "txt",17,"テキストファイル"  ;ファイルSAVE(保存)ダイアログ
    if stat=0 : goto *dlcan

    cls
    pos 0,100
    print "データ受信中(ESCで中止)..."
    gosub *gomiclr
    comput "r"    ;読み込みコマンド送信

    i=0
*loopsave
        do
            stick ky,0
            if(ky = 128):goto endbtn
            comgetc a     ;シリアルポートから1バイト受信
        until (stat ! 0)
        ;受信バッファが空でなくなるまで
        if (a = 0):goto *endsave
        poke buf,i,a
        boxf 0,120,640*i/imax,140    ;バーグラフ
    i = i+1
    if(i < imax):goto *loopsave
*endsave
    if(i > 0):bsave refstr,buf,i    ; ファイルをセーブ(ファイル名,変数名,サイズ)
    pos 0,140
    print "...完了"
```

```
*dlcan
    stop

'----------------------------------------LOAD(PC→PICBASIC)
*file_load
    dialog "txt",16,"ﾃｷｽﾄﾌｧｲﾙ"    ;ファイルOPEN(開く)ダイアログ
    if stat=0 : goto *dlcan2

    bload refstr,buf      ; ファイル読み込み

    cls
    pos 0,100
    print "データ送信中(ESCで中止)..."
    gosub *gomiclr
    comput "w"    ;書き込みコマンド送信
    for i,0,strsize
        stick ky,0
        if(ky = 128):goto endbtn
        peek a,buf,i
        computc a      ;シリアルポートから1バイト送信
        wait 2         ;20msecウエイト
        boxf 0,120,640*i/strsize,140      ;バーグラフ
    next
    pos 0,140
    print "...完了"
*dlcan2
    stop

'----------------------------------------
*endbtn
    comclose          ;シリアルポートとの通信を終了します
    end

*gomiclr
    do                ;最初にゴミの受信データを捨てる
        comgetc a     ;シリアルポートから1バイト受信
    until (stat = 0)
    return
```

5-2 ストップウォッチを作る ～タイマ2レジスタの制御

　0.1秒単位で測定できるストップウォッチです。ベースボードをそのまま使っていますので、プログラムを書き込むだけですぐに使うことができます。

【動作原理】

　ここで紹介するストップウォッチは0.1秒単位にタイム値を増やしていきますが、じつはPIC-BASICはそうした厳密な時間管理が苦手です。たとえば、「SLEEP」という命令では1ms単位のウエイト（待ち時間）が作れますが、LCD表示に費やされる時間はわかりません。その分の不明な処理時間が積み重なって、そのまま測定誤差となってしまいます。

　この問題を解消するために、「タイマ2レジスタ（TMR2）」というマイコン内部にあるタイマを使って時間を測定します。タイマ2はマイコンのクロック（×分周比）を合図に値が一つずつ増えていきます。そして、ある設定値に達すると自動的に0に戻ります。プログラムでは、タイマ2の周期を819.2μsに設定していますので、122回ほどタイマが循環すると0.1秒が経過したことになります（正確には122.0703125）。

　そこで、PEEK関数を使ってタイマ2レジスタの値を監視して、時間を測定しています。

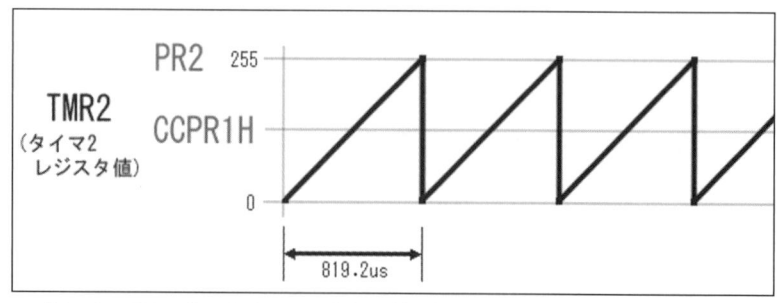

▲「タイマ2レジスタ（TMR2）」の値が循環しているイメージです。このタイマ2の変化を監視して、時間を測定しています。

5-2 ストップウォッチを作る〜タイマ2レジスタの制御

【使い方】

ストップウォッチの使い方です。

◀電源を入れると、0にリセットした状態のタイム値が表示されます。タイム値は最大99分まで表示できます。

◀スイッチSW1を押すと、測定開始です。タイム値が増えていきます。

右上に続く

◀スイッチSW1を押すとタイム測定終了です。さらにもう一度SW1を押すと、タイム値が0にリセットされます。

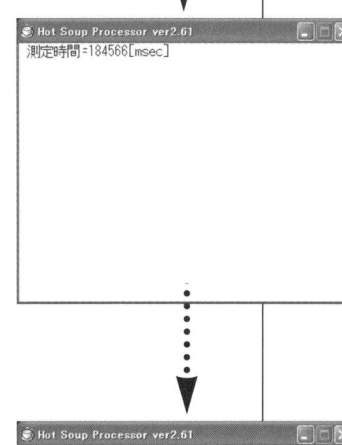

左下から続く

◀パソコンとベースボードを接続した状態で時間計測プログラム"jikan.as"を実行すると、パソコン側でタイムを実測できます("jikan.as"については第4章4-3を参照してください)。この機能を使って、ストップウォッチ側の測定誤差を修正します。

▲修正後の結果です。表示値が3分1秒に対して、実測値が3分1.6秒。測定誤差は0.3%です(プログラムリストには修正後のものを掲載しています)。

ストップウォッチのプログラムリスト

(デバッグ実行時のプログラム容量6.4% / 最終書き込み時のプログラム容量6%)

```
'stopwatch.pb
'
'ストップウォッチ for PIC-BASIC
'
'by松原拓也

Dim msec As Long      'ミリ秒(100ms単位)
Dim min As Byte       '分
Dim sec As Byte       '秒
Dim m1 As Byte        '時間の増分
Dim cnt  As Word      'カウンタ(テンポラリ)

Initlcd       'LCD初期化
```

```
Serclear            'シリアルの初期化
Input rb.Bit0       'ポートを入力に（SW1用）
'
    'タイマ2 Period Registerに周期をセット
Poke &h92,255
    'TMR2とPR2が一致すると、TMR2=0
    'PR2(アドレス&h92)
    ' 周期=(PR2 + 1)*4*クロック周期*タイマ2プリスケーラ値
    ' (255+1)*4*50ns*16=819.2us周期 = 1220.703125Hz

Poke &h12,&b110
    'T2CON(アドレス&h12)
    'Bit6-3: 0000=1:1
    '      : 1111=1-16ポストスケール
    'Bit2  : 1=タイマ2(TMR2)オン
    'Bit1-0: 00=プリスケール1
    '         01=プリスケール4
    '         1x=プリスケール16

Poke &h17,(&b00 << 4) | &b0000
    'CCPのモード設定
    'CCP1CON(アドレス&h17)
    'Bit5-4:デューティサイクルの下位2bit
    'Bit3-0:&b11**=PWMモード / &b0000=Disable

Clearlcd
Gosub timereset 'タイマリセット

m1=0'時間の増分

While 1
    If(rb.Bit0 = 0)Then 'SW1がオンの場合、
        While(rb.Bit0 = 0)
        Wend
        If(m1=0) Then
            m1=m1 ^ 1    '増分を100msに
            Gosub timereset
            Serout pb115200,chr$(&h31)    '開始
        Else
            m1=0
            Serout pb115200,chr$(&h32)    '終了
        Endif
    Endif
```

```
        msec = msec+m1    '時間の増分
        If(msec >= 10)Then
            msec = 0        '1秒経過
            sec = sec+1
            If(sec >= 60)Then
                sec = 0         '1分経過
                min = min+1
                Setpos 2,0
                Putlcd (min/10) Mod 10    '10分
                Putlcd (min Mod 10)       '1分
            Endif
            Setpos 5,0
            Putlcd (sec / 10) Mod 10      '10秒
            Putlcd (sec Mod 10)           '1秒
        Endif
        Setpos 8,0
        Putlcd msec                 '0.1秒

        For cnt=1 To 120            'ウエイト
            Gosub wait819u
        Next
Wend


'---------------約819usウエイト
wait819u:
wait1:
    If( Peek(&h11) > 200) Then wait1     'TMR2が一定周期経つまで待つ
wait2:
    If( Peek(&h11) <= 200) Then wait2    'TMR2の0クリア待ち
    Return

'---------------タイマリセット
timereset:
    min=0    '分
    sec=0    '秒
    msec=0   'ミリ秒
    Setpos 2,0
    Putlcd "00'00.0"
    Putlcd chr$(&h22)               ' "マーク
    Return
```

5-3 シリアル通信モニタを作る ～シリアルデータの受信

「シリアル通信モニタ」とは、シリアル通信(RS232C)のデータ内容を確認するための測定器です。シリアル通信モニタの用途は主にデバッグ用です。市販品は送受信両方のデータを取り込めますが、製作例では送信データだけを取り込むことができます。

【材料】総製作費 100円(税込) ※マイコン代を含まず
- Dsub9 ピンコネクタ×2個。実売価格1個50円。オス型とメス型をそれぞれ1個ずつ用意します。

▲オス型　▼メス型

- リード線(適量)。

※この他に PIC-BASIC 対応マイコンとベースボードが必要です。

【回路図】

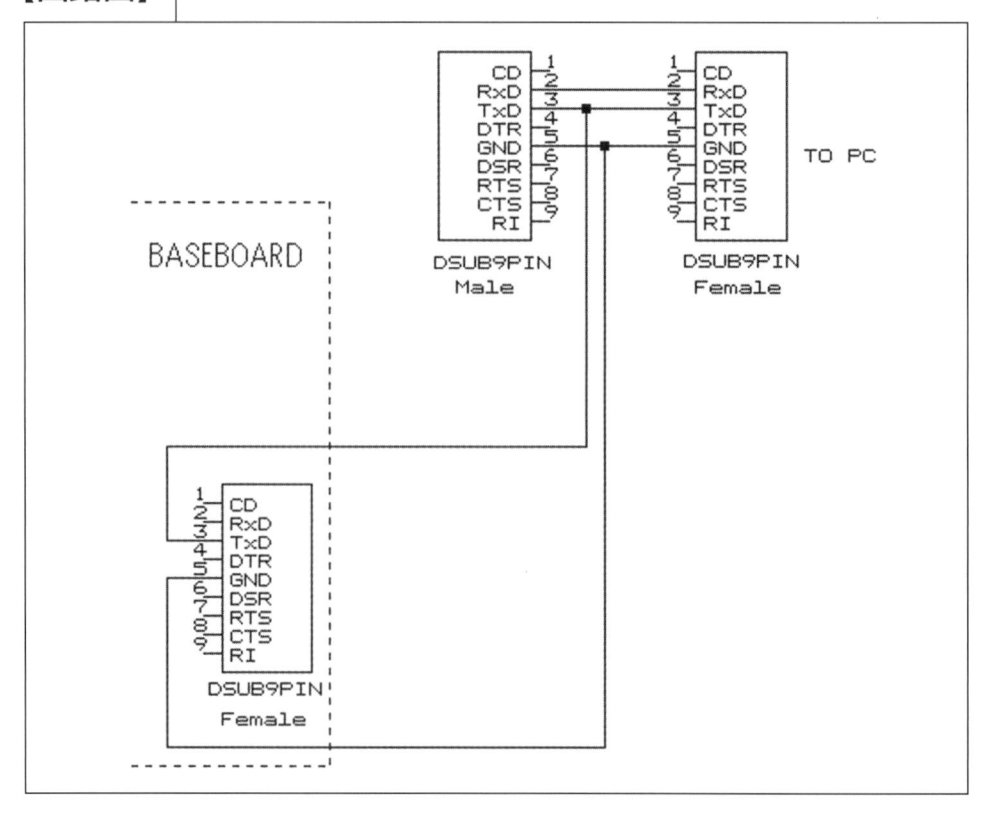

【動作原理】

通信コネクタの信号線を二つに分岐させて、マイコン側のデータ受信用の端子に接続しています。これは、通信規格(RS232C)の仕様外の使い方です。

PIC-BASIC対応マイコンのシリアル受信用ポートは一つのため、製作例では送信と受信データのどちらか片方しか測定できません。もし両方を測定する場合には、さらにもう1枚のベースボードが必要になります。

【作り方】

回路図のとおりに組み立ててください。

Dsub9ピンコネクタとリード線を使って、短いストレートケーブルを作ります。そして、コネクタの3番ピン(TxD)と5番ピン(GND)をベースボードに取り付けます。

▶Dsub9ピン同士をストレートに接続します。そして、3番ピンと5番ピンをベースボードの通信コネクタに接続すると完成です。製作例ではリード線を基板裏に直接ハンダ付けしています。

【使い方】

シリアル通信モニタには、60バイト受信モードと1バイト受信モードという2種類のモードがあります。

▶ベースボードの電源を入れると、60バイト受信モードで立ち上がります。このモードは、60バイトのデータを受信するモードです。一括して受信するためデータの取りこぼしが少ないのですが、受信途中に内容を確認できない欠点があります。

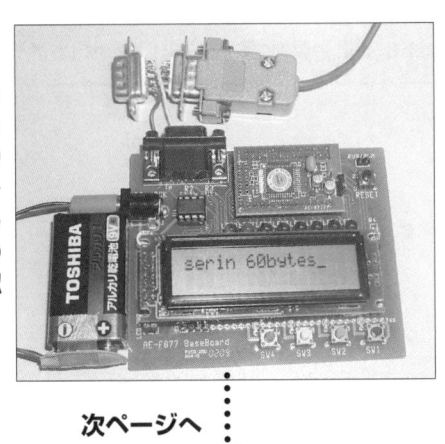

次ページへ

第5章　PIC-BASICを実用的に使う

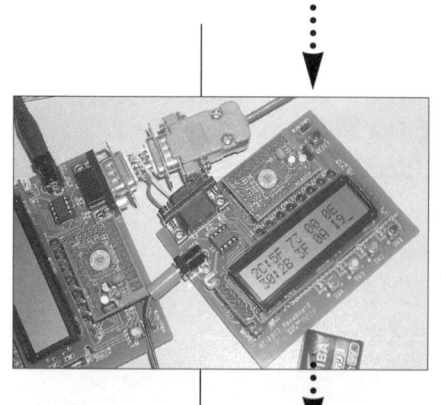

◀ここでは、例としてパソコンと別のベースボード（プログラムモードに設定）を接続します。パソコン側からデバッグ実行を選択します。

◀受信が完了すると、データが表示されます。このデータはパソコンがベースボードに対して送信したデータです。スイッチSW1を押すと表示内容を切り換えることができます。60バイト目よりあとは0バイト目に戻ります。データ受信をやり直すには電源を入れ直すか、リセットボタンを押します。

◀SW1を押しながら電源を入れると、1バイト受信モードになります。このモードではデータを1バイト受信するたびにLCD表示されます。データ送信の瞬間が分かりやすくなりますが、データの取りこぼしが発生しやすくなるという欠点があります。表示されるデータは最新の9バイトまでです。

シリアル通信モニタのプログラムリスト

（デバッグ実行時のプログラム容量6.3%／最終書き込み時のプログラム容量5.9%）

```
'232mon.pb
'シリアル通信モニタ
'by松原拓也
    Dim data(60) As Byte      '受信データ配列
    Dim tmp As Byte           '受信データ
    Dim cnt As Byte           '受信バイト数
    Dim j As Byte
    Dim i As Byte

    Input rb.Bit0             'ポートを入力に
```

```
    Initlcd
    Serclear

    cnt=0
    If(rb.Bit0 = 0)Then Goto onebyte
'--------------60バイト受信モード
    Putlcd "serin 60bytes"
    Sleep 1000
    Clearlcd
main:
    Serin pb115200,100000,tmp
    data(cnt) = tmp
    cnt=cnt+1
    If (cnt<60) Then main     '60バイト溜まるまでループ
    cnt=0
view:
    For j=0 To 1
        Setpos 0,j
        Putlcd Hex(cnt),":"
        For i=0 To 3
            Setpos i*3+3,j
            Putlcd Hex(data(cnt))
            cnt=(cnt+1)Mod 60
        Next
    Next
    Sleep 100
    While(rb.Bit0 = 1)
    Wend
    Goto view     'SW1を押すと改ページ

'--------------1バイト受信モード
onebyte:
    Putlcd "serin 1byte"
    Sleep 1000
    Clearlcd
oneby05:
    Setpos (cnt Mod 5)*3,(cnt / 5)
    Putlcd "  "
    Serin pb115200,100000,tmp
    Setpos (cnt Mod 5)*3,(cnt / 5)
    Putlcd Hex(tmp)
    cnt=(cnt+1) Mod 10
    Goto oneby05
```

第5章　PIC-BASICを実用的に使う

5-4 学習リモコンに変身 〜PWMの制御

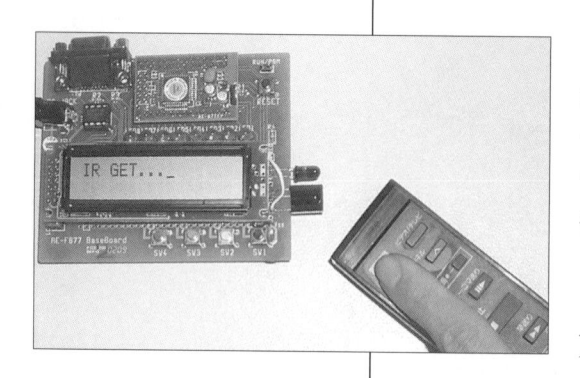

　学習リモコンとは「リモコンの信号を記憶してそれを再現することができる」という汎用性の高いリモコンのことです。ここで製作する学習リモコンは、テレビやビデオ用として一般的な赤外線リモコンの信号を一つだけ記憶することができます。

　この技術を応用すれば複数のリモコンの信号をまとめて記憶したり、自動的に信号を送信するような万能のリモコンが作れるはずです。

【材料】総製作費235円(税込) ※マイコン代を含まず

- 赤外線受光モジュール。実売価格150円。
  赤外線に反応するセンサです。製作例では、秋月電子通商で販売していた「赤外線リモコン受信モジュールCRVP1738」を使用しました。
- 抵抗100Ω。実売価格5円。
  普通のカーボン抵抗です。LEDの発光する明るさを決定します。
- 電解コンデンサ100μF。実売価格30円。
- 赤外線LED。実売価格50円。
  赤外線で発光するLEDです。製作例では千石電商で販売していた「TLN110」を使用しました。

※この他に、ベースボード(「AKI-PIC877ベーシック開発セット」)が必要です。

【回路図】

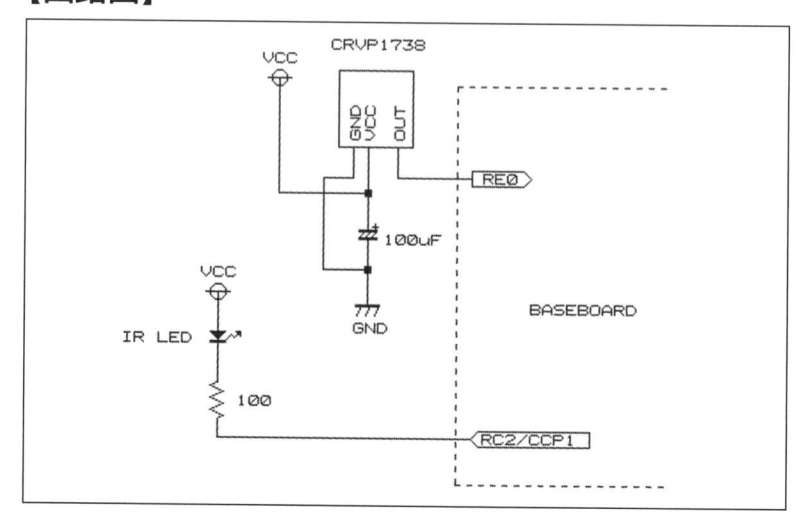

【動作原理】

　赤外線は、可視光よりも長い波長(約0.75μm～1mm)の肉眼では見ることができない光のことで、英語では「Infrared Radiation (IR)」と呼ばれます。一般的な赤外線リモコンは混信を防ぐため38kHzの変調した赤外線を使います。変調(キャリアともいいます)とは信号に周期性をもたせることです。たとえば、赤外線受信モジュール「CRVP1738」の場合、1秒間に3万8千回(38kHz)点滅した赤外線でないと、信号が受け取れないように設計されています。「CRVP1738」のOUT端子は、アクティブ時にLowが出力されます。プログラムでは、このOUT端子を約219μsの周期で読み取って、80バイトのByte型配列に格納しています。信号の取り込み時間は約140msです。

　問題となるのは信号の送信方法です。38kHzの周期は26.315μsですが、PIC-BASICのHigh／Low命令は処理に約37μsを要しますので、どうやっても波形を作れません。そこで、PICにある「PWM(Pulse Width Modulation：パルス幅制御)」という機能を使います。PWMはPIC-BASICでは未対応です。プログラムはBASICインタプリタの了解なしに、レジスタを書き換えるという過激な方法を使っています。

　PWMのタイミングを計るのが「タイマ2レジスタ(TMR2)」です。このレジスタは設定した速度で値が自動的に増えていきます。そして、コンパレータの結果によって、次のような動作を起こします。

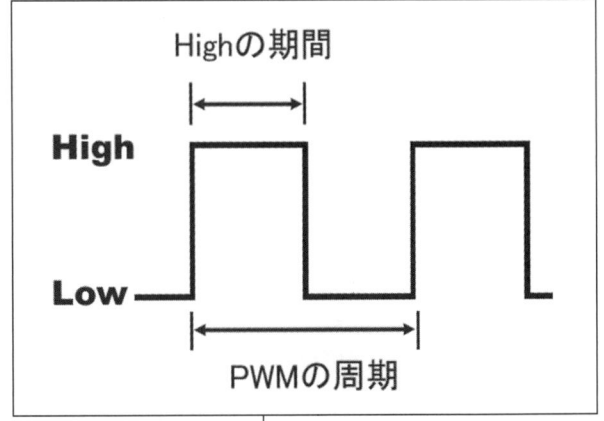

▲パルス信号のイメージ図です。PWMでは、信号の周期とHighの期間を自由に設定できます。

- タイマ2レジスタ(TMR2)とタイマ2ピリオドレジスタ(PR2)が一致すると
    →タイマ2レジスタ(TMR2)=0、ポート出力=High
- タイマ2レジスタ(TMR2)とデューティサイクルレジスタ(CCPR1H)が一致すると
    →ポート出力=Low

　……この結果、ポートからパルス信号が出力されます。出力ポートにはポートCのビット2が割り振られています。

第5章　PIC-BASICを実用的に使う

▶PWMの機能を表したマイコンのブロック図です。タイマ2レジスタ(TMR2)を比較することでパルス信号が作られています。

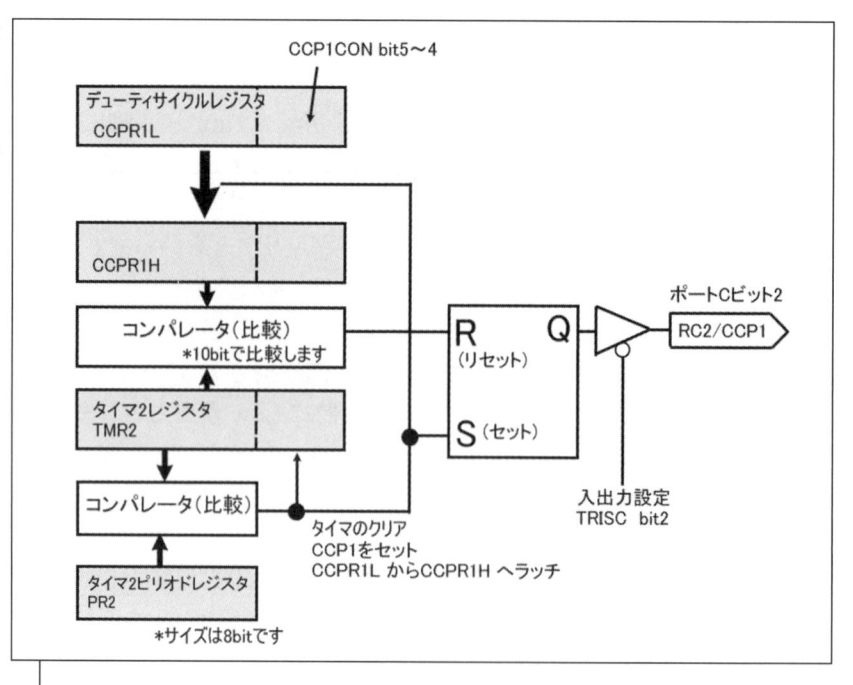

```
                    CCP1CON bit5～4
    デューティサイクルレジスタ
    CCPR1L
         ↓
    CCPR1H
         ↓
    コンパレータ（比較）────→ R (リセット)   Q ──→ ポートCビット2
    *10bitで比較します                         ──→ RC2/CCP1
    タイマ2レジスタ
    TMR2
         ↓                    S (セット)
    コンパレータ（比較）──→ タイマのクリア      入出力設定
                              CCP1をセット      TRISC bit2
                              CCPR1L からCCPR1H へラッチ
    タイマ2ピリオドレジスタ
    PR2
    *サイズは8bitです
```

【作り方】

　「AKI-PIC877ベーシック開発セット」のベースボードに部品を直接取り付けます。部品はハンダ付けすると取り外しが難しいので、再利用を考える場合は別の基板に取り付けて、リード線でつなぐといいでしょう。

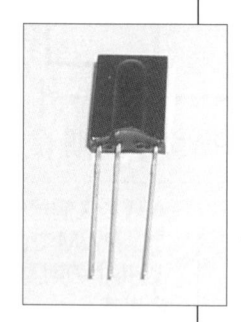

◀赤外線モジュール「CRVP1738」は正面（丸みのある面）から見て、左からGND、Vcc、OUTです。

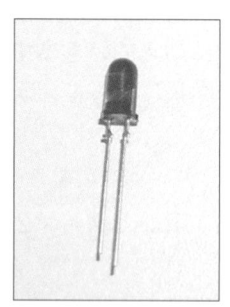

◀赤外線LEDは、足の長い方がアノード（電位の高い方、Vcc側）です。向きを間違えないようにしましょう。

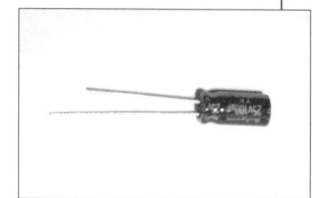

▲電解コンデンサは赤外線受光モジュールの動作を安定させるために取り付けます。電解コンデンサは足の長い方がプラスです。

▲ベースボードの空いた場所（ユニバーサル・エリア）に部品を取り付けます。LCDモジュールにぶつからないよう、高さのある部品は足を曲げて取り付けます。

▲電源を入れ、「最終書き込み」でプログラムを書き込むと完成です。

【使い方】

それでは、リモコンを学習させてみましょう。身の回りから利用できそうな赤外線リモコンを1台用意します。動作確認時には実際に動かしますので、危険も伴います。失敗することで大事に至る製品は使用しないでください。

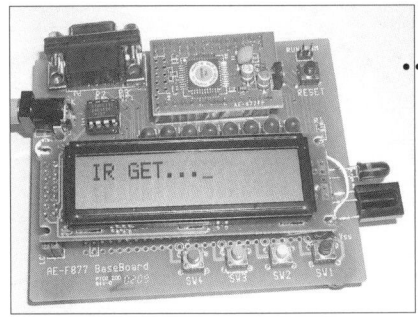

▲電源を入れると、信号の入力待ち状態になります。

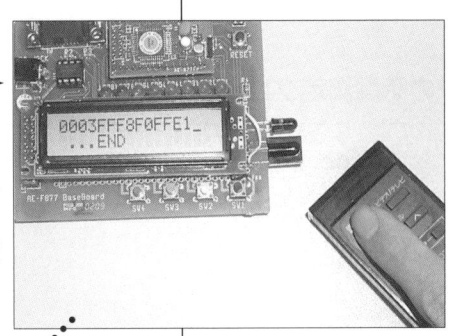

▶赤外線リモコンのボタンを一つ押します。ここでは、「電源ON/OFF」ボタンを押しました。

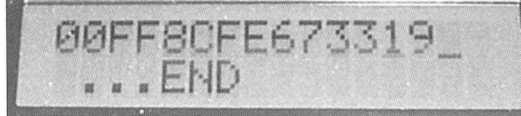

▲信号が取り込まれました。取り込んだデータ内容が表示されます(実際には80バイトほどあります)。

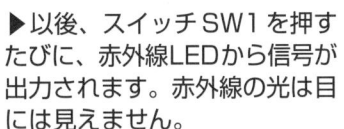

▲取り込みから数秒後、信号の送信モードに入ります。

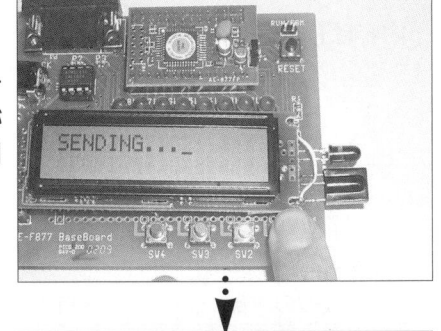

▶以後、スイッチSW1を押すたびに、赤外線LEDから信号が出力されます。赤外線の光は目には見えません。

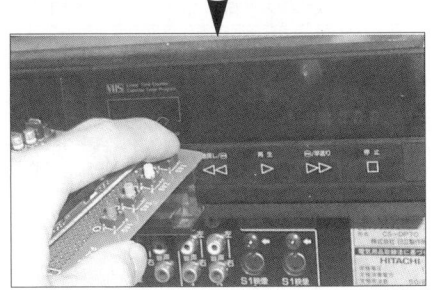

▶ためしにビデオデッキに向けてスイッチを押すと、電源がON/OFFされました。成功です。取り込める信号の時間は約140msまでです。それ以上の信号の長さをもった製品には対応できません。

【PIC-BASIC の処理時間】

PIC-BASIC用プログラムの処理速度を測定してみました。測定にはパソコンに接続したベースボードと「第4章4-3」で紹介した"jikan.as"を使用します。

まず、次のようなプログラムを「最終書き込み」で書き込みます。

ループの時間測定プログラムリスト

```
'       for ループの時間測定

Dim i As Word

Serclear
Initlcd

While 1
    Setpos 0,0:Putlcd "word 10000 loop"
    Sleep 1000
    Serout pb115200,chr$(&h31)
    For i=1 To 10000
    Next
    Serout pb115200,chr$(&h32)
Wend
```

内容はFOR〜NEXT文による1万回空ループ(繰り返し処理)です。途中、DIM文の変数の型を書き換えて、3種類の時間を測定してみました。

変数の型	1万回分の処理時間	1ループあたりの処理時間
Byte 型の場合 (正しくは 250×40 回)	約1.47s	約147μs
Word 型の場合	約1.77s	約177μs
Long 型の場合	約2.07s	約207μs

……アセンブラやC言語と比べるとさすがに遅いですが、BASIC言語と考えると優秀な結果です。変数の型によって、処理速度が変わることがわかります。

これに次の行を追加します。

ループの時間測定プログラムの追加リスト

```
Dim I As Word
Dim a As Byte    '<---この行を追加しました。
 (中略)
    For i=1 To 10000
        a=0      '<---この行を追加しました。
    Next
    Serout pb115200,chr$(&h32)
Wend
```

そして、FOR～NEXT文で1万回実行しました。結果は次のとおりです。

変数の型	1万回分の処理時間	1回あたりの処理時間 =(時間-1.77s)/10000
aがByte型の場合	約2.14s	約37μs
aがWord型の場合	約2.24s	約47μs
aがLong型の場合	約2.29s	約52μs

……すでに求めた空ループの結果(約1.77秒)を差し引いてからループ回数で割ると、「a=0」だけの純粋な処理時間が求まります。結果は最短で37μsでした。

同じ方法で次の命令も測定してみました。

命令	推定処理時間
「High rd.Bit0」	約37μs
「Adc 0,0,cnt」	約11.1ms
「Putlcd "A"」	約133μs
「Putlcd "AA"」	約227μs
「a = a + ra.Bit0」（aはByte型です）	約116μs
「a = a << 1」（aはByte型です）	約94μs
「a = a + 1」（aはByte型です）	約79μs
「a(0) = a(0) + 1」（aはByte型配列）	約104μs

……「Adc」はかなり時間がかかることがわかります。「Putlcd」は表示内容によって処理時間が変わるようです。

※これらの結果は、発振子の固体差やパソコンの動作速度によって変動しますので、あくまで目安としてください。

第5章　PIC-BASICを実用的に使う

学習リモコンのプログラムリスト
（デバッグ実行時のプログラム容量13.7%／最終書き込み時のプログラム容量13.3%）

```
'irgetput.pb
'
'学習リモコン for PIC-BASIC
'(赤外線受信モジュール「CRVP1738」使用)
'by松原拓也
Dim irdata(80) As Byte
Dim i As Byte
Dim b As Byte
Dim tmp As Byte
Dim nop As Long

Initlcd
Clearlcd

Input rb.Bit0    'SW1
Input re.Bit0    'IR MODULE
'
    'ポートCビット2(RC2/CCP1)を出力に設定
High rc.Bit2     'LED消灯
Output rc.Bit2

    'タイマ2ピリオドレジスタにPWM周期をセット
Poke &h92,130
    'TMR2とPR2が一致すると、TMR2=0、CCP1=High
    'TMR2とCCPR1Hが一致すると、CCP1=Low
    'PR2(アドレス&h92)
    ' PWM周期=(PR2 + 1)*4*クロック周期*タイマ2プリスケーラ値
    '38kHz=26.315us周期
    '(26.315us/4)/50ns=131.575    131-1=130

    'デューティサイクルレジスタ上位8ビット(10bit)
Poke &h15,(200 >> 2)
    'CCPR1L(アドレス&h15)
    'デューティ時間=デューティサイクル*クロック周期*タイマ2のプリスケーラ
    '200cycle*50ns*1=10us

    'タイマ2コントロールレジスタ
Poke &h12,&b100
    'T2CON(アドレス&h12)
    'Bit6-3: 0000=1:1
    '       : 1111=1-16ポストスケール
```

```
    'Bit2   : 1=タイマ2(TMR2)オン
    'Bit1-0: 00=プリスケール1
    '         01=プリスケール4
    '         1x=プリスケール16

    'CCP1コントロールレジスタ
Poke &h17,&b0000 'PWM停止
    'CCP1CON(アドレス&h17)
    'Bit5-4:デューティサイクルの下位2bit
    'Bit3-0:&b0000=disable
    '       &b11xx=PWMモード


If(re.Bit0=0)Then
    Putlcd "IRモジュール ロンリERR"
Endif

Putlcd "IR GET..."    '赤外線信号の受信待ち
While(re.Bit0=1)
Wend
                     '受信中
For i=0 To 79
    irdata(i)=(irdata(i) << 1) | re.Bit0
    irdata(i)=(irdata(i) << 1) | re.Bit0
    irdata(i)=(irdata(i) << 1) | re.Bit0
    irdata(i)=(irdata(i) << 1) | re.Bit0
    irdata(i)=(irdata(i) << 1) | re.Bit0
    irdata(i)=(irdata(i) << 1) | re.Bit0
    irdata(i)=(irdata(i) << 1) | re.Bit0
    irdata(i)=(irdata(i) << 1) | re.Bit0
Next
Setpos 1,1
Putlcd "...END"


For i=0 To 7
    Setpos (i Mod 8)*2,0
    Putlcd Hex(irdata(i))
    Sleep 100
Next
Sleep 3000

While 1
```

```
    Clearlcd
    Putlcd "IR PUT"        '赤外線信号送信
    Setpos 1,1
    Putlcd "PUSH SW1"
    While (rb.Bit0=1)      'スイッチSW1入力待ち
    Wend
    Clearlcd
    Putlcd "SENDING..."
                           '送信中
    For i=0 To 79
        tmp=irdata(i)
        If((tmp & &h80)<>0)Then Poke &h17,&b0000 Else Poke &h17,&b1100
        nop=0
        If((tmp & &h40)<>0)Then Poke &h17,&b0000 Else Poke &h17,&b1100
        nop=0
        If((tmp & &h20)<>0)Then Poke &h17,&b0000 Else Poke &h17,&b1100
        nop=0
        If((tmp & &h10)<>0)Then Poke &h17,&b0000 Else Poke &h17,&b1100
        nop=0
        If((tmp & &h08)<>0)Then Poke &h17,&b0000 Else Poke &h17,&b1100
        nop=0
        If((tmp & &h04)<>0)Then Poke &h17,&b0000 Else Poke &h17,&b1100
        nop=0
        If((tmp & &h02)<>0)Then Poke &h17,&b0000 Else Poke &h17,&b1100
        nop=0
        If((tmp & &h01)<>0)Then Poke &h17,&b0000 Else Poke &h17,&b1100
    Next
    Poke &h17,&b0000       'PWM停止
    High rc.Bit2           'LED消灯
Wend
```

5-5 簡易ロジックアナライザを作る～A/D変換機能を生かす①

「ロジックアナライザ(通称ロジアナ)」とは、デジタル値として取り込んだ電圧をモニタ画面に表示できる測定機器のことで、主に回路の動作確認用に使われます。ロジックアナライザには、モニタ画面の付いた大きなものから、パソコンに接続する小型なものなど、種類はさまざまです。ここで製作する「簡易ロジックアナライザ」はもちろん本物と比べると格段に性能面では劣りますが、普段知り得ない微細な時間と電圧をこの目で確かめられるという点では、価値ある1台になると思います。

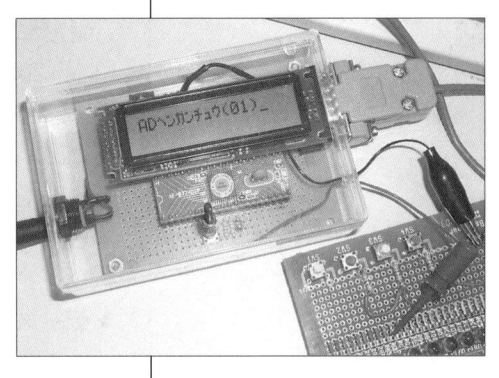

▲参考までに、こちらが本物の「ロジックアナライザ」です。価格は約50万円です。

【材料】総製作費約2,000円(税込)

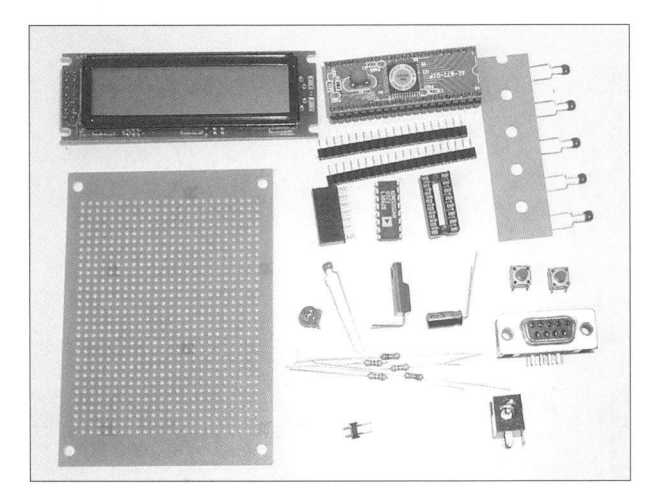

- 「AKI-PIC16F877-20/ICスタンプ(BASIC書込済ピンヘッダ接続タイプ)」。実売価格1,400円。

  PIC-BASIC対応のマイコンです。20ピンのピンコネクタが2個付属します。

- タクトスイッチ。実売価格約10円。
- 半固定抵抗10kΩ。実売価格約20円。
- 抵抗4.7kΩ×4本。実売価格約5円。
- Dsub9ピンコネクタ(メス)。実売価格約50円。
- シリアル通信用IC「MAX232」互換品。実売価格約200円。

  製作例では秋月電子通商で「ADM3202AN」のセットを使用しました。セットには、16ピンICソケット(実売価格40円)と積層セラミックコンデンサ×5個(実売価格1個約10円)が付属します。

第5章　PIC-BASICを実用的に使う

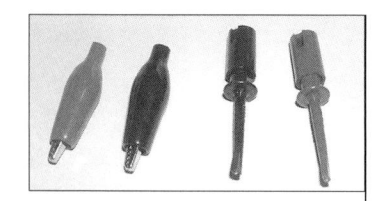

- 三端子レギュレータ「LM7805」互換品。実売価格約50円。
- 電解コンデンサ100μF。実売価格約20円。
- 積層セラミックコンデンサ×1個。実売価格1個約10円。
- クリップ×2個(色は赤と黒)。

　測定部分に当てる端子です。先端の丸い「みのむしクリップ」は1個約20円、先端の尖った「テストクリップ」は1個約50円です。用途に合わせて選んでください。

- ユニバーサル基板。実売価格約140円。
- φ2.1mmDCジャック。実売価格約30円。
- ピンヘッダ/ピンコネクタ(適量)。
- リード線(適量)。
- ケース。実売価格199円。

　スチロール製の透明ケースです。東急ハンズで購入しました。

【回路図】

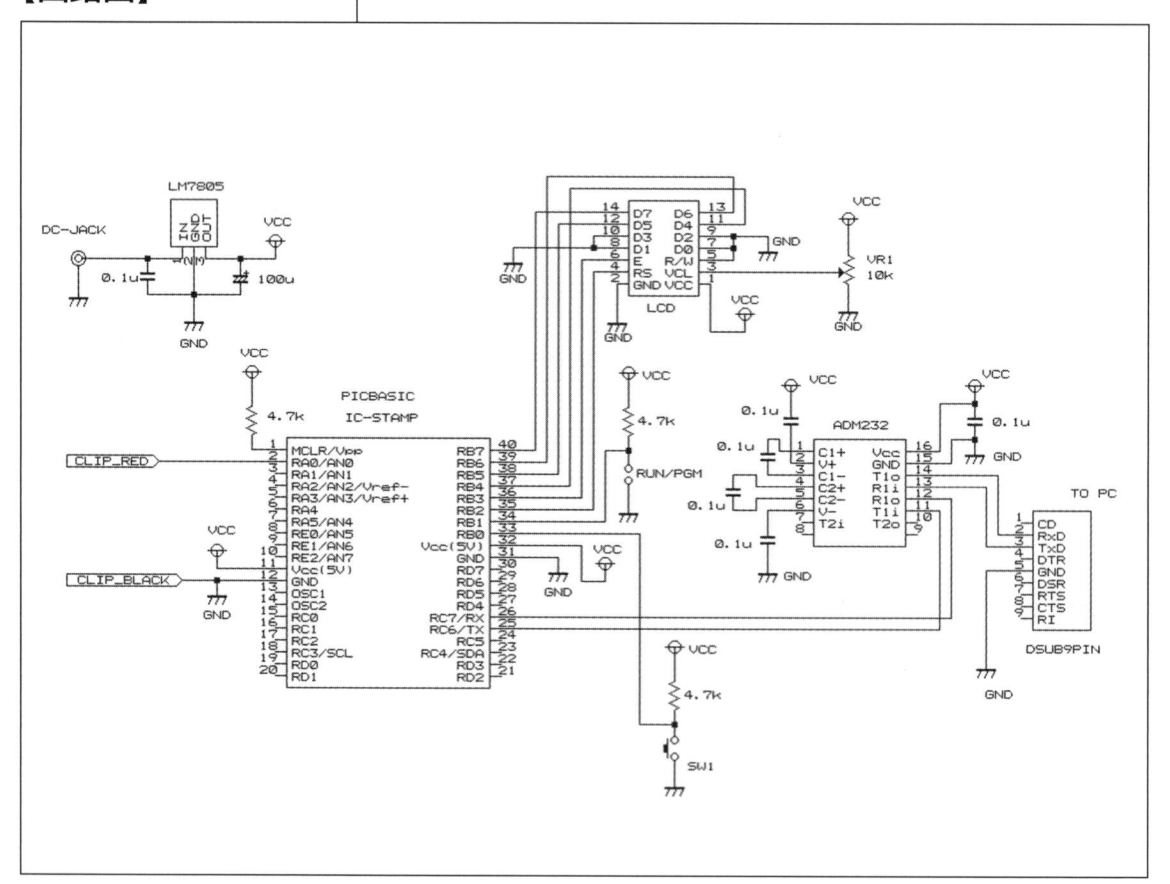

【動作原理】

　簡易ロジックアナライザには「ロジアナA/Dモード」「ロジアナ01モード」「デジタルテスタモード」という三つのモードを搭載させました。これらのモードは用途に応じて使い分けます。

　「ロジアナA/Dモード」では、ポートからA/D変換を行って電圧を読み取り、そのカウント値をパソコンに送信します。A/D変換を行うためには、「ADC」という命令を実行するだけです。A/D変換で得られるカウント値は0～1023(10ビット)なので、1回の測定あたりに2バイトを送信しています。カウント値から電圧への換算はパソコン側で行います。

　「ロジアナ01モード」ではA/D変換を行わず、HighかLowの2種類で判断します。このため、測定する速度がA/Dモードよりも約21倍高速です。測定値のデータは、8回(8ビット)分が集まった時点で送信しています。

　「デジタルテスタモード」はパソコンと接続しないで測定結果を電圧で表示します。電圧への換算はマイコン内で行いますが、PIC-BASICでは少数の値を扱うことができません(扱えるのは整数のみです)。このため、電圧値は変数内で100倍の整数として格納しています。

【作り方】

　ユニバーサル基板の上に各パーツを取り付けます。PIC-BASIC対応マイコンとシリアル通信用ICはICソケットを先に取り付けます。タクトスイッチはプルアップを行ってポートBビット0(RB0)へ接続します。赤いクリップはポートAビット0(RA0/AN0)、黒いクリップはグランド(GND)へ接続します。その他のパーツの接続個所は、回路図を参照してください。

▼Dsub9ピンのコネクタは基板に取り付けやすくするため、6～9番ピンの足を切りました。また、通信時には使用しませんが、7番(RTS)と8番(CTS)ピンを互いにつないでおきます。

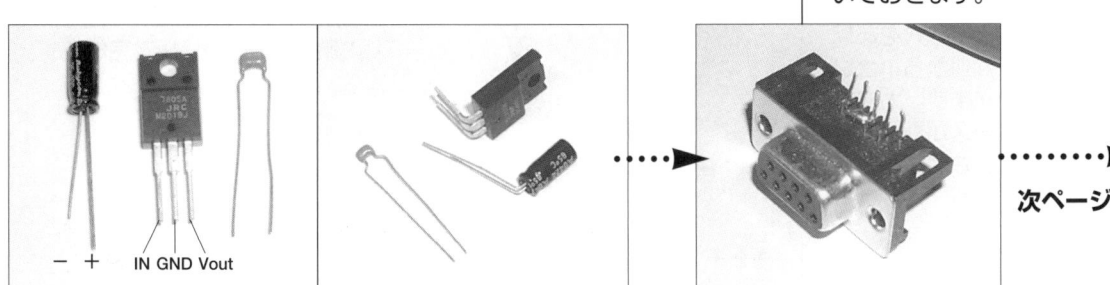

▲三端子レギュレータと電解コンデンサは場所をとらないように足を折り曲げます。

次ページへ

第5章　PIC-BASICを実用的に使う

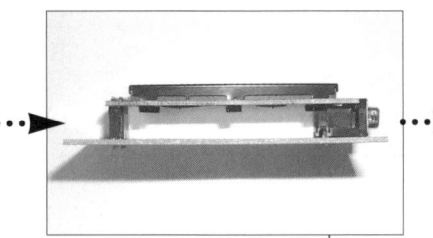

▲LCDモジュールが傾かないように、Dsub9ピンコネクタを支えとして配置します。

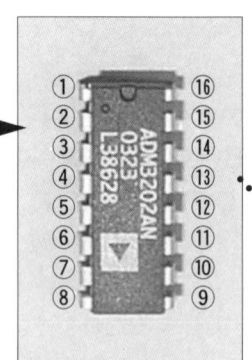

◀IC「MAX232」互換品のピン配置です。丸い印のある部分が1番ピンになります。基板には直接ハンダ付けはせず、ICソケットを取り付けます。

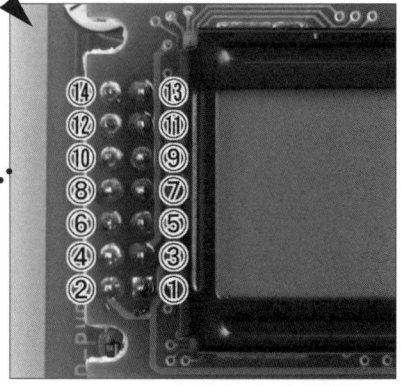

▲LCDモジュールのピン配置です。ICとは違って、番号がジグザグに続きますので注意しましょう。

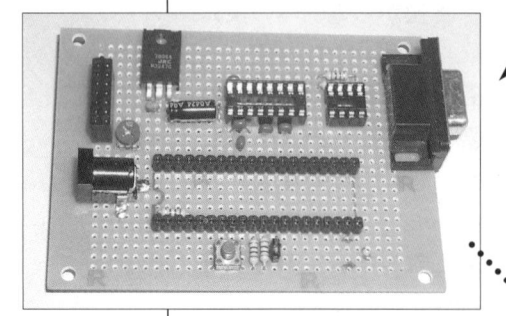

▲コネクタ類をすべて取り付けます。製作例では、できるだけ部品をLCDモジュールの下に配置しています。外部EEPROM用のソケットも取り付けていますが、今回は使用しませんでした。

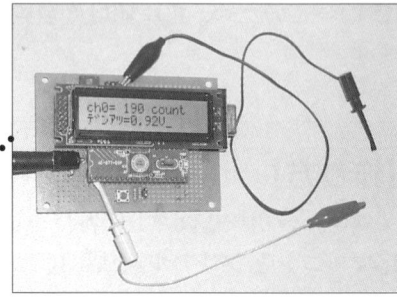

▲マイコンとシリアル通信用IC、LCDを差し込み、電源を入れます。それから「最終書き込み」でプログラムを書き込みます。最後に赤いクリップを「RA0/AN0（ポートAビット0）」に接続、黒いクリップを「GND」に接続します。もし、ケースを使用しない場合は、この状態で完成です。

▲ドリルを使ってケースに穴をあけます。大きな穴をあける場合には、周辺から小さい穴をあけていきます。力を加えすぎるとケースが割れてしまいますので、注意しましょう。

▲▶ネジ（直径3mmです）とナット、スペーサで基板を取り付けると完成です。

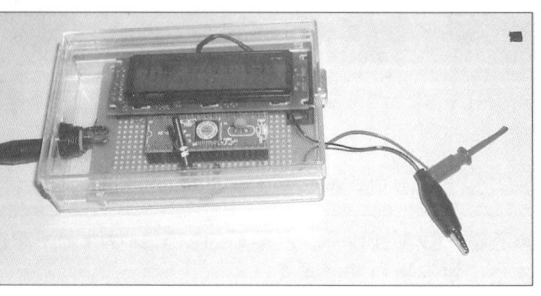

【使い方】

それでは、電圧を計ってみましょう。一応、測定器ですので、取り扱いには電気の知識が多少は必要です。なお、端子の測定範囲は0～5Vです。それ以外の電圧を与えるとポートが壊れてしまいますので、注意してください。

▲測定したいターゲット(相手)を用意します。ここでは、サンプルプログラムの"led.pb"を書き込んだベースボードをターゲットにしました。例として、赤いクリップをターゲットのポートDビット0(rd0)に当てて、黒いクリップをGNDに接続します。この時点ではまだ、両者の電源は入れないでください。

▲簡易ロジックアナライザの電源を入れると、「ロジアナA/Dモード」「ロジアナ01モード」「デジタルテスタモード」という文字がLCDに表示されます。このとき、スイッチSW1を押すと、表示されているモードに移行します。

1 ロジアナA/Dモードの場合

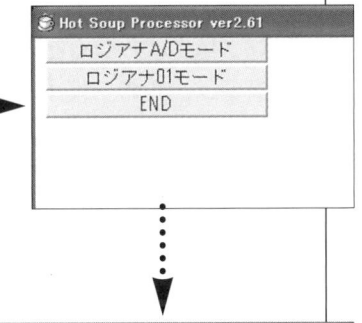

◀そして、パソコン用の測定プログラム"logiana.as"を実行します。この測定プログラムは「HSP(Hot Soup Processor)」を使って作成しました。画面上の「ロジアナA/Dモード」というボタンを押すと、測定を開始します。

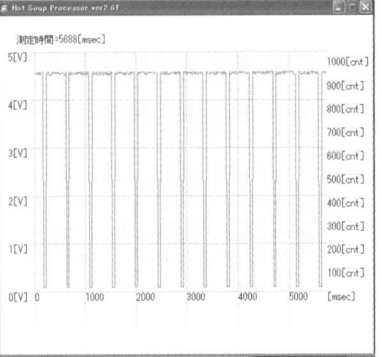

▲LCDの表示が「A/Dヘンカンチュウ」に変わったら、ターゲットの電源を入れます。この場合、ターゲットではサンプルプログラム"led.pb"が実行していますので、LEDが激しく点滅します。

◀測定が終わり、その結果(グラフ)が画面に描かれます。測定したポートDビット0は、「LED1」につながった出力ポートです。測定値がLowの状態になっている部分は、LED1が点灯している瞬間です。見事に測定が成功しました。

2 ロジアナ01モードの場合

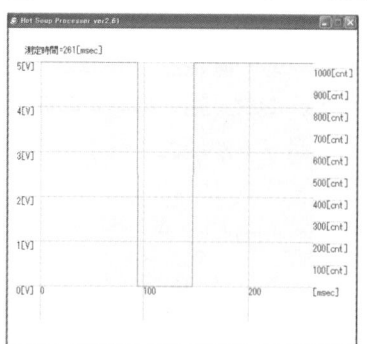

◀簡易ロジックアナライザ側と測定プログラム側を共に「ロジアナ01モード」に選択すると、電圧をHigh(1)かLow(0)かの2値で測定できます。この場合の測定時間はA/D変換時よりもずっと高速です。この例ではLEDの点灯時間が約50msであることがハッキリと確認できます。

3 デジタルテスタモードの場合

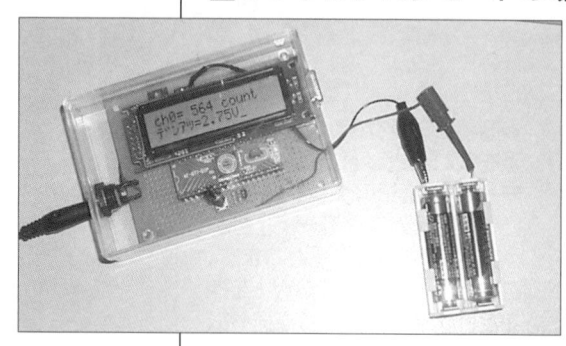

◀単体のテスタになる便利なモードです(パソコンとの接続は不要です)。測定した電圧値は0.01V単位でLCDに表示されます。

A/D変換のばらつき

　過去の製品によってはA/D変換を行ったとき、入力したカウント値がばらつくという問題がありますが、これはPIC-BASICモジュールの三端子レギュレータから出るノイズが原因と考えられます。このため、キットでは三端子レギュレータの5V出力部分に電解コンデンサを取り付けることで対策しています。

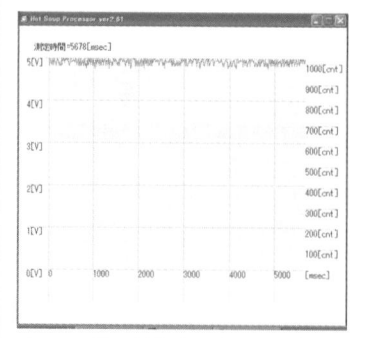

▲コンデンサなしでVccの電圧を測定した場合。約50カウントの範囲で値が小刻みに変動しています。

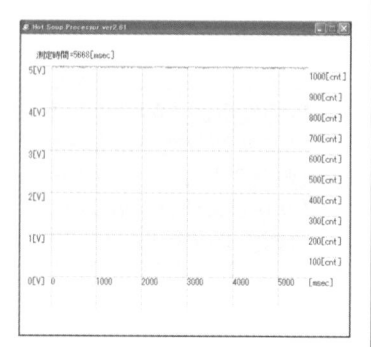

▲22μFのコンデンサを取り付けた場合。測定値のばらつきが大幅に改善されました。

【ベースボードでも動作】

　ここで紹介した「簡易ロジックアナライザ」のプログラムはベースボードでも動作します。使い方は簡単で、「GND」と「ポートＡビット0（RA0／AN0）」にそれぞれクリップを取り付けてから、"logiana.pb" を書き込むだけです。

　ただし、搭載しているPIC-BASICモジュールは三端子レギュレータの出力にダイオードが取り付けられているため、Vccの電圧が本来の5Vよりもちょっと低い約4.6Vになっています。このため、A/D変換で測定できる上限は約4.6Vです。さらに、実際の電圧との誤差も生じます。このプログラムでは計算によって、この「ずれ」を補正します。"logiana.pb" と "logiana.as" には「vcc」という変数が用意されていますが、この変数の値を「500」から「460」（もしくはテスタで実測した電圧）に修正してください。

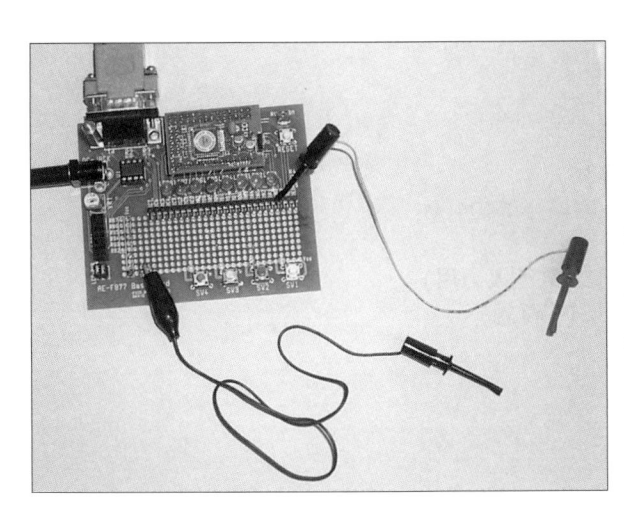

◀ベースボードにクリップを2本つなぐだけで「簡易ロジックアナライザ」に変身します。

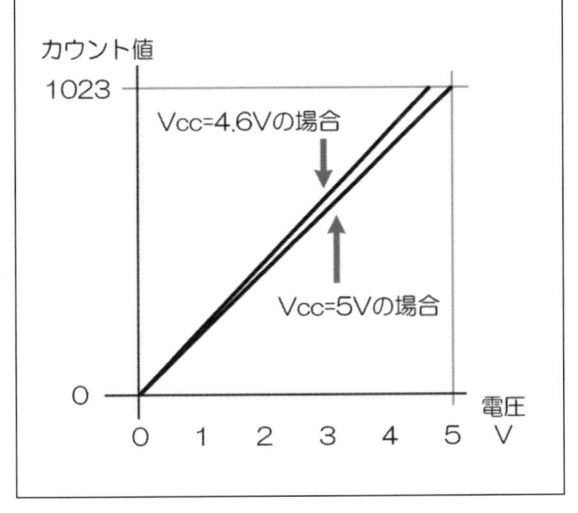

▶PIC-BASICモジュールのVccは本来の5Vよりも若干低めです。このため測定値に若干の「ずれ」が生じますが、プログラム内でこのずれを修正しています。

簡易ロジックアナライザのプログラムリスト

(デバッグ実行のプログラム容量10.6％／最終書き込み時のプログラム容量10.2％)

```
'     LOGIANA.PB
'
'簡易ロジックアナライザ&デジタルテスタFor PIC-BASIC
'
'by松原拓也
'

Dim cnt As Word    'カウント値
Dim ch As Long     'チャネル番号
Dim vcc As Word    'Vcc電圧
Dim v As Word      '電圧
Dim bindat As Byte
Dim i As Word
Dim nop As Byte

Initlcd            'LCD初期化
Serclear           'シリアルポート初期化
ch=0               '入力するチャネル番号
vcc=500            '実際のVcc電圧x100[V]
                   'PIC-BASICモジュールの場合は約460

Input ra.Bit0      'ポートAビット0を入力に(電圧入力用)
Input rb.Bit0      'ポートBビット0を入力に(SW1用)

Setpos 1,1
Putlcd "PUSH SW1 SWITCH"
While 1
    Clearlcd
    Putlcd   "1:ﾛｼﾞｱﾅ(A/D)ﾓｰﾄﾞ"
    For i=0 To 100
        Sleep 20
        If (rb.Bit0=0) Then Gosub logi_ad
    Next

    Clearlcd
    Putlcd   "2:ﾛｼﾞｱﾅ(01)ﾓｰﾄﾞ"
    For i=0 To 100
        Sleep 20
        If (rb.Bit0=0) Then Gosub logi_01
    Next

    Clearlcd
```

```
            Putlcd   "3:ﾃﾞｼﾞﾀﾙﾃｽﾀﾓｰﾄﾞ"
            For i=0 To 100
                Sleep 20
                If (rb.Bit0=0) Then Gosub vmeter
            Next
    Wend

    '------------ロジアナモード（A/D変換）
    logi_ad:
        Clearlcd
        Putlcd "ADﾍﾝｶﾝﾁｭｳ(A/D)"

        While 1
            Adc ch,0,cnt
            Serout pb115200,chr$(cnt.Byte0),chr$(cnt.Byte1)
        Wend
        '無限ループです。終了しません。

    '------------ロジアナモード（H/Lの2値）
    logi_01:
        Clearlcd
        Putlcd "ADﾍﾝｶﾝﾁｭｳ(01)"

        i=0
        bindat=0
        While 1
            bindat = (bindat << 1) | ra.Bit0
            i=i+1
            If (i>7) Then
                Serout pb115200,chr$(bindat)     '86us
                bindat=0                         '37us
                i=0                              '37us
            Else
                nop=0     '37us    時間調節
                nop=0     '37us
                nop=0     '37us
                nop=0     '37us
            Endif
        Wend
        '無限ループです。終了しません。

    '------------デジタルテスタモード
    vmeter:
        Clearlcd
```

```
    Gosub swoff

    While (rb.Bit0 = 1)
        Adc ch,0,cnt    'AD(Ch0 Mode0)
        Clearlcd
        Putlcd "ch0= ",cnt," count"
        v = (cnt * vcc) / 1023
        Setpos 0,1
        Putlcd "デンアツ=",(v / 100),"."
        Putlcd ((v / 10) Mod 10),(v Mod 10),"V"
        Sleep 300      '300mSecウエイト
    Wend
    'SW1が押されると終了します。
    Gosub swoff
    Return

'-------------SW1が離れるまで待つ
swoff:
    Sleep 20
    While (rb.Bit0 = 0)
        Sleep 20
    Wend
    Return
```

簡易ロジックアナライザ用測定プログラムリスト(HSP用)

```
    ;logiana.as
    ;簡易ロジックアナライザ用測定プログラム for HSP
    ;LOGIANA.PBを先に実行させてから、このプログラムを実行してください。

#include "hspext.as"

    dim buf,512       ;配列変数を作成します
    onexit *combye    ;終了ボタンを押した時のジャンプ先を指定します

    amax=1023    ;ADカウント最大数
    imax=512     ;サンプル最大数
    vcc=500      ;実際のVcc電圧x100[V]
    gmax=5       ;グラフ上の最大電圧[V]

    screen 0,640,480
    objsize 200,22   ;ボタンのサイズ
    pos 10, 0:button "ロジアナA/Dモード",*mode_ad
```

```
        pos 10,24:button "ロジアナ01モード",*mode_01
        pos 10,48:button "END",*combye

        stop

*mode_ad
        comopen 1,"baud=115200 parity=N data=8 stop=1"    ;シリアルポートを初期化
        if stat : dialog "シリアルポートは使えません" : end
        ;

        cls
        print "LOGIANA.PBからADカウント値を受信中..."
        for i,0,imax
            do
                stick ky,0
                if(ky ! 0):end
                comgetc al              ;シリアルポートから1バイト受信
            until (stat ! 0)            ;受信バッファが空でなくなるまで
            do
                stick ky,0
                if(ky ! 0):end
                comgetc ah              ;シリアルポートから1バイト受信
            until (stat ! 0)            ;受信バッファが空でなくなるまで
            if(i=0):gosub *get_msec:start_msec=msec

            buf.i = (ah << 8)+al        ;バッファに値を書き込みます
        next


        goto mode_x
*mode_01

        comopen 1,"baud=115200 parity=N data=8 stop=1"    ;シリアルポートを初期化
        if stat : dialog "シリアルポートは使えません" : end
        ;

        cls
        print "LOGIANA.PBから2値(H/L)を受信中..."

        i=0
        while (i<imax)
            do
                stick ky,0
```

```
                if(ky ! 0):end
                comgetc al         ;シリアルポートから1バイト受信
            until (stat ! 0)       ;受信バッファが空でなくなるまで

            if(i=0):gosub *get_msec:start_msec=msec

            repeat 8
                buf.i = ((al >> (7-cnt)) & 1)*amax   ;バッファに値を書き込みます
                i=i+1
            loop
        wend

*mode_x
    gosub *get_msec
    msec = msec - start_msec        ;測定時間を算出

    comclose

    ofs = 60      ;グラフのオフセット位置
    w = 500       ;グラフの幅 width
    h = 400       ;グラフの高さ height

    screen 0,640,570
    cls
    color 245,245,245
    boxf ofs,ofs,ofs+w,ofs+h

    for a,0,gmax+1   ;
        y = h-(h * a / gmax)
        color 200,200,200
        line ofs/4,y+ofs,w+ofs,y+ofs
        color 0,0,0
        print ""+a+"[V]"
    next
    for a,100,amax,100         ;
        y = h-(h * a / amax)
        color 200,200,200
        line w+ofs,y+ofs,w+(ofs*2),y+ofs
        color 0,0,0
        print ""+a+"[cnt]"
    next

    divtime=1000       ;時間の目盛り間隔(単位はms)
```

```
*divcalc
    pps=(imax*divtime)/msec          ;1秒あたりのピクセル数
    if (pps > imax) {
        divtime=divtime/10
        goto *divcalc
    }
    for i,0,imax,pps;
        x = i * w / imax
        color 200,200,200
        line ofs+x,ofs,ofs+x,(ofs*2)+h
        pos ofs+x,ofs+h
        color 0,0,0
        print ((i*divtime)/pps)
    next
    pos ofs+w,ofs+h
    print "[msec]"
    pos ofs/2,ofs/2
    print "測定時間="+msec+"[msec]"

    color 255,0,0      ;グラフ表示
    for i,0,imax
        x = i * w / imax
        y = h * buf.i / amax
        y = (vcc * y) / (100*gmax)    ;Vcc電圧分の補正
        y = h-y                       ;Y座標の反転
        if(x = 0){
            pos ofs+x,ofs+y
        }else{
            line ofs+x,ofs+y
        }
    next
    stop
*combye
    comclose;シリアルポートとの通信を終了します
    end

;--------------------------------現在時刻の取得
*get_msec
    gettime hour,4    ;時
    gettime min,5     ;分
    gettime sec,6     ;秒
    gettime msec,7    ;ミリ秒
    msec=msec+(hour*3600000)+(min*60000)+(sec*1000)   ;ミリ秒に換算
    return
```

5-6 温度計を作る 〜A/D変換機能を生かす②

　PIC-BASICのA/D変換機能を生かした温度計の作り方を紹介します。温度は0.1℃単位のデジタル値で表示します。基板をケースに収めたり、小型化したり、実用性を重視しているのも特徴です。

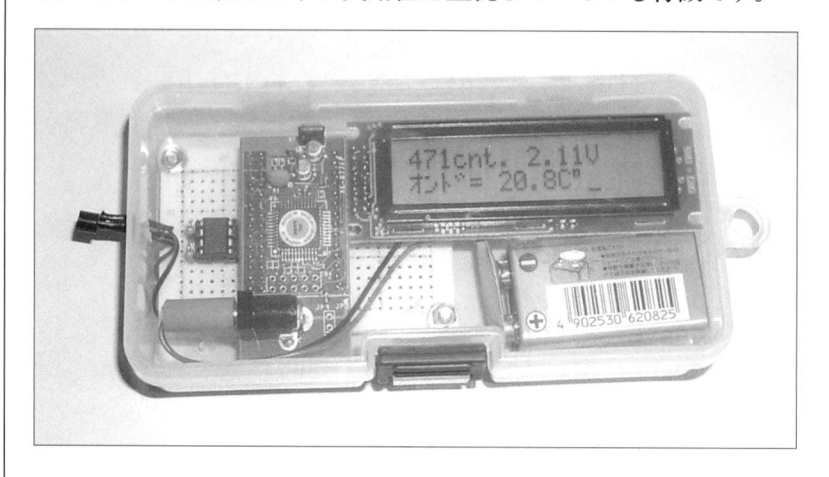

【材料】総製作費約700円(税込)　※マイコン代を除く

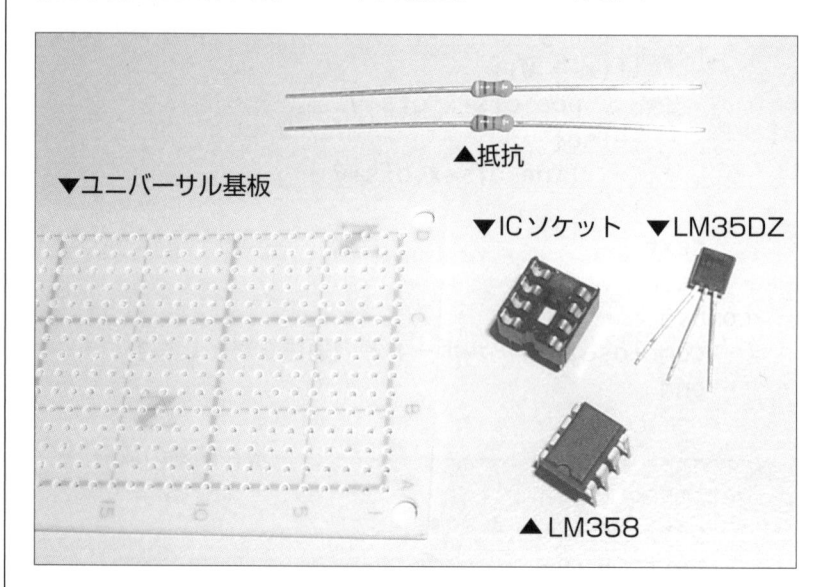

- ナショナル・セミコンダクター製温度センサIC「LM35DZ」。実売価格250円。

　トランジスタそっくりの外見ですがIC化された温度センサです。秋月電子通商で購入しました。

5-6 温度計を作る〜A/D変換機能を生かす②

- オペアンプ「LM358」。実売価格50円。
  オペアンプです。単電源時の動作電圧は3〜32Vです。今回は5Vで動作させます。

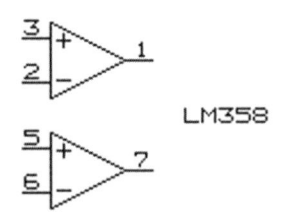

- 8ピンICソケット。実売価格50円。
- 抵抗1kΩ×1本。実売価格5円。
- 抵抗9.1kΩ×1本。実売価格5円。
- ユニバーサル基板。実売価格70円。
- 半固定抵抗10kΩ。実売価格20円。
- ケース「リングスターポケットケースPC-140」。
  実売価格147円。安くて加工しやすくて、さらにフタがしっかり閉まります。東急ハンズで購入しました。
- リード線、収縮チューブ(適量)。

※この他にPIC-BASIC対応マイコンとピンコネクタ、LCDモジュールが必要です。

【回路図】

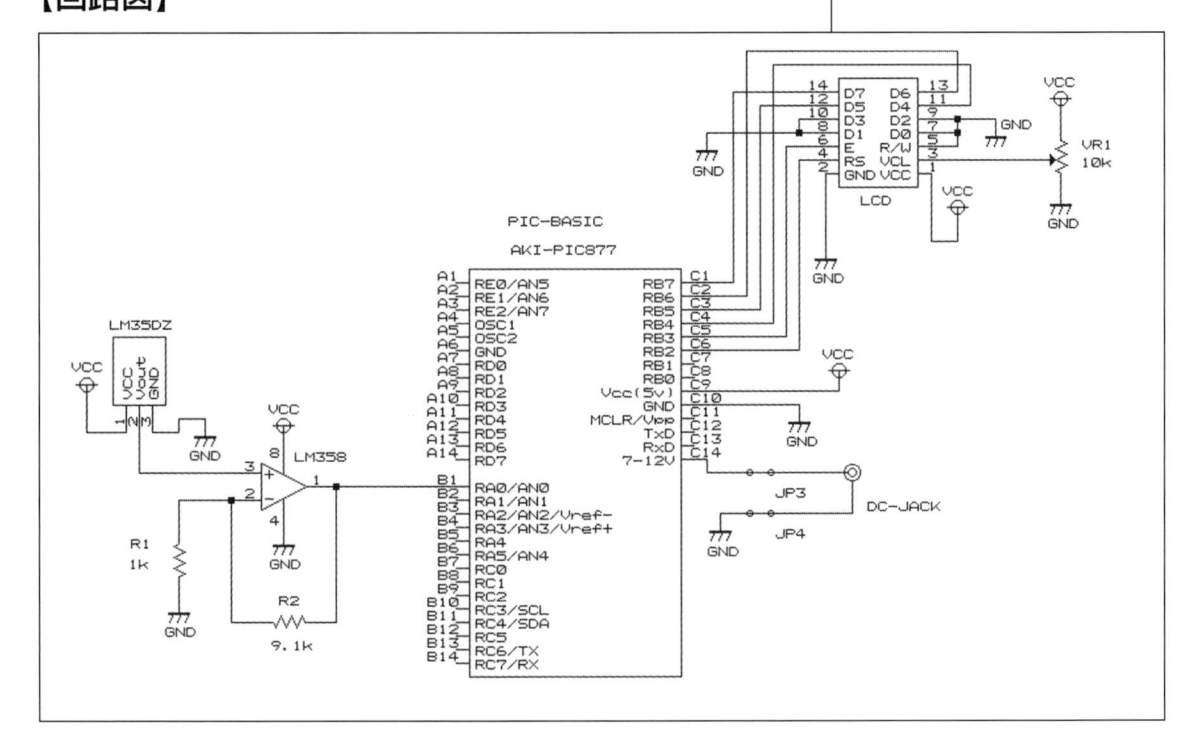

▲温度センサIC「LM35DZ」。ピン配置は左からVS、Vout、GNDです。

▶オペアンプによる2種類の増幅回路です。製作例では非反転回路を使いました。

【動作原理】

「LM35DZ」は、温度を摂氏(℃)の形で出力できるというICを内蔵した温度センサです。「LM35DZ」のピン配置は正面から見て、左からVS、Vout、GNDです。「VS」は駆動電圧用の端子で4〜20Vに対応しています。「Vout」は、温度を電圧として出力する端子です。Voutの電圧は摂氏0℃で0V、そして摂氏1℃あたりに10mVほど増えていくように設計されています。たとえば、0.3Vの場合は30℃(0.3 ÷ 0.01 = 30)ということになります。センサは0〜100℃までの範囲で測定することができます。

Voutをそのまま A/D 変換のポートに入力させた場合、1℃=10mVあたりの電圧は約2カウントとして測定されます。ただし、このマイコンの A/D 変換は2カウント以上の誤差が出てしまいますので、このままではちょっと実用にはなりません。

そこで、「オペアンプ(Operational Amplifier)」という部品を使います。オペアンプには「+」と「−」という二つの入力端子があり、そこから電圧を足して(または引いて)、さらに増幅した結果を「OUT」という端子から出力します。回路では抵抗とオペアンプで「非反転回路」を作り、Voutを10.1倍に増幅しています。

温度の算出方法についてですが、A/D 変換したカウント値0〜1023は、0〜Vccの電圧に対応しています。A/Dカウントを変数cnt、電圧Vccを変数vccとすると電圧vの計算式は次のようになります。

$$v = ((cnt * vcc)/1023)$$

……PIC-BASICは「小数が使えません」ので、0.01単位に電圧を求めたい場合は、先にvccを100倍しておきます。つまり、5Vならばvcc=500です。ただし、PIC-BASICモジュールのVccは実測すると4.6Vくらいなので、プログラム上ではvcc=460としました。

この時点で求めた電圧vは100倍された整数です。そして、温度センサの出力は10mV(1V/100)単位です。これが相殺して1倍になりますが、オペアンプの増幅率が10.1倍です。結果、電圧vは10.1倍された温度を表しているという意味になります。プログラムではさらに計算して10.1倍を10.0倍に修正しています。

5-6 温度計を作る〜A/D変換機能を生かす②

【作り方】

回路図のとおりに組み立ててください。

▶ドリルを使って、ケースに直径3mmの穴を開けます。

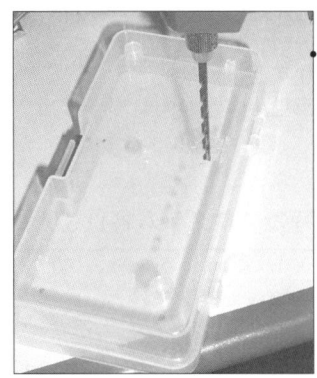

▶回路を組み立てます。オペアンプ「LM358」のピン配置は次のとおりです。VccとGNDも忘れずに配線しましょう。

① A 出力
② A 入力−
③ A 入力＋
④ GND
⑤ B 入力＋
⑥ B 入力−
⑦ B 出力
⑧ Vcc

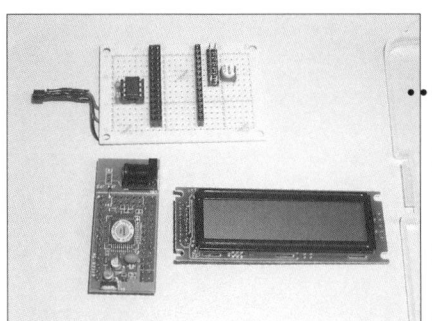

◀温度センサはケースから出しますので、リード線で先を伸ばします。互いの端子が接触しないように「収縮チューブ」で絶縁しています。

▲製作例では本来取り外してしまうDCジャック用の基板を残して使っています。ジャンパのJP3とJP4を配線しておきます。

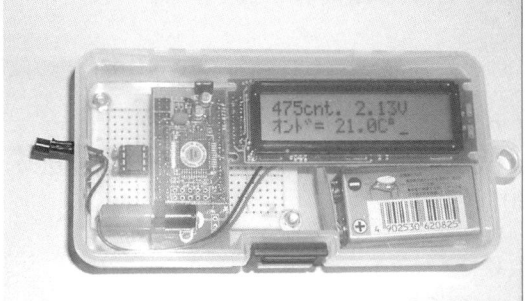

◀基板とPIC-BASICモジュール、LCDモジュール、電池を格納すると完成します。基板の固定には、太さ3mmのネジを使いました。ネジは東急ハンズなどでも入手できます。

【使い方】

DCジャックを通じて電源を入れると、LCDに温度が表示されます。電源には9V形の電池を使っています。

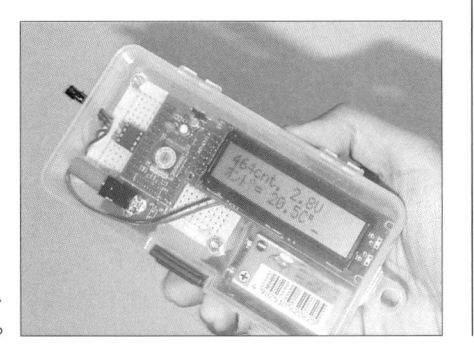

▶ケースに入れているので、丈夫で持ち運びに便利です。

【ベースボードでも可能】

▶温度センサをベースボードに取り付けた例です。プログラムは共通で動きます。シリアルポートや外部EEPROMの機能を生かすと、さらに便利になるかもしれません。

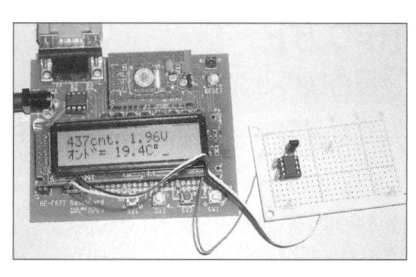

温度計のプログラムリスト

（デバッグ実行時のプログラム容量3.3%／最終書き込み時のプログラム容量3.0%）

```
'ondokei.pb
'
'温度計 for PIC-BASIC
'
'by 松原拓也

Dim cnt As Word    '温度カウント
Dim temp As Word   '温度
Dim vcc As Word    'CPU動作電圧
Dim v As Word
Dim mlt As Word

    Initlcd

    vcc = 460     'マイコン動作電圧Vcc x100
    mlt = 101     'オペアンプ増幅率 x10

    Clearlcd
    While 1
        Setpos 0,0
        Adc 0,0,cnt              'AD入力(Ch0 Mode0)
        Putlcd cnt,"cnt. "

        Setpos 8,0
        v = (cnt * vcc)/1023
        Putlcd (v / 100),"."
        Putlcd (v Mod 100),"V " '電圧表示

        temp = (v * 100) / mlt
        Setpos 0,1
        Putlcd "ｵﾝﾄﾞ= ",(temp / 10)
        Putlcd "."                '小数点
        Putlcd (temp Mod 10),"C",chr$(&hDF)
        Sleep 1000               '1Secウエイト
    Wend
```

5-7 GPSとつないでみる！～シリアル通信機能を生かす

PIC-BASICのシリアル通信機能を生かして、GPSと接続してみましょう。GPSには緯度や経度のデータを記憶する機能がありますが、ここではPIC-BASICを使ってその機能を代行できないか検討してみます。

【材料】総製作費約19,000円(税込)

- 「eTrex(英語版)」。実売価格約16,800円。

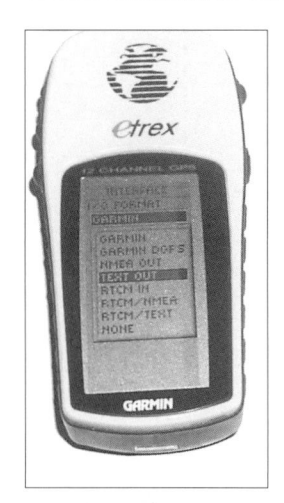

2000年発売、Garmin社製のハンディGPSです。機能としては、緯度経度・高度・方位・移動速度の表示、移動の道筋(トラックログ)や目印(ウェイポイント)の記録、パソコンとの通信などが可能です。

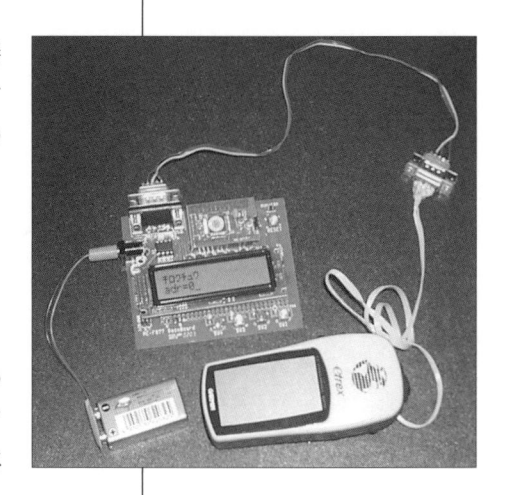

- eTrex用通信ケーブル。実売価格約2,400円。
- Dsub9ピンコネクタ(オス)×2個。50円。
- リード線(適量)。

※この他にPIC-BASIC対応マイコンとベースボードが必要です。

---

eTrex対応の通信ケーブルについて

通信ケーブルは既製品を購入せず、「ePlug」や「e2Plug」というキットで自作するという方法もあります。「ePlug」「e2Plug」とは、アメリカのラリーさんという方が製作したシェアハード(シェアウェアのハード版)で、Pfrancというボランティア組織によって販売されています。価格は2個で約1,000円です(「金額相当のビール券、商品券、郵便為替などでも構いません。」とのことです)。同一のものが「システムプロデューサアソシエイツ(SPA)」(www.spa-japan.co.jp)というGPS販売店でも販売されています。そちらでの価格は1個500円(税込・送料別)です。

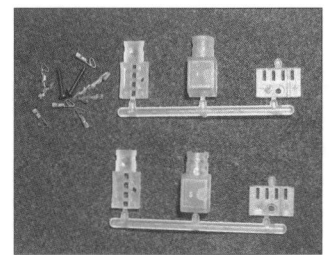

▲eTrex対応コネクタのキット「ePlug」。

【回路図】

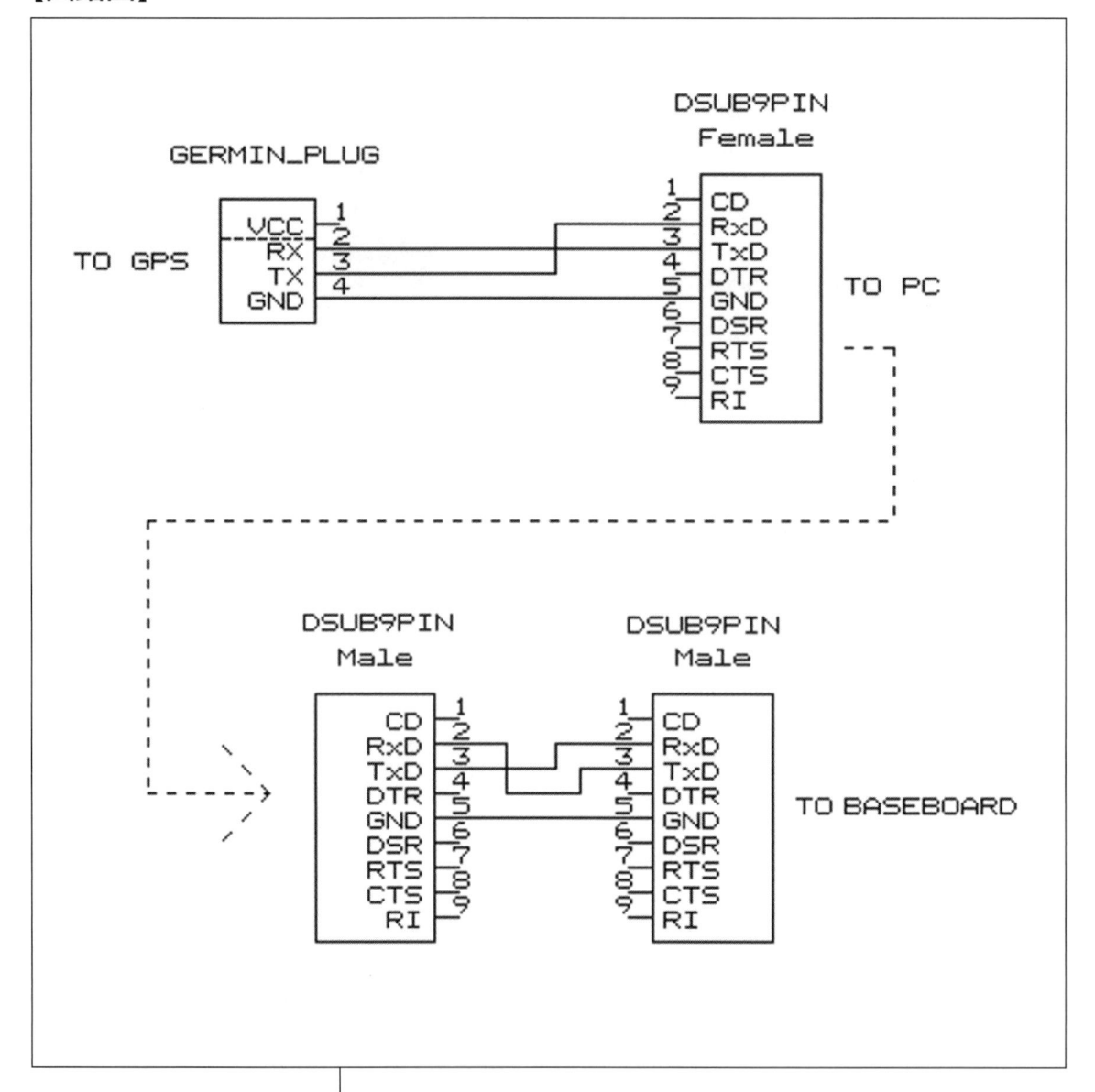

【動作原理】

　eTrexにはRS232C準拠のシリアルポートが搭載されています。コネクタの形状はGarmin社のオリジナルです。GPSとの通信方法はいくつかありますが、ここでは「TEXTOUT」という形式を使います。この形式はコマンドを必要とせず、データが自動的にGPSから送信されます。転送速度は9600bpsです。プログラムでは、SERIN命令を使ってデータを受信、そして、I2CWRITE命令で外部EEPROMに書き込みます。しかし、外部EEPROMは1バイトを

書き込むだけで約10msもの時間がかかりますので、データは一旦、配列（RAM）に格納して、通信が中断した時点で書き込んでいます。

データのサイズは1レコードあたり57Byteです。「24C1024」（容量131,072バイト）を使用した場合、2299レコードほど書き込むことができます。プログラムでは、3秒おきに1レコードを保存しますので、トータルで約2時間分です。

参考：TEXTOUT形式（全57バイト）のフォーマット

オフセット[バイト]	データの名称	バイト数	データの内容
+0	Sentence start	1	'@'
+1	Year	2	年。"00"〜"99"。グリニッジ標準時のため日本の場合は9時間分加算する必要があります。
+3	Month	2	月。"01"〜"12"。
+5	Day	2	日。"01"〜"31"。
+7	Hour	2	時。"00"〜"23"。
+9	Minute	2	分。"00"〜"59"。
+11	Second	2	秒。"00"〜"59"。
+13	Latitude hemisphere	1	緯度。'N'(北緯)、'S'(南緯)。衛星が見つからず、データが得られない場合は以下すべて"_"。
+14	Latitude position	7	緯度の位置。整数2桁、少数5桁。小数点はありません。
+21	Longitude hemishpere	1	経度。'E'(東経)、'W'(西経)。
+22	Longitude position	8	経度の位置。整数3桁、少数5桁。
+30	Position status	1	ポジションステータス。 'd' (2D differential GPS position) 'D' (3D differential GPS position) 'g' (2D GPS position) 'G' (3D GPS position) 'S' (simulated position) '_' (invalid position)
+31	Horizontal posn error	3	水平方向のエラー。単位はメートル。
+34	Altitude sign	1	高度の符号。'+'、'-'。
+35	Altitude	5	高度の位置。単位はメートル。
+40	East/West velocity direction	1	移動速度の方向。'E'（東）、'W'（西）。
+41	East/West velocity magnitude	4	移動速度の大きさ。単位は0.1メートル/秒。("1234"=123.4 m/s)
+45	North/South velocity direction	1	移動速度の方向。'N'（北）、'S'（南）。
+46	North/South velocity magnitude	4	移動速度の大きさ。単位は0.1メートル/秒。("1234"=123.4 m/s)
+50	Vertical velocity direction	1	移動速度の方向。'U'（上）、'D'（下）。
+51	Vertical velocity magnitude	4	単位は0.01メートル/秒。("1234" = 12.34m/s)
+55	Sentence end	2	改行コード、'0x0D'と'0x0A'。

第5章　PIC-BASICを実用的に使う

【作り方】

回路図のとおりにケーブルを作成します。

▶自作した通信ケーブルです。GPSとパソコンをつなぐためのものです。

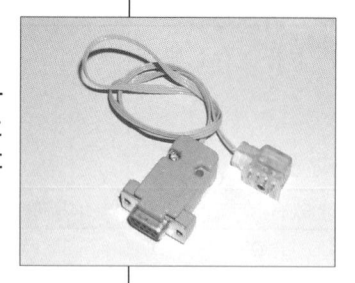

▶ベースボードにつなぐための変換コネクタです。クロスケーブルになっています。

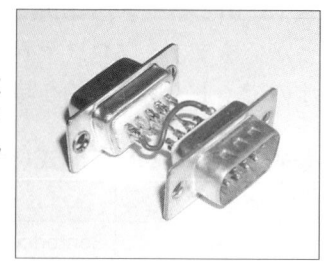

【使い方】

　GPSと接続してデータを書き込み、それからパソコンと接続してデータを読み取ります。この一連の作業をまとめると、次のようになります。

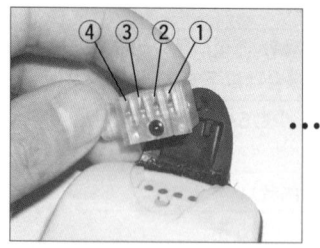

▲GPSに通信コネクタを接続します。「INTERFACE（通信方法）」は「TEXT OUT」に設定します。

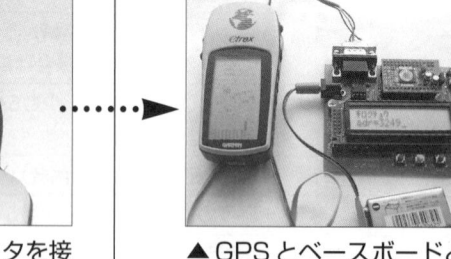

▲GPSとベースボードと接続したら、屋外で測定します。位置情報がシリアルポートを通じてベースボードの外部EEPROMに書き込まれます。

▼次にベースボードとパソコンを接続して、受信プログラムの"eeprom2txt.AS"を実行します。受信プログラムはHSP（Hot Soup Processor）で作成しています。

▶スイッチSW1を押しながら電源を入れます。外部EEPROMのデータをシリアルポートから自動的に出力します。データはテキストファイルとして保存されます。

▼プログラム"read_textout.as"を実行して、テキストファイルを読み込むと、移動した経路が画面に描かれます。このプログラムもHSP（Hot Soup Processor）で作成しています。

◀保存されたテキストファイルです。日付や時間、緯度・経度、高度、移動方向、移動速度までが細かく記録されています。

5-7 GPSとつないでみる！〜シリアル通信機能を生かす

【基板を小型に】
持ち運びしやすいように、小型版の基板を作ってみます。

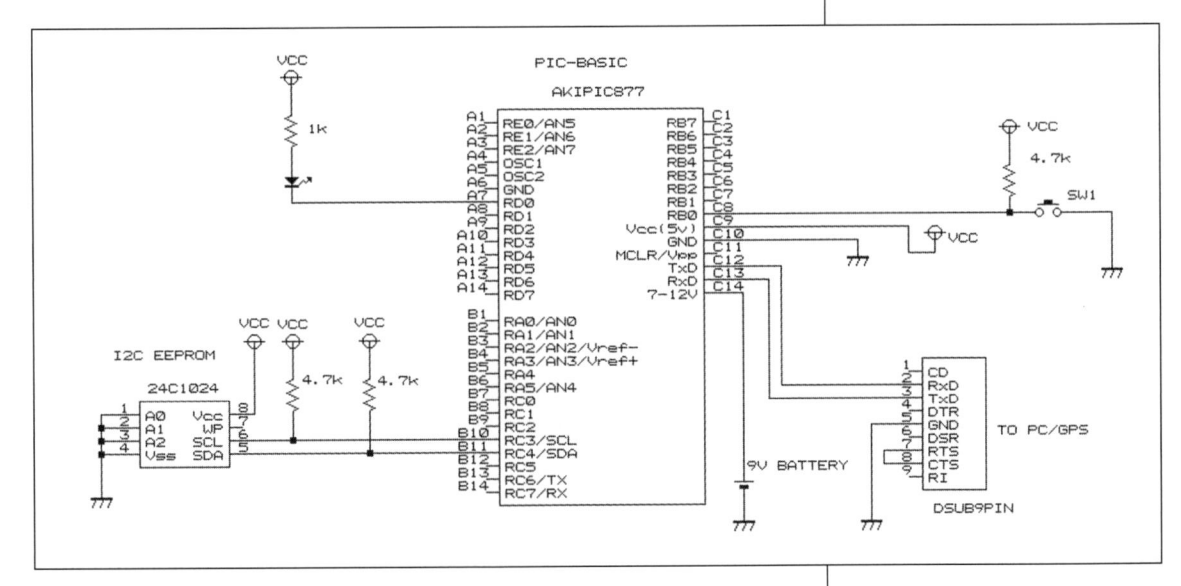

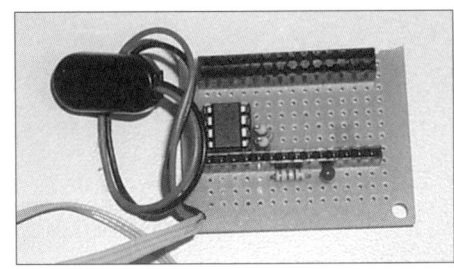

◀基板の面積を節約するため、外部EEPROMはPIC-BASICモジュールの下に配置します。

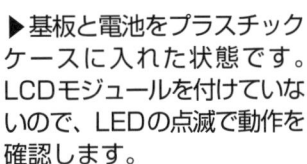

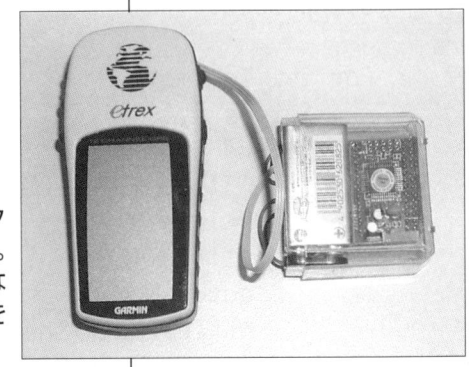

▶基板と電池をプラスチックケースに入れた状態です。LCDモジュールを付けていないので、LEDの点滅で動作を確認します。

eTrex用トラックログ受信プログラムリスト
（デバッグ実行時のプログラム容量9.5%／最終書き込み時のプログラム容量9.2%）

```
'gps2eeprom.pb
'
'    eTrexのTextOut形式トラックログを外部EEPROMに記録
'


Dim cnt As Byte
Dim cid As Byte        'コントロールID
```

```
Dim adr As Long         'アドレス
Dim i As Word
Dim imax As Word        '最大レコード数
Dim k As Byte
Dim dat As Byte
Dim log(57) As Byte
Dim recsize As Byte     '1レコードあたりのバイト数

    Initlcd
    Serclear
    High rd.Bit0        'LED消灯
    Output rd.Bit0

    recsize=57                      '1レコードあたりのバイト数
    imax = &h20000 / recsize        '最大レコード数
    adr=0               'アドレス=0

    If rb.Bit0=0 Then term           '起動時にSW1を押したら通信モード

    Setpos 0,0          '記録モード
    Putlcd "ｷﾛｸﾁｭｳ"
    Sleep 3000

    For i=1 To imax
        Setpos 0,1
        Putlcd "adr=",adr
            '3レコード受信（最初の2件は捨ててしまいます）
        For k=1 To 3
            '1レコード受信
            dat=255
            While (dat<>&h40)    ' 「@」を受信するまで待つ
                Serin pb9600,1000,dat
            Wend
            log(0)=dat
            For cnt=1 To recsize-1
                Serin pb9600,1000,dat
                log(cnt)=dat
            Next
        Next

        '外部EEPROMに書き込み
        Low rd.Bit0 'LED点灯
        For cnt=0 To recsize-1
```

```
                If(adr < &h10000) Then    'コントロールID設定
                    cid =&b10100000
                Else
                    cid =&b10100010
                Endif
                I2cwrite cid, (adr & &hFFFF), chr$(log(cnt))'書き込み
                adr=adr+1
            Next
            High rd.Bit0     'LED消灯
        Next
        Clearlcd
        Putlcd "buffer full"
        While 1       '無限ループ
        Wend

term:           '通信モード
        Clearlcd
        Putlcd "サイセイチュウ"
        Sleep 3000

        Low rd.Bit0      'LED点灯
        For i=1 To imax
            For cnt=0 To recsize-1
                Setpos 0,1
                Putlcd "record",i,"/",imax

                If (adr < &h10000) Then      'コントロールID設定
                    cid =&b10100000
                Else
                    cid =&b10100010
                Endif
                I2cread cid, (adr & &hFFFF), dat     '読み込み
                Serout pb9600,chr$(dat)
                adr=adr+1
            Next
        Next
        High rd.Bit0     'LED消灯

        Clearlcd
        Putlcd "シュウリョウ"
        While 1       '無限ループ
        Wend
```

第5章 PIC-BASICを実用的に使う

eTrex用トラックログ受信テキストファイル化のプログラムリスト(HSP用)

```
    ;eeprom2txt.AS
    ;
    ;TEXTOUT受信プログラム　PIC-BASIC「gps2eeprom.pb」専用
    ;外部EEPROMからのデータを受信してテキストファイルに書き込みます
    ;

#include "hspext.as"

    sdim buf,$20000   ;TXTファイル用配列
    dim log,57        ;1レコード分の配列
    dim logbak,13     ;日付バックアップ
    onexit *endbtn    ;終了ボタンを押した時のジャンプ先を指定します

    screen 0,640,480

    comopen 1,"baud=9600 parity=N data=8 stop=1"    ;シリアルポートを初期化
    if stat : dialog "シリアルポートは使えません" : end

    adr = 0                   ;アドレス
    recsize = 57              ;1レコードあたりのバイト数
    imax = $20000 / recsize   ;レコード最大数

    dialog "txt",17,"テキストファイル"   ;ファイルSAVE(保存)ダイアログ
    if stat=0 : goto *endbtn

    repeat 13      ;バックアップ日付消去
        logbak.cnt=0
    loop
    cls
    pos 0,100
    print "データ受信中(ESCで中止＆保存)..."
    repeat imax
        color 255,255,255
        boxf 0,120,640,140
        pos 0,120
        color 0,0,0
        print "レコード("+cnt+"/"+imax+")"
        a=0
*atwait                       ;1バイト目「@」を受信するまで待つ
        stick ky,0:if(ky = 128):break
        comgetc a             ;シリアルポートから1バイト受信
        if (a ! $40) :goto *atwait
```

```
            log.0 = a
            for i,1,recsize
                do
                        comgetc a       ;シリアルポートから1バイト受信
                    until (stat ! 0)
                    log.i = a
            next

            ;データ形式チェック
            if(log.1 < $30)|(log.1 > $39):break  ;日付が数字でない場合、終了

            ;日付の順序をチェックする
            i=0
            while(i<13)
                ;前のデータの方が新しい場合、データ終了と判断
                if(log.i < logbak.i):break    '(異常)データ終了
                if(log.i > logbak.i):i=999    '(正常)
                i=i+1
            wend
            repeat 13
                logbak.cnt = log.cnt        ;日付バックアップ
            loop

            ;TXTファイル用配列にコピー
            for i,0,recsize
                poke buf,adr,log.i
                adr=adr+1
            next
        loop

        bsave refstr,buf,adr      ;  TXTファイルをセーブ
        pos 0,140
        print "...完了。"+adr+"バイト保存。"
        wait 200

*endbtn
    comclose                      ;シリアルポートとの通信を終了します
    end
```

eTrex用トラックログ受信グラフ化のプログラムリスト(HSP用)

```
;read_textout.as
;
;GPSのTEXTOUT形式トラックログをグラフ化 for HSP
;by 松原拓也

#include"hspext.as"
    sdim buf ,$20000

    dialog "txt",16,"テキストファイル"
    if stat=0 : end
    bload refstr,buf      ;ファイル読み込み

    wid = 640       ;描画サイズ
    hei = 480
    screen 0,wid,hei
    color 255, 255, 255
    boxf 0, 0,wid-1, hei-1

    Zoom = 300              ;拡大度数(100000で緯度/経度の1度分です)
    xcen=0
    ycen=0
    x2=0
    y2=0
    adr=0
    repeat
        strmid atmark,buf,adr,1
        if (atmark ! "@"):break

        strmid ido ,buf,adr+14,7       ;緯度情報
        strmid kdo ,buf,adr+22,8       ;経度情報
        int ido
        int kdo

        adr=adr+57
        if(ido = 0)or(kdo = 0) : continue

        if (xCen = 0) {
            xCen = kdo
            yCen = ido
            color 0, 0, 0
            line wid/2,    0,wid/2,hei-1
            line     0,hei/2,wid-1,hei/2
```

```
            seisu=kdo / 100000
            syosu=kdo ¥ 100000
            pos 0,(hei/2)
            print "経度="+seisu+"."+syosu
            seisu=ido / 100000
            syosu=ido ¥ 100000
            pos 0,(hei/2)+20
            print "緯度="+seisu+"."+syosu
            xMax = xCen+Zoom
            xMin = xCen-Zoom
            yMax = yCen+(Zoom*hei/wid)
            yMin = yCen-(Zoom*hei/wid)
            xDis = xMax-xMin
            yDis = yMax-yMin
        }

        x = wid*(kdo-xMin)/xDis
        y = hei*(ido-yMin)/yDis
        int x
        int y

        If (X > 0) And (X < wid) And (Y > 0) And (Y < hei) {
            y = hei-y      ;Y座標だけ反転
            color 255,0,0
            if (x2 ! 0){
                line x,y,x2,y2
            }else{
                pset x,y
            }
            x2=x:y2=y
    }
loop
redraw 1

;-----draw scale
x2 = (100000 * 180 / 2)/(40075 / 2)    ;地球円周から度数換算
x2 = (wid * x2)/xdis

X = (wid*1/10)
Y = (hei*3/4)
x2 = x2 + x
color 0, 0, 0
Line X, Y,X2, Y
```

第5章 PIC-BASICを実用的に使う

```
    Line X, Y - 5,X, Y + 5
    Line X2, Y - 5,X2, Y + 5
        print "500m"

    stop
    end
```

5-8 電卓の製作 ～スイッチ入力回路を増設

普段なにげなく使っている「電卓」をPIC-BASICで作る方法を紹介します。独自に考えたスイッチの入力回路を使っているので、配線が少ないのが特徴です。ベースボードを使っているので組み立ても簡単です。

【材料】 総製作費約320円(税込) ※マイコン代は含まず

- タクトスイッチ×16個。実売価格1個10円。
- 抵抗200Ω×16本。実売価格1本5円。100本単位で購入した場合は1本1円です。
- 抵抗100kΩ×1本。
- ユニバーサル基板。実売価格70円。
- リード線・真鍮線(適量)

※この他にPIC-BASIC対応マイコンが必要です。製作例ではベースボードをそのまま流用しています。

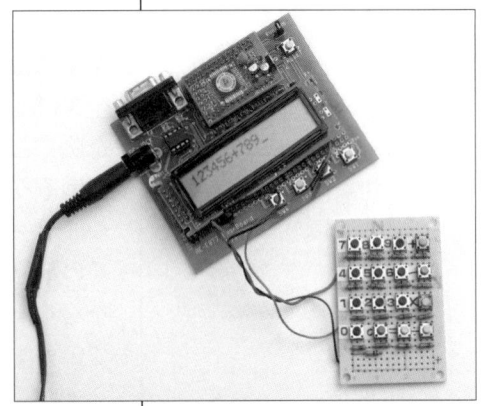

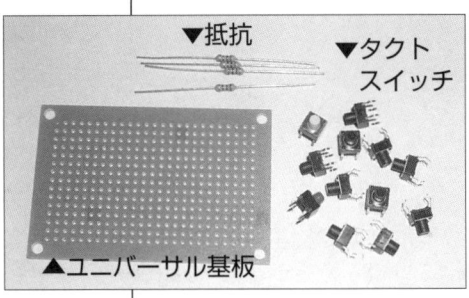

▼抵抗
▼タクトスイッチ
▲ユニバーサル基板

【回路図】

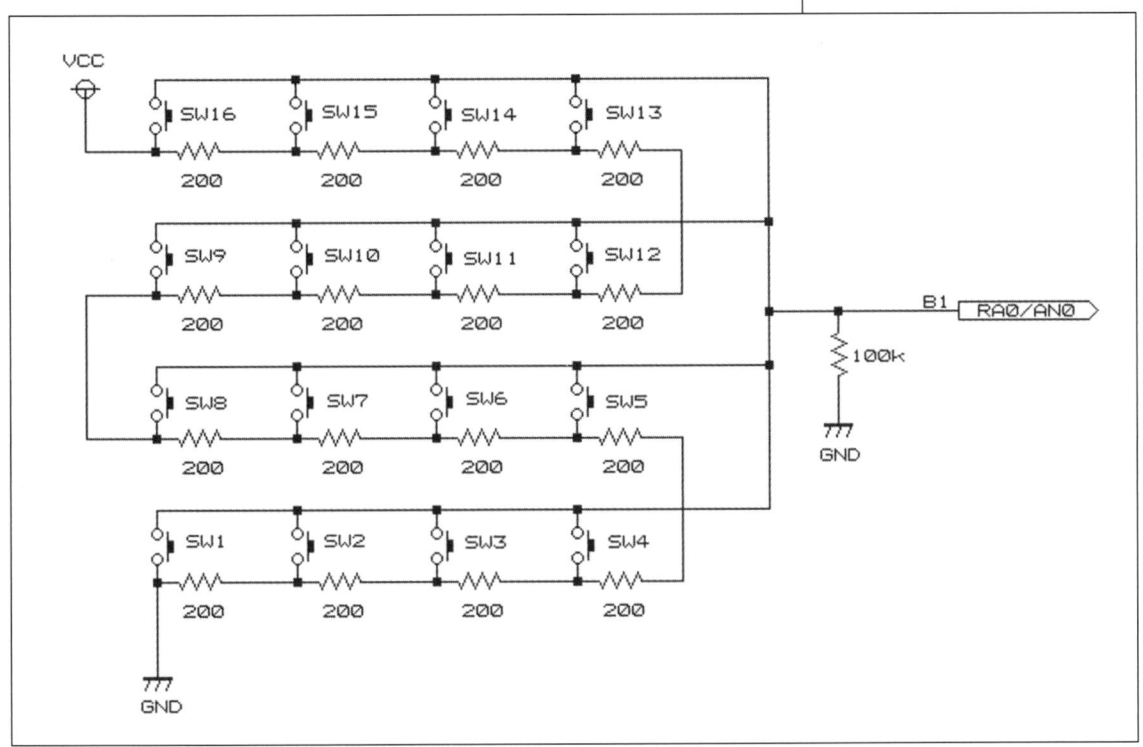

【動作原理】

　ベースボードの上には、あらかじめ(リセット以外に)4個のスイッチが付いていますが、電卓を作るためには少し数が足りません。そこで、スイッチを増設します。単純に考えて、16個のスイッチを増やすには16個のポートが必要です。PIC-BASICで扱えるポートは全33個。このうち RUN/PGM 用、シリアル通信用、LCD 表示用を除くと24個です。数量的には足りていますが、ハンダ付けが少々面倒そうです。そこで、この回路では16個の抵抗を直列につなぎ一つのポートにまとめています。スイッチを押すと16段階に分圧され、その電位をA/D変換してスイッチを認識します。スイッチの誤認識をなくすために、押したスイッチが3回同じになるまでチェックしています。

　また、この回路はスイッチを同時に押すと正しく認識されません。この問題を解消するためにはスイッチ分だけポートを用意するか、「キーマトリックス」という方式の回路を採用する必要があります。

　電卓は計算するだけなので作るのが簡単……と思いきや、プログラムは意外にも大変です。たとえば、「+」「−」「×」「÷」スイッチを途中で押し直して演算を変更したり、「=」で出した計算結果をさらに繰り越したりという、電卓風の操作性を再現しなくてはいけないためです。

　なお、PIC-BASICではマイナスの計算ができません。そこで、符号を表した変数を追加して、IF文で分岐させています。その結果、プログラムリストが少し長いです。

▶スイッチを順番に押した場合の出力波形です(logiana.pbで計測しました)。カウント値が斜めに変化しないと、スイッチが正しく認識されません。

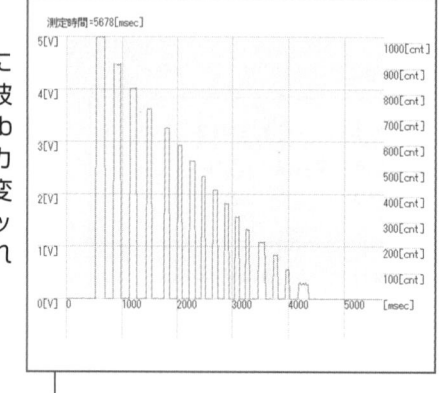

▶参考例としてキーマトリックスの回路図を紹介します。出力4本と入力4本のポートで16個のスイッチを読み取ります。スイッチ以外に16個のスイッチング・ダイオードが必要です。

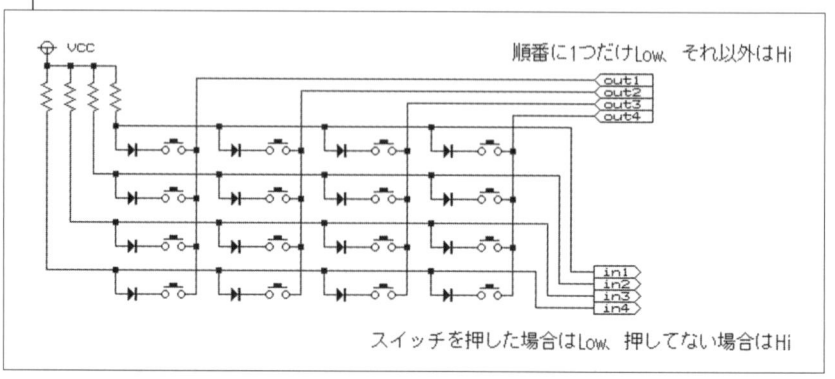

【作り方】

回路図のとおりに組み立ててください。

ユニバーサル基板にタクトスイッチと抵抗を配置して、各パーツをハンダ付けします。製作例では、真鍮線の代わりとして、パーツを切断したときに余った線を使用しています。Vcc、GND、RA0/AN0 にそれぞれ配線すると完成です。

▲基板をベースボードに接続して完成です。

【使い方】

使い方は一般的な電卓と同じです。16個のスイッチは右図のように割り振っています。「0」～「9」の数字、四則演算の「＋」「－」「×」「÷」。あと、「C」は値のクリアです。

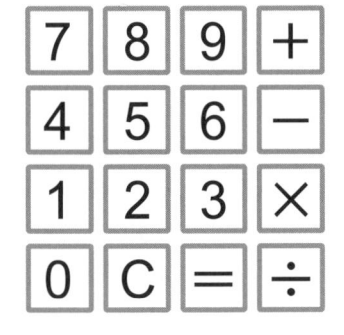

スイッチを押すと計算結果が表示されます。演算スイッチの入力し直しや、計算結果の繰り越しにも対応しています。また、マイナス(負)の計算結果も扱えます。Long型の変数を使っていますので、表現できる数の範囲は－ 4,294,967,295 ～＋ 4,294,967,295 です。

◀「0」～「9」のスイッチを押します。

◀次に「＋」「－」「×」「÷」スイッチのどれかを押して、再度「0」～「9」のスイッチを押します。

◀「＝」または「＋」「－」「×」「÷」のスイッチを押すと計算結果が表示されます。

◀PIC-BASIC では不可能だったマイナスの値も扱えます。ただし、少数の計算はできません。

【AKI-PIC 16F877-20/IC スタンプでの製作例】

　材料のコストを下げるためPIC-BASIC用マイコンに「AKI-PIC 16F877-20/ICスタンプ（BASIC書込済ピンヘッダ接続タイプ）」で電卓を作ります。さらに裏ワザとして、三端子レギュレータ「LM7805（5Vを作る部品）」を使わずにPICを動かしています。

　方法は単3形電池を直列につないでそのままVccに接続するだけです。Vccに与える電圧が5±0.5Vの範囲を保つよう、テスタで確認してから接続しましょう。5.5V以上の場合、PICが壊れてしまう可能性があります。

　最後に改造へのヒントです。この製作では小数の計算結果を出せませんでしたが、ちょっとした工夫でその機能を追加できます。方法は変数Aを計算前に整数倍（たとえば1000倍）するだけです。あとは、小数点を適切な位置に表示することで、小数の答を擬似的に出すことができます。「C（クリア）」の代わりに「．（小数点）」スイッチを付ければ、より完璧な電卓になると思います。

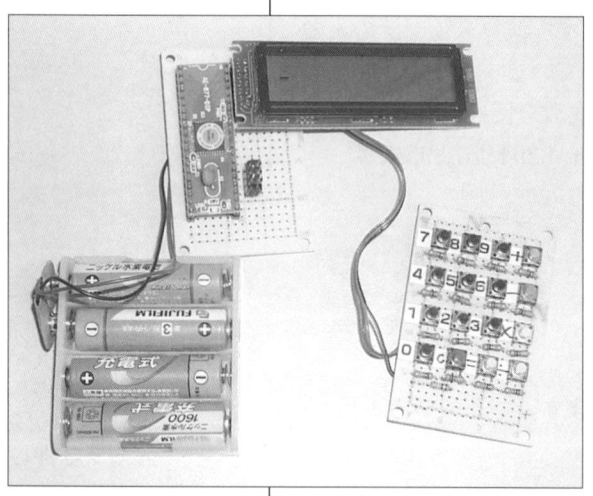

▲「AKI-PIC 16F877-20/ICスタンプ」を使って安くてコンパクトな電卓を作りました。

◀スペーサとネジを使って空き箱（コンビニのお弁当容器です）に組み込んでみました。ビニール製のフタを被せて、そのフタの上からスイッチを押すことができます。

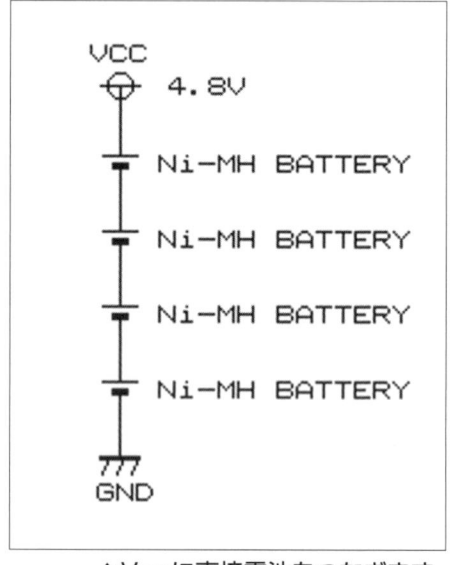

▲Vccに直接電池をつなぎます。ニッケル水素電池の場合は4本（1.2V×4＝4.8V）、マンガンまたはアルカリ電池の場合は3本（1.5V×3＝4.5V）をつなぎます。

電卓のプログラムリスト
（デバッグ実行時のプログラム容量 16.9%／最終書き込み時のプログラム容量 16.5%）

```
'dentaku.pb
'
'電卓 for PIC-BASIC
'
'by 松原拓也

Dim cnt As Word         'カウント値
Dim key As Byte         'スイッチ入力番号
Dim keybak As Byte      '
Dim icnt As Byte
Dim code(17) As Byte    'スイッチの機能テーブル
Dim a As Long           'A
Dim asign As Byte       'A符号(0=プラス/1=マイナス/2=空)
Dim b As Long           'B
Dim bsign As Byte       'B符号(0=プラス/1=マイナス/2=空)
Dim pro As Byte         '四則演算コード

    'スイッチの機能テーブル
    code(0)  = &h00  '
    code(1)  = &h30  '0
    code(2)  = &h43  'C
    code(3)  = &h3D  '=
    code(4)  = &h2F  '/
    code(5)  = &h2A  '*
    code(6)  = &h33  '3
    code(7)  = &h32  '2
    code(8)  = &h31  '1
    code(9)  = &h34  '4
    code(10) = &h35  '5
    code(11) = &h36  '6
    code(12) = &h2D  '-
    code(13) = &h2B  '+
    code(14) = &h39  '9
    code(15) = &h38  '8
    code(16) = &h37  '7

    Initlcd
    Gosub abclr

    While 1
        Gosub inkey
        key=code(key)
```

```
            If (key = &h43) Then       'クリアキー
                Gosub abclr
            Endif
            If (key = &h3D) Then       'イコールキー
                If (bsign<>2) And (asign<>2) Then
                    Gosub calc
                    Gosub putb         '結果表示
                    a=0
                    asign = 2
                    pro=0
                Endif
            Endif
            If (key >= &h2a) And (key <= &h2f) Then '演算キー
                If bsign = 2 Then
                    b = a
                    bsign = asign
                Else
                    If asign <> 2 Then
                        Gosub calc
                    Endif
                Endif
                a=0
                asign = 2
                pro = key
                Gosub putb    '結果表示
                Putlcd chr$(key)
            Endif
            If (key >= &h30) And (key <= &h39) Then '数字キー
                If bsign<>2 Then
                    If pro =0 Then
                        Gosub abclr
                        Clearlcd
                    Endif
                Endif
                asign = 0
                a = a*10
                a = a+(key-&h30)
                Putlcd chr$(key)
            Endif
            Gosub keyoff
    Wend

'---------------------
abclr:
```

```
        Clearlcd
        pro=0                           '演算方法=クリア
        a=0
        asign=2
        b=0
        bsign=2
        Return

'-----------結果表示
putb:
        Clearlcd
        Setpos 0,0
        If bsign=1 Then
                Putlcd "-"
        Endif
        Putlcd b
        Return

'------------演算サブルーチン
calc:
        If pro = &h2D Then      '引き算
            If asign=0 Then
                If bsign=0 Then         '(+b)-(+a)
                    If a>b Then
                        bsign=1
                        b=a-b
                    Else
                        bsign=0
                        b=b-a
                    Endif
                Else                    '(-b)-(+a)
                    bsign=1
                    b=b+a
                Endif
            Else
                If bsign=0 Then         '(+b)-(-a)
                    bsign=0
                    b=b+a
                Else                    '(-b)-(-a)
                    If a<b Then
                        bsign=1
                        b=b-a
                    Else
                        bsign=0
```

```
                        b=a-b
                    Endif
                Endif
            Endif
            Return
        Endif
        If pro = &h2B Then
            If asign=0 Then
                If bsign=0 Then  '(+b)+(+a)
                    bsign=0
                    b = b+a
                Else             '(-b)+(+a)
                    If b>a Then
                        bsign = 1
                        b = b-a
                    Else
                        bsign = 0
                        b = a-b
                    Endif
                Endif
            Else
                If bsign=0 Then  '(+b)+(-a)
                    If b>a Then
                        bsign = 0
                        b = b-a
                    Else
                        bsign = 1
                        b = a-b
                    Endif
                Else             '(-b)+(-a)
                    bsign = 1
                    b = b+a
                Endif
            Endif
            Return
        Endif

        If asign=0 Then
            If bsign=0 Then      '(+b):(+a)
                bsign = 0
            Else                 '(-b):(+a)
                bsign = 1
            Endif
        Else
```

```
            If bsign=0 Then    '(+b):(-a)
                bsign = 1
            Else               '(-b):(-a)
                bsign = 0
            Endif
        Endif
        If pro = &h2F Then    '割り算
            If a>0 Then
                b = b / a
            Endif
            Return
        Endif
        If pro = &h2A Then    '掛け算
            b = b * a
            Return
        Endif
        Putlcd "error"
        End


'--------------スイッチが離れるまで待つ
keyoff:
    key =1
    While key<>0
        Adc 0,0,cnt        'AD(Ch0 モード0)
        key = (cnt+32) / 64
    Wend
    Return

'--------------スイッチが押されるまで待つ
inkey:
    icnt = 0
    keybak = 0
    While icnt < 3
        Adc 0,0,cnt        'AD(Ch0 モード0)
        key = (cnt+32) / 64
        If key = keybak Then icnt=icnt+1 Else icnt=0
        keybak = key
    Wend
    If key=0 Then Goto inkey
    Return
```

5-9 電源コンセントタイマを作る ～AC100Vのリレー制御

普段から利用する家庭内の電源コンセント。周知のとおり、そこに流れる電気はAC100Vです。ここではマイコンとリレーを使って、そのAC100Vを制御する方法を紹介します。

性質上、この製作には危険が伴います。感電やショートを起こさないように、くれぐれも注意してください。

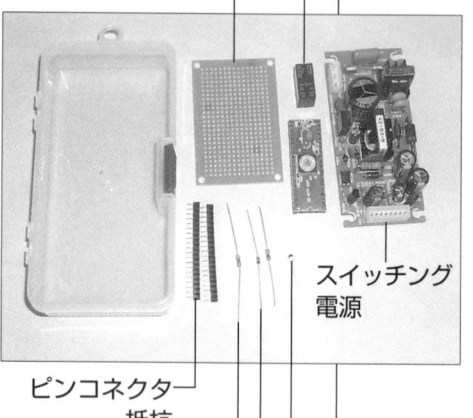

【材料】総製作費約1,350円（税込）※マイコン代を除く

- オムロン製リレー「G5V-2-DC5」。実売価格は280円。

  定格はAC125V、0.5Aです。他の製品で代用する場合、AC100Vに耐えられるもので、さらにDC5Vで制御できるものを選択してください。

▲リレー

- スイッチング電源。実売価格500円。

  AC100V入力・DC5V出力のものを選択してください。ここでの製作例ではCD-ROMドライブから取り出したジャンク品を使ったため費用は0円でした。

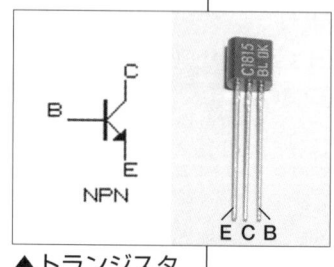

- 抵抗4.7kΩ×2個。実売価格1個5円。
- 抵抗200Ω×2個。実売価格1個5円。
- トランジスタ「2SC1815」。実売価格10円。

  NPN型のトランジスタです。端子は正面から見て、エミッタ(E)、コレクタ(C)、ベース(B)です。

- スイッチングダイオード「1S1588」相当品。実売価格1本約10円。
- LED。実売価格10円。

▲トランジスタ

- ユニバーサル基板。実売価格70円。
- AC100V用電源コード。実売価格100円。
- AC100V用電源プラグ。実売価格100円。 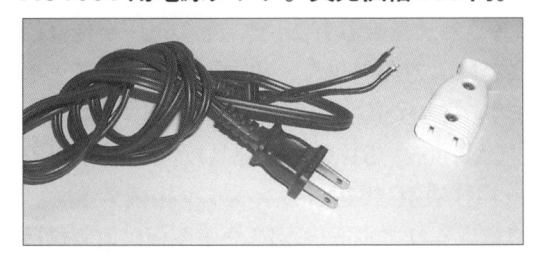
- シリアル通信用IC「MAX232」。互換品「ADM232」「ADM3202AN」も使用できます。
- 積層セラミックコンデンサ0.1μF×5個。実売価格1個10円。
- Dsub9ピンコネクタ・メス。実売価格50円。
- ケース「リングスターポケットケースPC-140」。実売価格140円。
- リード線、収縮チューブ(適量)。
- ネジ(適量)。

※この他にPIC-BASIC対応のマイコンとピンコネクタが必要です。

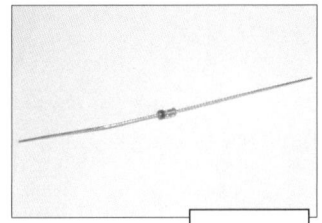

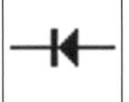

▲スイッチングダイオードは、一定方向にだけ電流を流すことができる半導体部品です。電気が流れる際に、電位が約0.4Vほど降下するという特性もあります。

【回路図】

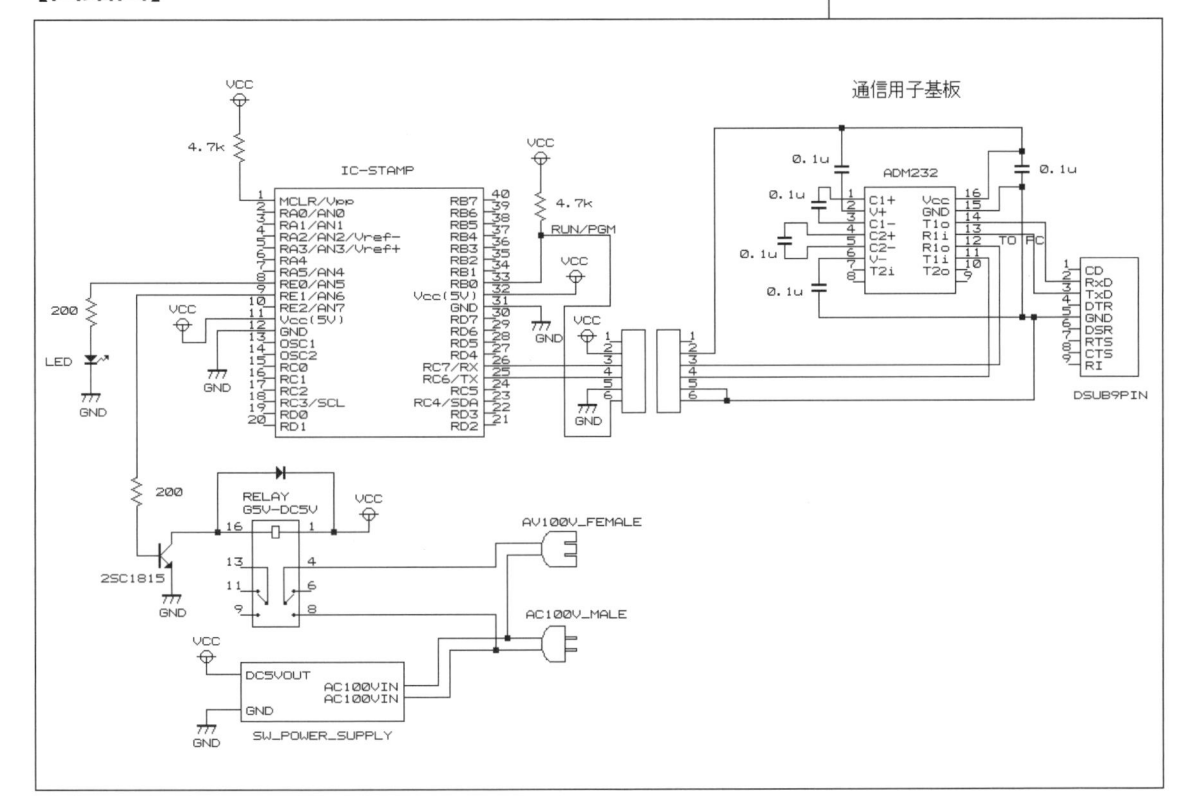

第5章 PIC-BASICを実用的に使う

【動作原理】

　スイッチング電源（Switching Power Supply）とはスイッチング方式（半導体を高速にスイッチさせる方法）で一定の電圧を作り出す電源のことです。ここでは入力AC100V、出力DC5Vのスイッチング電源が使われています。このため、PIC-BASIC対応マイコンには三端子レギュレータ「LM7805」（5Vを作る部品）がない「AKI-PIC 16F877-20/ICスタンプ（BASIC書込済ピンヘッダ接続タイプ）」を選択しました。ついでに、シリアル通信用ICを子基板に取り付けることで、部品とスペースを節約しています。子基板は第4章4-4で紹介したものと共通です。

　「リレー（Relay）」は電気の流れをON/OFFするための部品です。使用した「G5V-2-DC5」は、コイル（電磁石）に電気を流すと、接点が物理的にONになります。仕様によると、このリレーは最低でも100mA以上の電流を流さないといけないのですが、マイコンのポート出力は最高でも25mAです。そのまま接続しただけでは動きませんので「トランジスタ」という部品を使います。トランジスタにはベース（B）からエミッタ（E）に電流を流すと、同時にコレクタ（C）からエミッタ（E）にも増幅された電流が流れるという特性があります。

　また、リレーには「逆起電力」という特性があって、ON/OFFを切り替えた瞬間にコイルから高い電圧が発生してしまいます。この電圧がトランジスタを壊さないように、スイッチングダイオードを「動作時の逆方向」に取り付けています。これを「還流ダイオード」といいます。

【作り方】

　回路図のとおりに組み立ててください。組み立てのポイントは次のとおりです。

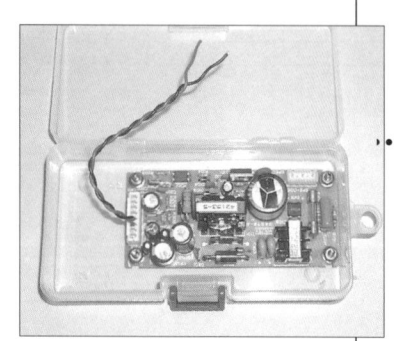

◀スイッチング電源をケースに取り付けます。接続前には確認を徹底してください。たとえば、スイッチング電源を基板に接続する際も、あらかじめテスタを使って5Vが出力されているか測定してから取り付けます。

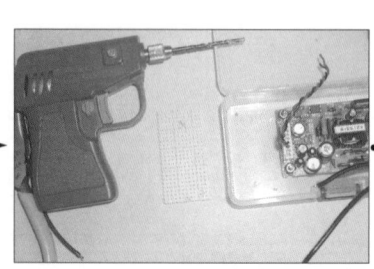

▲カッターナイフとドリルでユニバーサル基板を小さく加工します。製作例では、穴あけにはタミヤ製の「電動ハンディドリル（実売価格1,512円・税込）」と直径3mmのドリル刃を使用しています。ドリルの扱いにも注意しましょう。

次ページへ

5-9 電源コンセントタイマを作る〜AC100Vのリレー制御

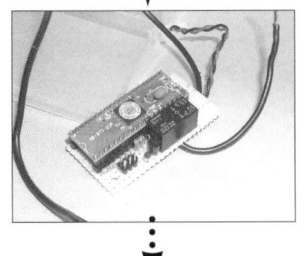

◀制御基板を組み立てます。ダイオードの向きやリレーの端子は接続を間違わないように十分注意します。

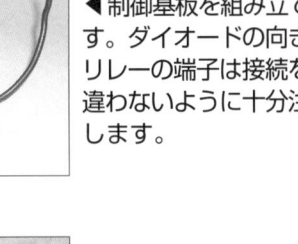

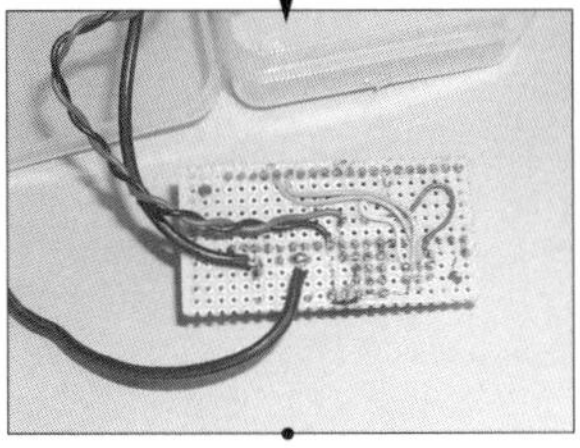

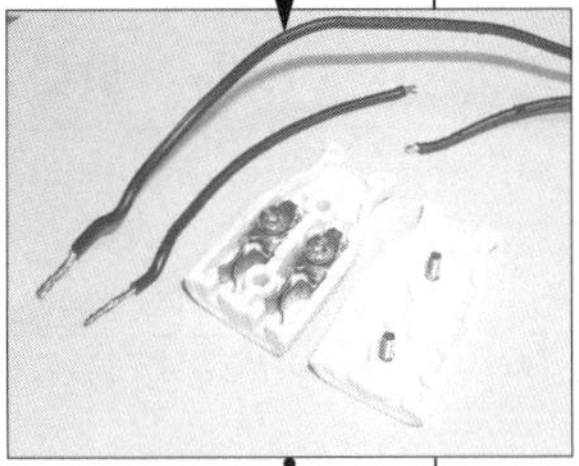

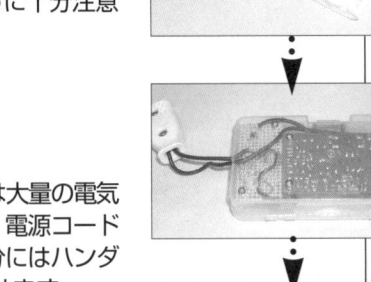

◀電源プラグを組み立てます。

◀ケース内に実装します。ぐらつかないようにネジでしっかり固定します。

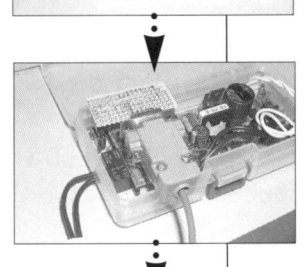

◀リレーには大量の電気が流れます。電源コードとの接続部分にはハンダを多めに付けます。

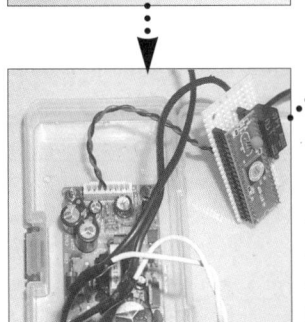

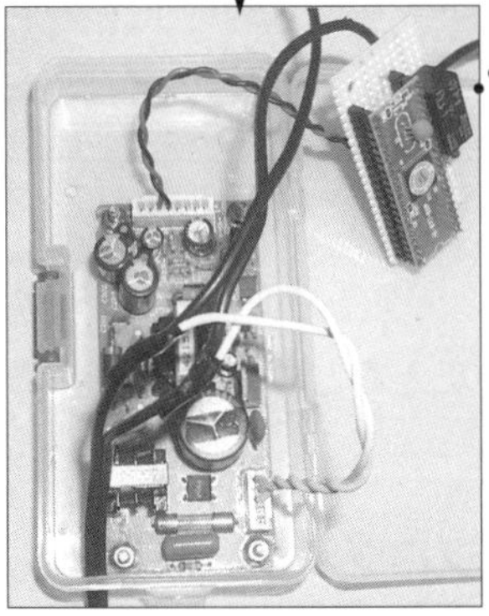

◀シリアル通信用の子基板を差し込んでプログラムを書き込みます。

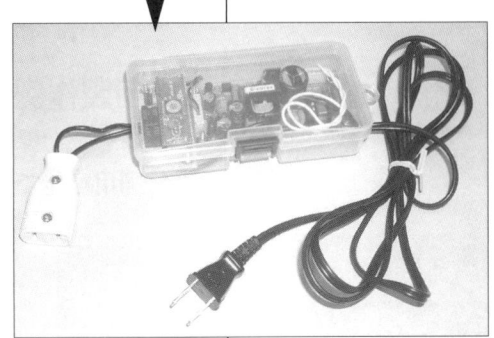

◀AC100V側の電源コードを二股に加工して、一方をスイッチング電源に入力します。ショートしないように「収縮チューブ」でしっかりと絶縁してください。

▲以上で完成です。

【使い方】

電源コンセントを差し込むとリレーが10秒間隔でON/OFFを繰り返します。ON/OFFを切り替える瞬間、リレーからは「カチッ」という音がします。電気スタンドを差し込むと、イルミネーション代わりになりました。

◀リレーがONになっている間はLEDが点灯します。

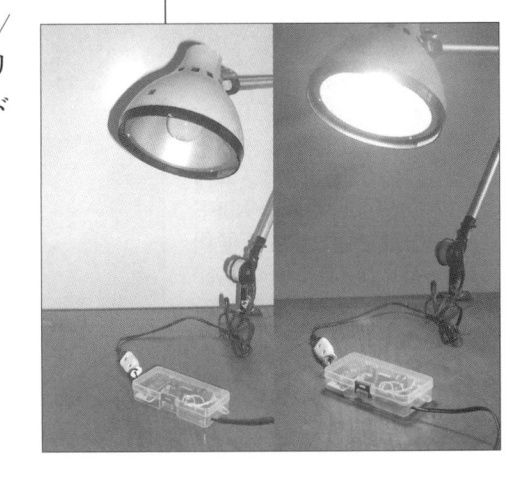

187

AC100Vリレー制御プログラムリスト

（デバッグ実行時のプログラム容量1.1％／最終書き込み時のプログラム容量0.7％）

```
'relay.pb
'
'100Vリレー for PIC-BASIC
'
'by 松原拓也

re = 0       'ポートEをLow
tris_re=0    'ポートEを出力に

While 1
    re=0          'リレー＆LEDオフ
    Sleep 10000   '10秒ウエイト

    re=&b11       'リレー＆LEDオン
    Sleep 10000   '10秒ウエイト
Wend
```

【応用製作例】

リレーをON／OFFするタイミングを変えると、さまざまなことに利用可能です。

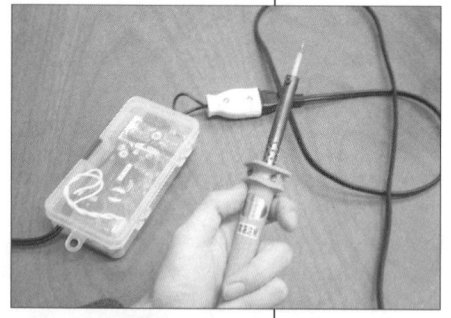

▲応用例その1「ハンダこての温めすぎ防止プログラム」です。4秒ONしてから1秒OFFを繰り返します。便利ですが、リレーの音がうるさいのが難点です。

ハンダこて温め過ぎ防止プログラムリスト

```
'relay_o1.pb
'
'100Vリレー for PIC-BASIC
'
'by 松原拓也

re = 0       'ポートEをLow
tris_re=0    'ポートEを出力に

While 1
    re=&b11       'リレー＆LEDオン
    Sleep 4000    '4秒ウエイト

    re=0          'リレー＆LEDオフ
    Sleep 1000    '1秒ウエイト
Wend
```

5-9 電源コンセントタイマを作る～AC100Vのリレー制御

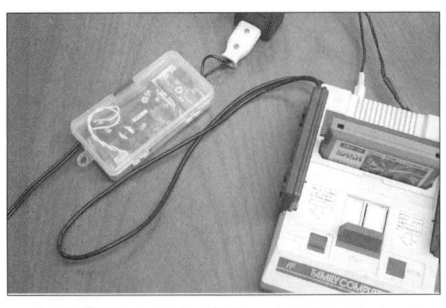

▲応用例その2「電源のつけ忘れ防止プログラム」です。プログラム実行と同時に電源がONになり、1時間後にOFFになります。いきなり電源を切られて困らないように、ラスト10分前になるとLEDが点滅します。プログラム内のビットを反転させると、1時間後に電源をONにさせる機能に入れ替わります。

（注意）テープレコーダなど駆動部分をもった製品は故障の原因になりますので、絶対に接続しないでください。また今回使用したリレーでは60Wくらいまでが限界ですので、ドライヤなど大量に電流を消費するような製品も避けてください。

電源のつけ忘れ防止プログラムリスト

```
'relay_o2.pb
'
'100Vリレー for PIC-BASIC
'
'by 松原拓也

Dim i As Long

re=&b11        'リレー＆LEDオン
tris_re=0      'ポートEを出力に

For i=1 To 3600 '60*60秒=1時間
    Sleep 1000    '1秒ウエイト

    '10分前になったらLED点滅！
    If (i>=3000) Then re = re ^ 1
Next

re=0           'リレー＆LEDオフ
While 1        '無限ループ
Wend
```

交流・直流

電気の流れには交流（AC=Alternating Current）と直流（DC=Direct Current）の2種類があります。交流は電圧が規則的に変化する方式で、グラフにすると波状になります。直流は一定の電圧が保たれる方式です。家庭用の電源コンセントは交流100Vです。

電圧の変化する周期は日本列島の静岡県や新潟県を境にして東側が50Hz、西側が60Hzです。

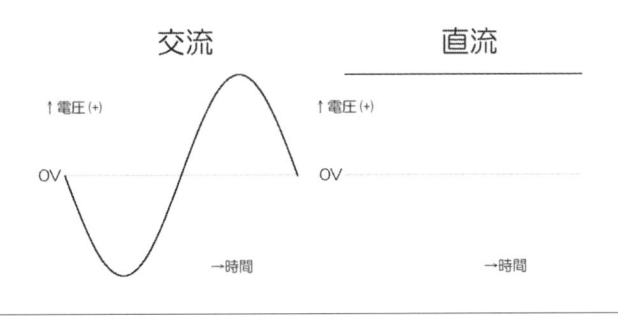

5-10 カメラを接続してみる
～ feel H"用イメージキャプチャユニット Treva との接続

　PIC-BASICの開発ソフトをインストールすると、"C:¥Program Files¥PIC-BASIC¥Samples¥Contrib"フォルダ内に、"treva.pb"というファイルができます。これはデジタルカメラユニット(feel H"用イメージキャプチャユニット)「Treva」を制御するという(無保証の)サンプルプログラムです。

　このプログラムを使うと、カメラからの画像データをマイコン内に取り込むことができるようになります。

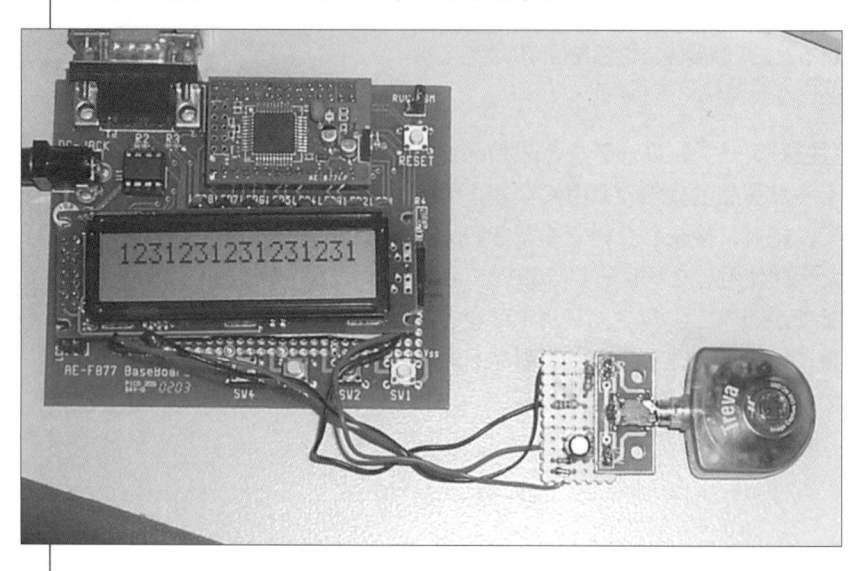

▲ Treva

【材料】 総製作費約 4,000 円(税込) ※マイコン代を除く

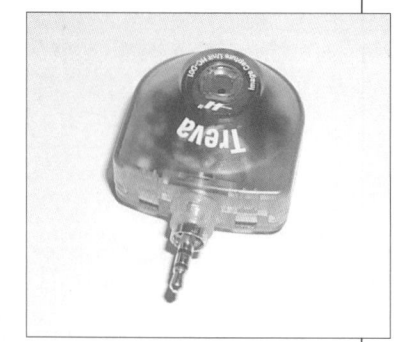

- 「Treva(トレバ)」
　DDIポケット(現・WILLCOM)が2000年末に発表したfeel H"端末用の小型カメラです(開発は京セラ)。実売価格約3,800円。現在は新品がほとんど流通していませんので、入手が難しいです。中古品から探すのが得策かもしれません。
- 抵抗1.1kΩ×2本。実売価格1本5円。
- 抵抗5.1kΩ。実売価格1本5円。
- 電解コンデンサ。実売価格1本20円。
- スイッチングダイオード×2個。実売価格1本10円。
- ユニバーサル基板。実売価格70円。
- Treva専用ジャック(コネクタ)。実売価格不明。

※この他に、シリアルポートを搭載したPIC-BASIC対応マイコンが必要です。製作例では、ベースボードを使用しています。

【回路図】

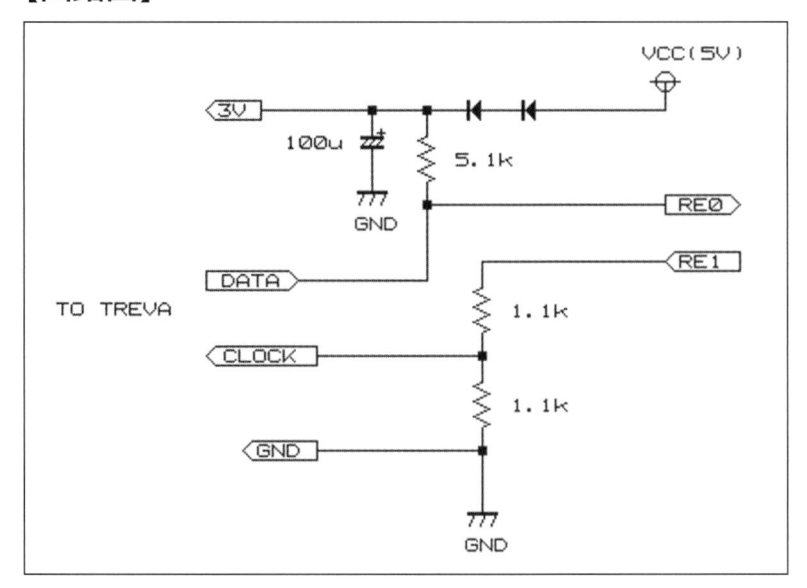

【動作原理】

　Trevaの端子は、Vcc、GND、CLOCK、DATAの四つです。CLOCKは外部からTrevaに向かって送るクロック信号です。クロックの立下り時に、データ信号であるDATAが確定します。DATAの論理はHighがビットの「1」、上位ビットから受信して8ビットで1バイト分です。Treva側のVccは約3Vです。

　Trevaから送られる画像データは、RGB(赤緑青)ではなくYUVという形式です。Y(輝度)情報、U(輝度と青色との差)情報、V(輝度と赤色との差)情報がそれぞれ1バイトずつなので、1ピクセルあたり3バイトのはずですが、ピクセルの偶数個目にはU情報がなく、奇数個目にはV情報がないという、変則的なデータ形式です。

　このため、1画面あたりのデータ数は(96ピクセル×72ピクセル×2バイト=)13,824バイトになります。今回、画像の解読はデータを受信したパソコン側で行っています。

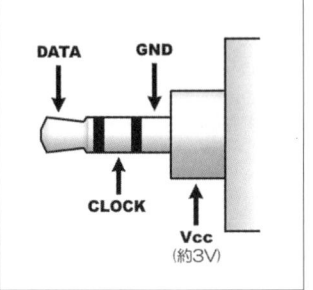

▲Trevaのジャック(コネクタ)のピン配置です。

▼完成です。製作例では成松宏さんの製作した「Trevaベース基板」を接続に使用しています。

【作り方】

　Treva用のジャックは、接点が四つある特殊な形状をしています。これに合う製品を探すのが難しい場合は、分解して線を取り出す必要があります。

　Trevaの動作電圧が約3Vに対して、ベースボード側の電圧は約5Vですので、製作例ではスイッチングダイオードで強引に電圧を落としています。もし、回路の安

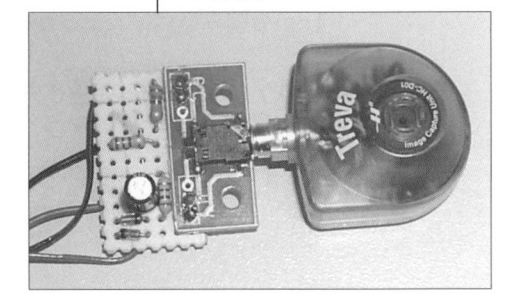

全性を重視する場合は、「TA48033S（実売価格100円）」などで、3.3.Vの電圧を作るといいでしょう。なお、CLOCK端子は抵抗を使って分圧しています。DATA端子はプルアップしています。

【動かし方】

ベースボードから送信された画像データをパソコン側で受信します。画像データの受信プログラムは「HSP（Hot Soup Processor）」で作成しました。HSPは「Hot Soup Processorオフィシャルホームページ（http://www.onionsoft.net/hsp/）」などから無償で入手できます。対応OSはWindows9x/NT/2000/XPです。作成した受信プログラムの名前は"get_treva.as"です。

操作手順は、"treva.pb"を書き込んだベースボード側の電源を入れ、Trevaのレンズ向きを調整します。それから、パソコン側で"get_treva.as"を実行します。しばらく待つと画像が表示されます。

マイコンからのCLOCKの送信速度が少々遅いのが難点です。画像が更新されるまでに最短でも1分くらいかかってしまいます。デジタルカメラとして使うにはムリがありそうですが、ライブカメラや防犯カメラのような用途には、使えるかもしれません。

▶"get_treva.as"の実行結果です。しばらく待つと、カメラの画像が表示されました。

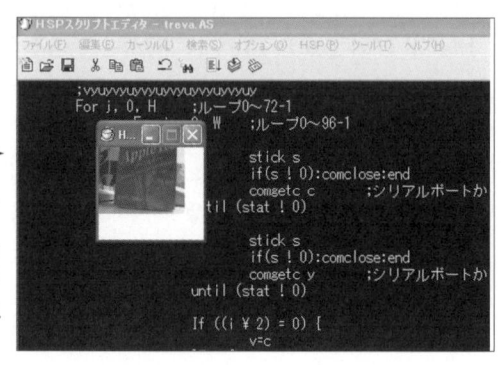

Treva読み込み用プログラムリスト（treva.pb…PIC-BASIC開発ソフトのサンプルプログラム）
（デバッグ実行時のプログラム容量5.5%／最終書き込み時のプログラム容量5.9%）

```
'
'     Treva読み込み
'
'     このプログラム無保証です。
```

5-10 カメラを接続してみる～feel H"用イメージキャプチャユニットTrevaとの接続

```
Dim a As Byte
Dim dat As Byte
Dim i As Word, k As Word
Dim d As Byte

    tris_re = &B00000101     ' re.bit1は出力(CLK),re.bit0は入力(DAT)
'   バッファクリア
    Initlcd
main:
    Serclear
    Do
        a=255
        Serin pb38400,1000,a
    Until a=255                    ' 何か受信するまでまつ
    Putlcd 1
'   100bit連続して'1'が来るのを待つ

    i = 0
    While i<100
        Low re.Bit1
        If re.Bit0=1 Then i=i+1 Else i=0
        High re.Bit1
    Wend
    Putlcd 2

'   連続65bit分の'0'を検出
    i = 0
    While i<65
        Low re.Bit1
        If re.Bit0=0 Then i=i+1 Else i=0
        High re.Bit1
    Wend
    Putlcd 3

'   続く2Byte分のデータは無視
    For i=1 To 2*8
        Low re.Bit1
        High re.Bit1
    Next


'   ここから画像データ取得開始 */
    For k = 1 To 96*72*2
```

```
            d = 0
            For i=1 To 8
                Low re.Bit1
                d = (d<<1) | re.Bit0
                High re.Bit1
            Next
            Serout pb38400,chr$(d)
    Next
    Goto main
```

treva.pb 用画像データ受信プログラムリスト(HSP 用)

```
;get_treva.as
;
;pic-basic sample "treva.pb"用 画像データ受信 for HSP

#include "hspext.as"

W = 96   ;画像Width
H = 72   ;画像Height

;シリアルポートを初期化
comopen 1,"baud=38400 parity=N data=8 stop=1"    ;←使用するボーレートに合
わせてください

if stat : dialog "シリアルポートは使えません" : end

screen 0,200,200
repeat
    gosub *get_msec:msec_s=msec
    computc 1
    redraw 0

    For j, 0, H  ;ループ0～72-1
        For i , 0, W;ループ0～96-1
            do
                stick s
                if(s ! 0):comclose:end
                comgetc c    ;シリアルポートから1バイト受信
            until (stat ! 0)
```

```
                do
                    stick s
                    if(s ! 0):comclose:end
                    comgetc y     ;シリアルポートから1バイト受信
                until (stat ! 0)

                If ((i ¥ 2) = 0) {
                    v=c
                }Else{
                    u=c
                }
                tmpv = v-128
                tmpu = u-128
                r = tmpu + y
                g = ((980 * y) - (530 * tmpu) - (190 * tmpv)) / 1000
                b = tmpv + y
                If (r > 255) : r = 255 : else : If (r < 0) : r = 0
                If (g > 255) : g = 255 : else : If (g < 0) : g = 0
                If (b > 255) : b = 255 : else : If (b < 0) : b = 0

                color r, g, b
                pset i, j
            Next
        Next
        redraw 1

        gosub *get_msec

        color 255,255,255
        boxf 0,100,200,120
        color 0,0,0
        pos 0,100
        print (msec - msec_s)    ;画像取得にかかった時間[ms]
loop

;------------------------------現在時刻の取得
*get_msec
    gettime hour,4   ;時
    gettime min,5    ;分
    gettime sec,6    ;秒
    gettime msec,7   ;ミリ秒
    msec=msec+(hour*3600000)+(min*60000)+(sec*1000)  ;ミリ秒に換算
    return
```

【撮影時間を短縮してみる】

撮影時間を短くするために、プログラムを工夫してみました。CLOCK信号を発生させるFOR〜NEXT文を消して、代わりに同じ動作を8回ほど繰り返しました。また、通信速度を38,400bpsから115,200bpsに引き上げました。これらによって、1分ほどかかっていた撮影時間が最速で約35秒に短縮されました。

Treva読み込み高速化プログラムリスト

```
'treva115k.pb
'
'    Treva読み込み(ボーレートと処理を高速化)
'
'    このプログラム無保証です。


Dim a As Byte
Dim dat As Byte
Dim i As Word, k As Word
Dim d As Byte

    tris_re = &B00000101      ' re.bit1は出力(CLK),re.bit0は入力(DAT)
'   バッファクリア
    Initlcd
main:
    Serclear
    Do
        a=255
        Serin pb115200,1000,a
    Until a=255               ' 何か受信するまでまつ
    Putlcd 1
'   100bit連続して'1'が来るのを待つ

    i = 0
    While i<100
        Low re.Bit1
        If re.Bit0=1 Then i=i+1 Else i=0
        High re.Bit1
    Wend
    Putlcd 2

'   連続65bit分の'0'を検出
```

```
        i = 0
        While i<65
            Low re.Bit1
            If re.Bit0=0 Then i=i+1 Else i=0
            High re.Bit1
        Wend
        Putlcd 3

'       続く2Byte分のデータは無視
        For i=1 To 2*8
            Low re.Bit1
            High re.Bit1
        Next


'       ここから画像データ取得開始 */
        For k = 1 To 96*72*2
            d = 0
            Low re.Bit1
            d = (d<<1) | re.Bit0
            High re.Bit1
            Low re.Bit1
            d = (d<<1) | re.Bit0
            High re.Bit1
            Low re.Bit1
            d = (d<<1) | re.Bit0
            High re.Bit1
            Low re.Bit1
            d = (d<<1) | re.Bit0
            High re.Bit1
            Low re.Bit1
            d = (d<<1) | re.Bit0
            High re.Bit1
            Low re.Bit1
            d = (d<<1) | re.Bit0
            High re.Bit1
            Low re.Bit1
            d = (d<<1) | re.Bit0
            High re.Bit1
            Low re.Bit1
            d = (d<<1) | re.Bit0
            High re.Bit1
            Serout pb115200,chr$(d)
        Next
        Goto main
```

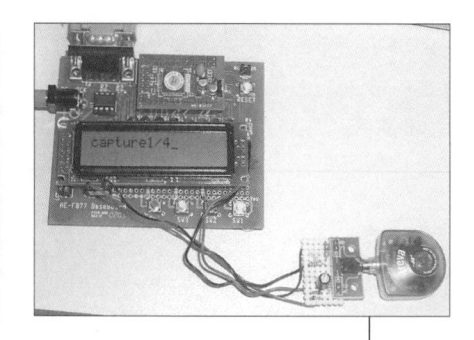

【撮影データを外部 EEPROM に】

撮影中、パソコンとは通信をせずに、画像データを外部EEPROMに格納するように改造しました。画像4枚分の撮影が終わると、パソコンとの通信モードに入ります（"get_treva.as"を共通で使えます）。外部EEPROMは記憶容量が大きいため、「24C1024」(全131,072バイト)では、最高9枚分の画像を格納できます。データの書き込み速度が遅いため、1枚あたりの撮影時間が3分以上になってしまいます。しかし、遅いのは書き込みだけで、読み込みは高速です。撮影後は1枚あたり約14秒で受信することができました。

撮影データを外部 EEPROM に書き込むプログラムリスト

```
'treva115k_eeprom.pb
'
'    Treva読み込み(撮影データを外部EEPROMに書き込み)
'
'    このプログラム無保証です。


Dim mai As Byte
Dim maimax As Byte
Dim a As Byte
Dim i As Word, k As Word
Dim d As Byte
Dim cid As Byte
Dim adr As Long

    tris_re = &B00000101       ' re.bit1は出力(CLK),re.bit0は入力(DAT)
'   バッファクリア
    Initlcd
    Serclear

    cid =&b10100000
    maimax=4                   '最大撮影枚数

    If rb.Bit0=0 Then term
main:
                '撮影モード
    adr=0
```

```
    For mai=1 To maimax

        Clearlcd
        Putlcd "capture",mai,"/",maimax

'   100bit連続して'1'が来るのを待つ
        i = 0
        While i<100
            Low re.Bit1
            If re.Bit0=1 Then i=i+1 Else i=0
            High re.Bit1
        Wend

'   連続65bit分の'0'を検出
        i = 0
        While i<65
            Low re.Bit1
            If re.Bit0=0 Then i=i+1 Else i=0
            High re.Bit1
        Wend

'   続く2Byte分のデータは無視
        For i=1 To 2*8
            Low re.Bit1
            High re.Bit1
        Next

'   ここから画像データ取得開始 */
        For k = 1 To 96*72*2
            d = 0
            Low re.Bit1
            d = (d<<1) | re.Bit0
            High re.Bit1
            Low re.Bit1
            d = (d<<1) | re.Bit0
            High re.Bit1
            Low re.Bit1
            d = (d<<1) | re.Bit0
            High re.Bit1
            Low re.Bit1
            d = (d<<1) | re.Bit0
            High re.Bit1
            Low re.Bit1
```

```
                d = (d<<1) | re.Bit0
                High re.Bit1
                Low re.Bit1
                d = (d<<1) | re.Bit0
                High re.Bit1
                Low re.Bit1
                d = (d<<1) | re.Bit0
                High re.Bit1
                Low re.Bit1
                d = (d<<1) | re.Bit0
                High re.Bit1

                I2cwrite cid, adr, chr$(d)    '外部EEPROMに書き込み
                adr=adr+1
        Next
    Next
    '撮影終了

'------------通信モード
term:
    adr = 0
    For mai=1 To maimax
        Clearlcd
        Putlcd "ready"
        Do
            a=255
            Serin pb115200,1000,a
        Until a=255                      ' 何か受信するまでまつ
        Clearlcd
        Putlcd "send",mai,"/",maimax

        For k=1 To 96*72*2
            I2cread cid ,adr, d
            Serout pb115200,chr$(d)
            adr=adr+1
        Next
    Next

    Goto term
```

※「5-10」製作記事の参考資料
籠屋 健(こもりや たける)さんのWEBサイト「AAFぱ研」
『CMOSカメラユニット「Treva」の解析』
http://www.paken.org/index.html

第6章 PIC-BASICでロボットを製作する！

年々、活発になっているロボット業界ですが、なかでも大きな注目を集めているのは、いわゆる非産業系のロボットではないでしょうか。家庭用のパーソナル・ロボットや娯楽性重視のエンターテインメント・ロボットなどさまざまです。ここでは、簡単に作れて楽しみながら学習できる、PIC-BASICによるロボットの製作例を紹介します。

6-1 ライントレース・ロボットを作る

「ライントレース・ロボット(Line Trace Robot)」とは、路面の線(ライン)を読みとって進むロボットのことです。自分で考えて動くため「自律型ロボット」とも呼ばれています。

製作例のロボットはベースボードをそのまま乗せて走るのが特徴です。

【材料】総製作費約2,100円(税込) ※マイコン代は含まず
- 東芝セミコンダクター製モータドライバIC「TA7291P」×2個。実売価格は1個189円。
  モータに電気を流すためのICです。秋葉原にあるツクモ ロボット王国で購入しました。
- 東芝セミコンダクター製フォトトランジスタ「TPS603」。実売価格50円。
  可視光に反応する受光素子です。光を受けるとコレクタ(C)からエミッタ(E)に向かって電流が流れます。外側の端子がエミッタです。
- 抵抗100kΩ×1本。実売価格5円。
- 抵抗200Ω×1本。実売価格5円。
- 半固定抵抗1MΩ×1個。実売価格20円。
- セラミックコンデンサ0.22μF×2個。実売価格20円。

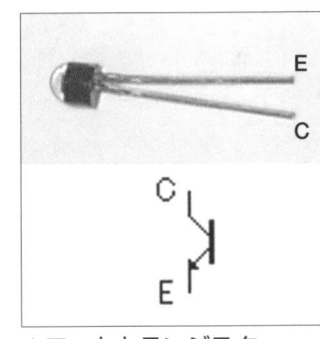

▲フォトトランジスタ

- LED×1個。実売価格20円。
- ユニバーサル基板×1枚。実売価格70円。
- 電池ボックス(単三型2本)。実売価格262円。
- タミヤ製「楽しい工作シリーズNo.98 ユニバーサルプレートセット」。実売価格315円。

　16×6cmのプラスチック板です。10本のネジとアングル材(細長い板)が付属します。

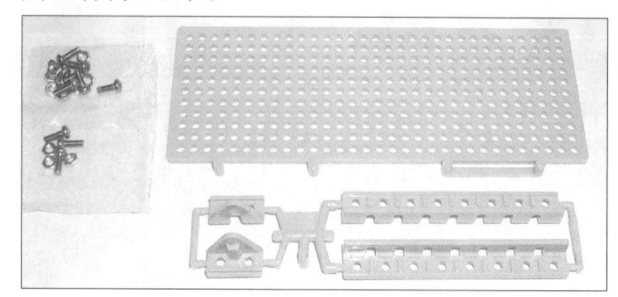

- タミヤ製「楽しい工作シリーズNo.96 オフロードタイヤセット」。実売価格262円。

　ゴムタイヤとホイールが2個入ったセットです。シャフトが1本付属します。

- タミヤ製「楽しい工作シリーズNO.97 ツインモーターギヤーボックス」。実売価格735円。

　組み立て式のギヤボックスです。モータ2個が付属します。

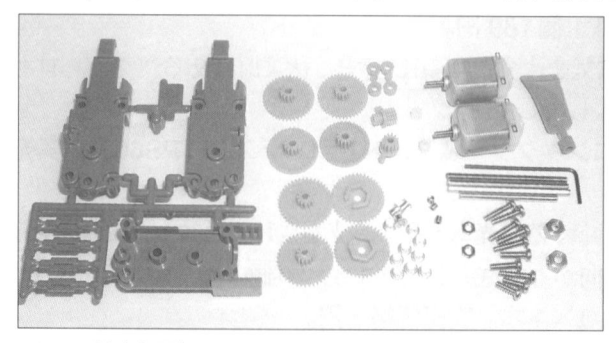

- リード線(適量)。
- ピンコネクタ(適量)。

※この他、PIC-BASIC対応マイコンが必要です。

【回路図】

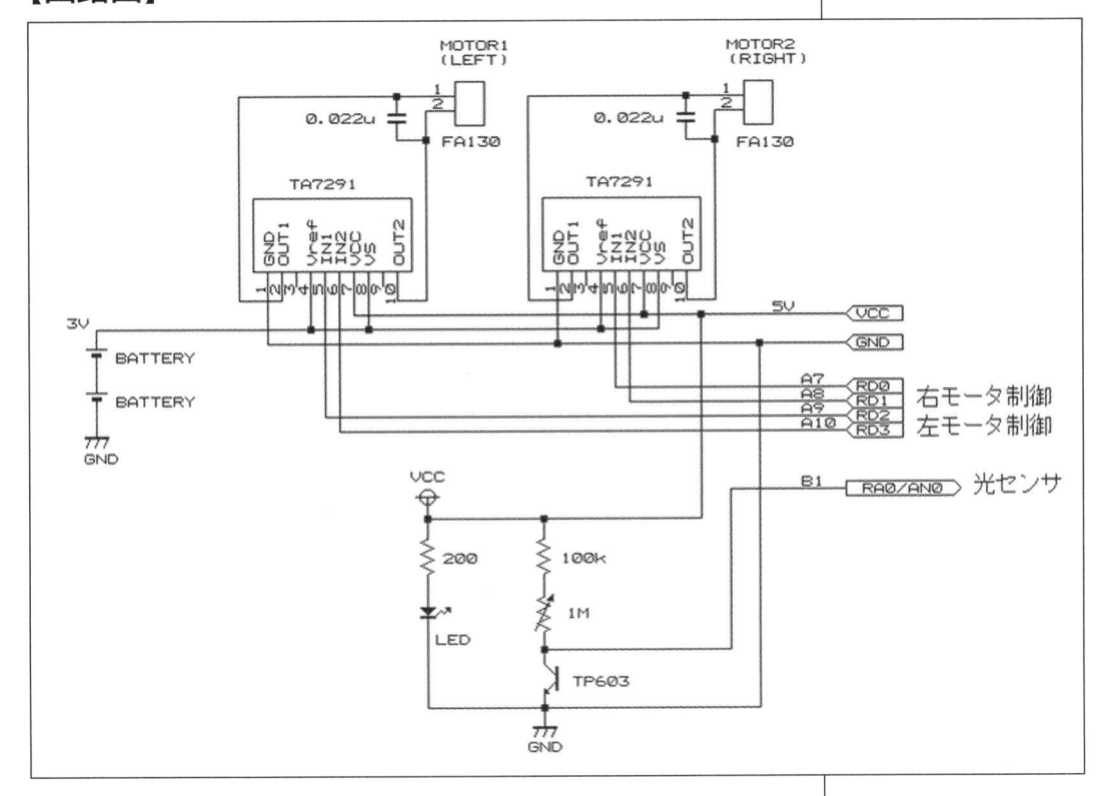

【動作原理】

　モータを動かすには、正しい電圧と電流を与える必要がありますので、まずその仕様を調べるところから始めます。製品にはモータの型番が載っていませんでしたが、外見から判断してマブチモーター製の「FA-130(-18100)」だと思われます。同社のWEBサイトによると、モータの動作電圧は1.5～3.0V、消費電流は500mA(3V動作・適正負荷時)でした。じつは、これだとマイコン用電源(9V形電池)では電流が足りません。そこで、モータ用電源(単3形電池2本直列で3V)を用意しました。

　モータに大量の電気を流すために「モータドライバ」を使います。モータドライバIC「TA7291P」のピン配置は次のとおりです。
① GND
② OUT1(モータ用出力端子1)
③ 接続しません
④ Vref(制御用電源0～20V)

◀モータドライバIC「TA7291P」。向かって左が1番ピンになります。

⑤ IN1（マイコン用入力端子1）
⑥ IN2（マイコン用入力端子2）
⑦ Vcc（マイコン用電源4.5〜20V）
⑧ VS（モータ用電源0〜20V）
⑨ 接続しません
⑩ OUT2（モータ用出力端子2）

モータドライバの端子IN1〜2に信号を入力すると、次のような4種類の動き（正転・逆転・ストップ・ブレーキ）を制御できます。

- IN1=Low、IN2=Low　→OUT1、OUT2共にハイインピーダンス（ストップ）
- IN1=High、IN2=Low　→OUT1=High、OUT2=Low（正転）
- IN1=Low、IN2=High　→OUT1=Low、OUT2=High（逆転）
- IN1=High、IN2=High　→OUT1、OUT2共にLow（ブレーキ）

「正転」「逆転」とは回転方向の表し方ですが、回路の配線や見る立場によって入れ替わります。今回は、ギヤボックスの仕様でモータの回転方向とタイヤの回転方向が左右それぞれで逆になっていましたので、両輪が正転するようにプログラムを調整しました。

路面の明るさは「フォトトランジスタ」で読み取ります。フォトトランジスタに光が当たっている場合、抵抗に電流が流れて電圧が降下します。逆に、光が当たっていない場合は電流が流れず、抵抗に電圧が発生しません。つまり、路面の明るさに対して、A/D変換の入力端子（RA0/AN0）は次のような反応をするはずです。

- 路面が明るい場合→A/Dのカウント値が下がる
- 路面が暗い場合→A/Dのカウント値が上がる

このカウント値を比較して、左右どちらかのモータだけを回すようにプログラムします。

- カウント値が低い（路面が白）→右のモータを回す（ロボットが左折）
- カウント値が高い（路面が黒）→左のモータを回す（ロボットが右折）

プログラムを実行すると、ロボットが路面の黒と白の境界をジグザグに往復して、結果として線の上を進んでいきます。

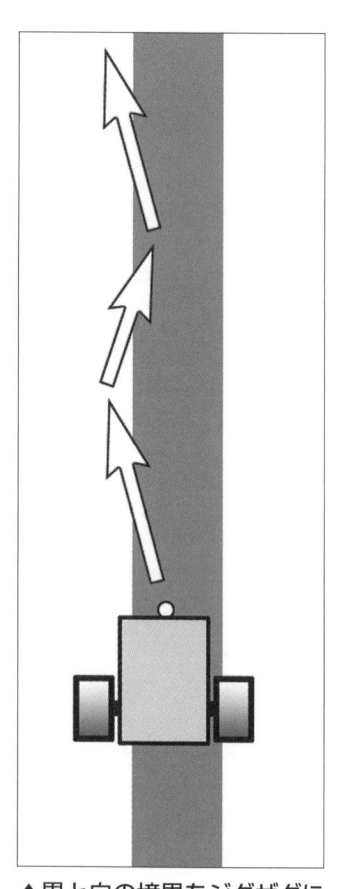

▲黒と白の境界をジグザグに進む。これがこのロボットの動作原理です。

6-1 ライントレース・ロボットを作る

【作り方】

まずは、ロボットの土台作りのポイントを紹介します。

◀ギヤボックスを組み立てます。組み立てには、ドライバとニッパとレンチが必要です。詳しい製作方法は付属の説明書を参照してください。ギヤの組み合わせは回転速度が最も遅い設定（Cタイプ）を選びました。この時点では、モータはまだ入れずにおきます。

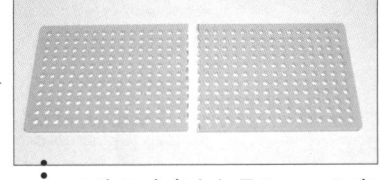

▲次に土台となるシャーシを作ります。カッタやノコギリを使ってユニバーサルプレートを二等分して、8×6cmのプレート2枚に切断します。

▶付属のネジを使って、プレートとアングル材を2階建て構造に組み合わせます。さらに、ギヤボックスを底のプレートに固定して、タイヤを取り付けます。このままではロボットが傾いてしまいますので、プレートの底に車軸受け用の部品を取り付けました。

▲付属のアングル材2本もそれぞれ二等分して計4本にします。

回路は回路図にしたがって製作してください。要点となる部分は次のとおりです。

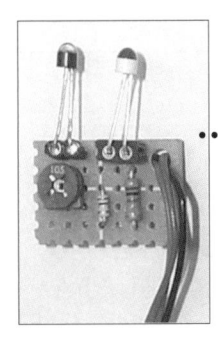

◀センサ部分は設置しやすいように別の基板にしました。半固定抵抗を回転させて、センサの感度を調整します。

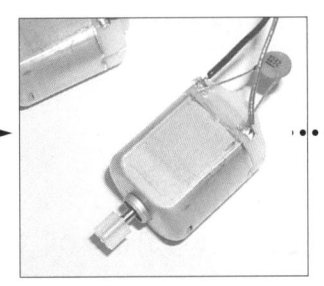

▲ノイズを吸収するためモータの電極にセラミックコンデンサをハンダ付けします。

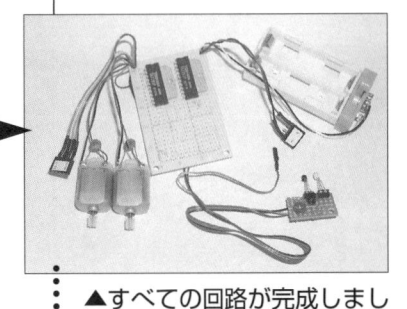

▲すべての回路が完成しました。モータドライバICは邪魔にならないように足を90度に曲げて取り付けました。ベースボードと製作した基板は取り外ししやすいように、接続部分をピンコネクタ/ピンヘッダにしました。

▲最後にプログラムを書き込んで、ライントレース・ロボットの完成です。

▶基板と電池をロボットの土台に取り付けます。ベースボードには固定できる手ごろな穴がありませんので、クラフトテープで固定しました。9V形電池と単3形電池は輪ゴムで固定しました。

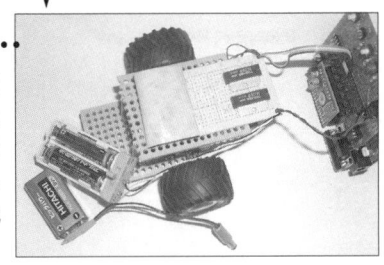

205

▲白い路面にいると、カウント値が下がり……

▲……黒い路面にいると、カウント値が上がる。

▲スイッチSW1を押すと、ロボットが線の上を走り出す！

【動かし方】

　白い床に黒い線の書かれたコースを用意してください(黒地に白線でもかまいません)。線の太さは1〜2cmが適当だと思います。

　それから、ロボットを走らせたいコースに置きます。マイコン用の電源を入れると、LCDに光センサのカウント値が表示されます。半固定抵抗を回転させてセンサの値を調節してください。値の目安は黒い路面で512カウント以上、白い路面で512カウントより小さい値です。外乱光の影響を防ぐため、センサを路面に近付けたり、センサ周辺を黒い紙で覆うのも効果的です。

　次にモータ用電源をオンにして、ベースボード上のスイッチSW1を押すと、ロボットが走り出します。自分の作ったロボットが動くさまは感動的です。

　もし、ロボットが動かない場合、次の点を確認してみてください。
- プログラムがきちんと動作しているか。
- 回路の接続をミスしていないか。
- 電池が切れていないか。
- ギヤになにか挟まっていないか。

モータ

　モータ(Motor)には、直流の電気で動かす「DCモータ」や、パルス信号で動かす「ステッピングモータ」があります。力強く動かしたい場合にはDCモータ、正確に動かしたい場合にはステッピングモータの方が優れています。製作例に登場したFA-130はDCモータです。

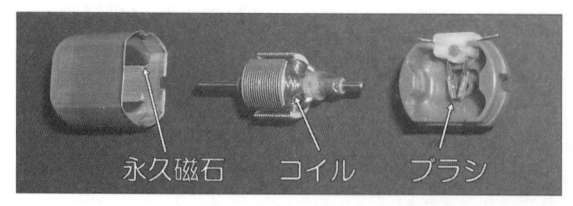

永久磁石　コイル　ブラシ

　DCモータは、「永久磁石」「コイル」「ブラシ」という部品で構成されています。コイルに電気が流れると、電磁石となって永久磁石と反発・吸引します。これが、モータの回転する原理です。ブラシは電磁石の極性を反転させるためのものです。ブラシが内蔵されていない「ブラシレスDCモータ」というモータも存在します。

【赤外線用LEDに変換】

製作例のLEDとフォトトランジスタをそれぞれ赤外線用に交換すると、障害物に検出することができます。このとき、センサは床ではなく前方に向けます。プログラム次第で障害物を避けるロボットも作れます。機会があったら、挑戦してみましょう。

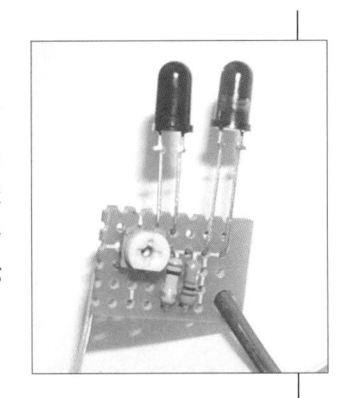

◀赤外線LED「TLN110」。実売価格50円(税別)。アノードからカソードに電流を流すと赤外線の光を放ちます。赤外線は肉眼では見えません。足の長い方がアノードです。

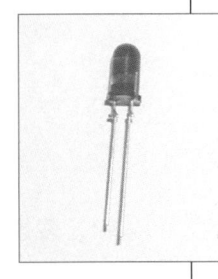

◀赤外線フォトトランジスタ「TPS611」。実売価格80円(税別)。赤外線の光を受け取るとコレクタからエミッタに向かって電流が流れます。足の長い方がエミッタです。

マイコンカーラリーの出場ロボット

毎年、述べ3500人もの選手が参加する「ジャパン・マイコンカーラリー」では、ライントレース・ロボット車による競技が行われています。出場するロボットには精度を高めるための数多くの「工夫」が盛り込まれています。

▶たとえば、「マイコンカー製作キット」は8個の赤外線用フォトICで路面からの情報を読み取ります。

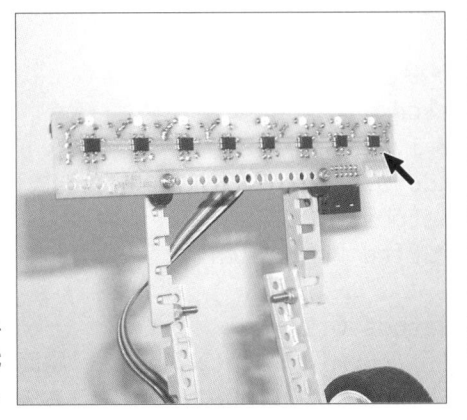

ライントレース・ロボットのプログラムリスト
(デバッグ実行時のプログラム容量3.1%／最終書き込み時のプログラム容量2.8%)

```
'linetrace.pb
'
'ライントレースロボット
'    ロボットが黒い線の上を追従して走ります。
'
'by 松原拓也
```

```
Dim cnt As Word
Dim cntmid As Word

Initlcd
Clearlcd

rd=0                '左右モータ停止
TRIS_RD=0           'ポートDを出力に

cntmid = 512        '白/黒のしきい値（0～1023)

Setpos 0,1
Putlcd "press sw.1"

'sw1が押されるまで待ちます
While (rb.Bit0 = 1)
    Adc 0,0,cnt  '変換チャンネル0，変換モード0，変数
    Setpos 0,0
    Putlcd "ch0=",cnt,"   "
Wend

'sw1が押されたらスタート
Clearlcd
While 1
    Adc 0,0,cnt  '変換チャンネル0，変換モード0，変数
    Setpos 0,0
    Putlcd "ch0=",cnt,"   "

    Setpos 0,1
    If (cntmid > cnt) Then    '路面が白い場合、
        rd=&b11110001         '右モータ正転(左折)
        Putlcd "left "
        Sleep 50
    Else                      '路面が黒い場合、
        rd=&b11111000         '左モータ正転(右折)
        Putlcd "right"
        Sleep 50
    Endif
Wend
```

6-2 障害物を避けるロボットを作る ～赤外線近接センサの製作

　センサを使って自動的に障害物を見つけ、それを避けて進むロボットです。センサには赤外線を使い、非接触に物体を検出できるので「赤外線近接センサ」と呼びます。ロボット本体は、「第6章6-1」で製作した「ライントレース・ロボット」がベースとなっています。ロボットのシャーシやモータドライブ基板などを製作する場合には、「第6章6-1」を参照してください。

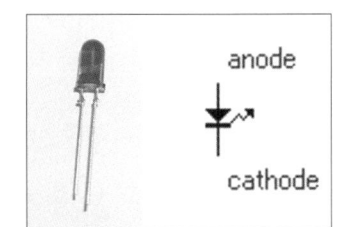

▲赤外線LED

◀赤外線フォトトランジスタ

【材料】総製作費約300円（税込）
※センサ代のみです。ロボット本体は含みません

- 赤外線LED「TLN110」×2個。実売価格50円。
　アノードからカソードに電流を流すと赤外線の光を放ちます。赤外線は肉眼では見えません。足の長い方がアノードです。
- 赤外線フォトトランジスタ「TPS611」×1個。実売価格80円。
　赤外線の光を受け取るとコレクタ(C)からエミッタ(E)に向かって電流が流れます。足の長い方がエミッタです。
- 半固定抵抗(または可変抵抗)1MΩ×1個。実売価格20円。
- 抵抗100kΩ×1本。実売価格1本5円。
- 抵抗200Ω×2本。実売価格1本5円。
- ユニバーサル基板。実売価格70円。
- ピンコネクタ、ピンヘッダ(適量)。
- リード線(適量)。

▲半固定抵抗

【回路図】

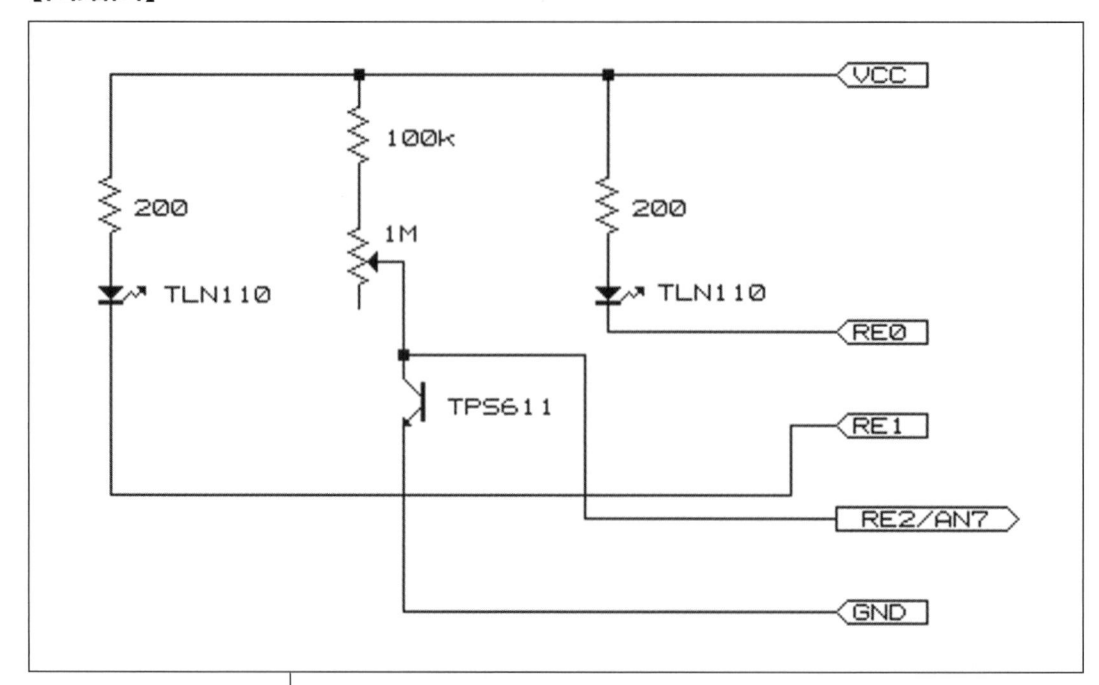

【動作原理】

　ここで紹介するセンサと「第6章6-1」ライントレース用のセンサとの違いは、赤外線仕様である点と、LEDが二つに増えている点です。赤外線を使用している理由は、室内には赤外線が少ないため測定の誤差が出にくいからです。逆に屋外（太陽光線）では多量に赤外線が降り注ぐため、利用は適していません。

　動作としては、まず赤外線LEDで前方を照らします。光は物体に反射して、赤外線用フォトトランジスタに当たります。その結果、フォトトランジスタに電流が流れ、抵抗に電圧（電位）が発生します。電圧はポートEビット2（RE2）からマイコンにA/D変換入力されます。

　二つのLEDはポートEビット0（RE0）とポートEビット1（RE1）に接続されています。LEDはプログラムによって点灯／消灯の制御ができます。点灯の手順は次のとおりです。

(1) 右のLEDだけを点灯してから、電圧を読み取る。
(2) 左のLEDだけを点灯してから、電圧を読み取る。

　この(1)〜(2)の動作はプログラム内で交互に繰り返されます。電圧はA/D変換によって0〜1023のカウント値に置き換えます。センサが障害物に近付くほどカウント値が減ります。プログラムでは512カウントをしきい値として、障害物のあり／なしを判別しています。

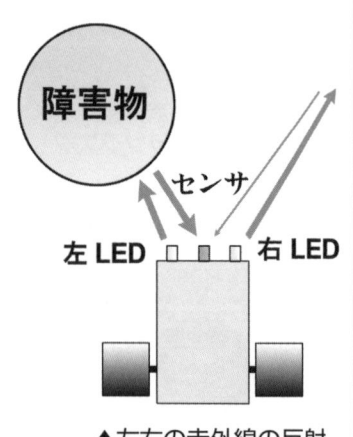

▲左右の赤外線の反射量を読み取って、障害物を検出します。

障害物を避けるためのモータの動きは次の4種類です。

- 右に障害物がある場合→左に方向転換(左モータ正転、右モータ逆転)
- 左に障害物がある場合→右に方向転換(左モータ逆転、右モータ正転)
- 左右両方に障害物がある場合→後退(左モータ逆転、右モータ逆転)
- 左右両方に障害物がない場合→前進(左モータ正転、右モータ正転)

方向、回転の向きを入れ替えると、逆に障害物へ向かっていくロボットを作ることができます。

【作り方】

ロボットは、「第6章6-1」で製作した「ライントレース・ロボット」がベースとなっていますので、ここではセンサの製作方法を紹介します。

▶センサ基板です。2個のLEDはロボットの幅に合わせて左右に配置します。フォトトランジスタは中央に配置します。接続のミスをなくすためコネクタにはシールを貼ります(もしくはキーのついたコネクタを使用します)。

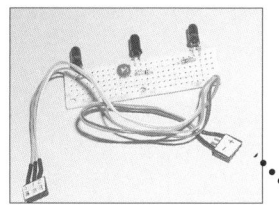

▶ロボットの前方にセンサ基板を取り付けます。

◀▲コネクタをベースボードに取り付けます。ベースボードのマイコンにプログラムを書き込むと完成です。

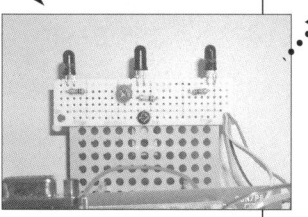

【動かし方】

▲ロボットを障害物の前に置きます。障害物は光の反射量の多そうなもの(色の白いもの)にしてください。

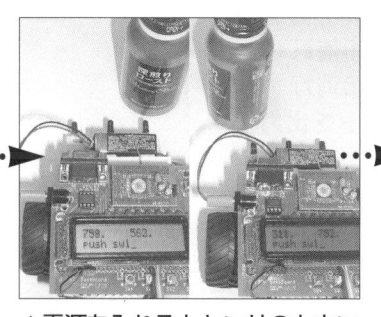

▲電源を入れるとセンサのカウント値が左右別々に表示されます。障害物を近づけることで、カウント値が減ることを確認します。カウント値が500を下回らない場合には半固定抵抗を回転させて、感度を上げてください。

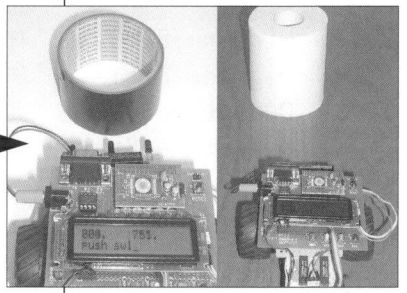

▲カウント値は、障害物の材質と色によって大きく変わります。たとえば、色が黒いと反応が少なく、逆に色が白いと敏感に反応します。

┈┈┈▶ 次ページへ

第6章 PIC-BASICでロボットを製作する！

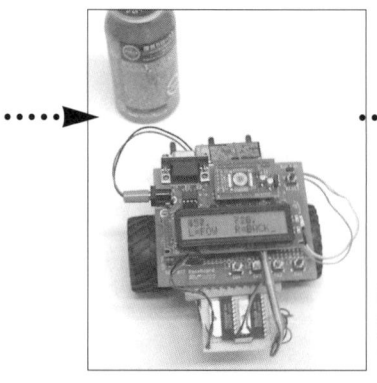

◀ベースボードのスイッチSW1を押すと、ロボットが移動し始めます。障害物を前にして、向きを変えれば成功です。

▲障害物に衝突してしまう場合には、再調整が必要です。センサの向きを外側に向けるか、プログラム内の「SLEEP 500」の値を増やしてみてください。半固定抵抗を回して、感度を上げるのも効果的です。

障害物を避けるロボットのプログラムリスト
（デバッグ実行時のプログラム容量5.4％／最終書き込み時のプログラム容量5.0％）

```
'irsensor.pb
'障害物を避けるロボット(赤外線近接センサ)
'
'by松原拓也

Dim cnt_r As Word      '右カウント値
Dim cnt_l As Word      '左カウント値
Dim cntmid As Word     'しきい値
Dim mode As Byte       '走行モード

Initlcd
Clearlcd

rd=0
TRIS_RD=0

High re.Bit0      '右LED消灯
High re.Bit1      '左LED消灯
Output re.Bit0    'ポートを出力に
Output re.Bit1    'ポートを出力に

cntmid = 512      'しきい値
mode =0

Clearlcd
While 1
    Low re.Bit0          '右LED点灯
    Adc 7,0,cnt_r        '変換チャンネル, 変換モード, 変数
    High re.Bit0         '右LED消灯
```

```
        Setpos 0,0
        Putlcd cnt_l,"."       'カウント値表示

        Low re.Bit1            '左LED点灯
        Adc 7,0,cnt_l          '変換チャンネル，変換モード，変数
        High re.Bit1           '左LED消灯
        Setpos 8,0
        Putlcd cnt_r,"."       'カウント値表示

        If (rb.Bit0 = 0) Then
            mode = mode ^ 1 'SW1が押されたら走行／停止
        Endif
        Setpos 0,1
        If (mode=0) Then
            Putlcd "push sw1        "
        Else
            Setpos 0,1
            If (cntmid > cnt_r) Then        '右に障害物がある場合、
                If (cntmid > cnt_l) Then    '左に障害物がある場合、
                    '（両方に障害物がある）
                    rd=&b11110110           '左モータ逆転 | 右モータ逆転
                    Putlcd "L=BACK  R=BACK"
                Else
                    '右に障害物
                    rd=&b11110101           '左モータ逆転 | 右モータ正転
                    Putlcd "L=BACK  R=FOW "
                    Sleep 500
                Endif
            Else
                If (cntmid > cnt_l) Then    '左に障害物がある場合、
                    '左に障害物
                    rd=&b11111010           '左モータ正転 | 右モータ逆転
                    Putlcd "L=FOW   R=BACK"
                    Sleep 500
                Else
                    '（どこにも障害物がない）
                    rd=&b11111001           '左モータ正転 | 右モータ正転
                    Putlcd "L=FOW   R=FOW "
                Endif
            Endif
        Endif
        Sleep 100
Wend
```

第6章　PIC-BASICでロボットを製作する！

6-3 レゴ・ロボットを動かしてみる ～赤外線による操作

「レゴ・マインドストーム(LEGO MINDSTORMS)」は、レゴ社が発売しているレゴ・ブロックを使ったロボット開発キットです。レゴ・マインドストームは組み立てが簡単で、なおかつパソコンを使った本格的なプログラミングができるため、ロボット競技や教育現場でも採用されています。ここでは、レゴ・マインドストームとPIC-BASICを使ったロボットを紹介します。

【材料】 総製作費 29,000 円(税込) ※マイコン代は含まず

- レゴ・マインドストーム「ROBOTICS INVENTION SYSTEM (RIS)2.0　日本語版」。実売価格 28,800 円。
  RCX(マイコン搭載ブロック)と約700個のレゴ・ブロック部品を含んだセットです。対応OSはWindows95/98/Me。秋葉原にあるツクモ　ロボット王国などで購入できます。

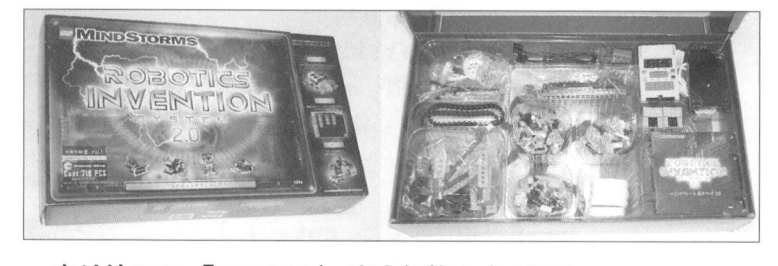

- 赤外線LED「TLN110」。実売価格1本50円。
- 抵抗200 Ω×1本。実売価格約5円。
- 抵抗4.7k Ω×3本。実売価格約5円。
- ユニバーサルプレート(適量)。2cm四方くらいの大きさでかまいません。
- スペーサ×1個。実売価格約30円。基板を固定するための部品です。
- ネジ×2個。実売価格約10円。東急ハンズなどで購入できます。
- リード線(適量)。

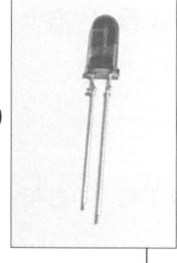

▶赤外線LED

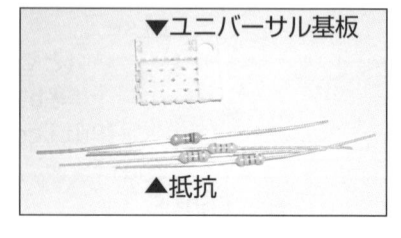

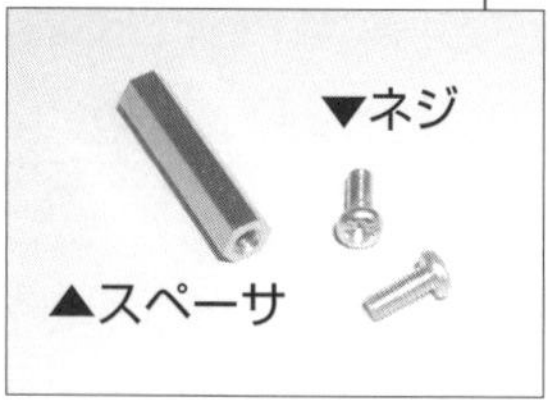

▼ネジ
▲スペーサ

▼ユニバーサル基板
▲抵抗

6-3 レゴ・ロボットを動かしてみる～赤外線による操作

【回路図】

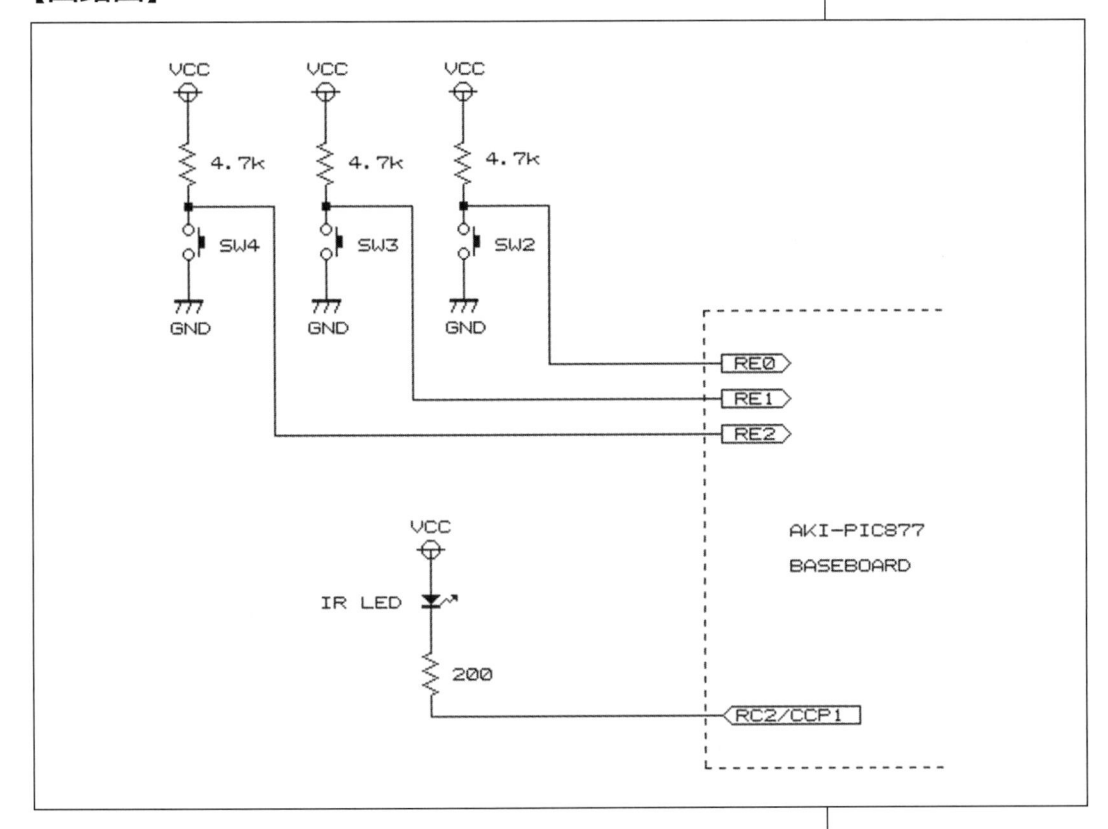

【動作原理】

「ROBOTICS INVENTION SYSTEM(RIS)」には「RCX」というマイコン搭載ブロックが付属します。このRCXにモータやセンサを接続してロボットを作成します。プログラムは赤外線通信によってRCXに書き込みます。ロボットのプログラミングはパソコンと専用のソフトウェアを使いますが、今回の製作例では、ファームウェアが最初から対応している通信コマンドを使ってロボットを操ります。

RCXとの通信には赤外線を使います。赤外線通信というと、「IrDA」という規格が有名ですが、RCXの場合は独自の方法が採用されています。通信データの構造は「RS232C」と同じです。通信速度は2400bpsです。1ビットあたりの転送時間は(1秒÷2400bps) ≒ 416.66μs です。ビット内容の「0」をスペース、「1」をマークと呼びます。RCXの場合、スペース(0)はLED点灯、マーク(1)はLED消灯に対応しています。赤外線LEDは精度を上げるため、点灯時には38kHzの周期で点滅します。この点滅を「変調(またはキャリア)」と呼びます。

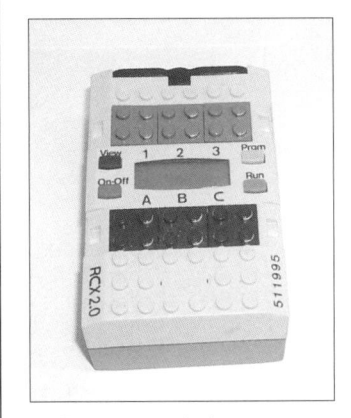

▲「RCX」と呼ばれるマイコン搭載ブロックです。単3形電池6本で動作します。入力三つと出力三つのポートを搭載しています。赤外線通信によるコントロールとプログラミングが可能です。

1バイトあたりのデータ構造は次のとおりです。

1ビット目	スタートビット。データの開始をスペース(0)で伝えます。
2〜9ビット目	データビット。全8ビットのデータです。下位のビット0から順に送信します。
10ビット目	パリティビット。奇数パリティ(Odd Parity)が採用されています。奇数パリティではデータのビット「1」の数が全部で奇数個になるように調節されます。
11ビット目	ストップビット。データの終了をマーク(1)で伝えます。
12ビット目	ウエイト。動作の安定性を考えてデータを送らずに1ビット分待ちます。

RCXはデータの送信と受信が可能ですが、今回は回路を簡単にして、RCXへのコマンド送信のみです。コマンドは一つあたり11バイトで構成されています。

+0バイト目	コマンドの定数。&h55が入ります。
+1バイト目	コマンドの定数。&hffが入ります。
+2バイト目	&hffから［+1バイト目］の値を引いた値。
+3バイト目	命令コードA。この場合は&hd2が入ります。
+4バイト目	&hffから［+3バイト目］の値を引いた値。
+5バイト目	命令コードB 上位8ビット。
+6バイト目	&hffから［+5バイト目］の値を引いた値。
+7バイト目	命令コードB 下位8ビット。
+8バイト目	&hffから［+7バイト目］の値を引いた値。
+9バイト目	サムデータです。+3バイト目、+5バイト目、+7バイト目を足した下位8ビットの値が入ります。
+10バイト目	&hffから［+9バイト目］の値を引いた値。

命令コードBは次の機能に対応しています。

&h0008	出力A 正転
&h0040	出力A 逆転
&h0010	出力B 正転
&h0080	出力B 逆転
&h0020	出力C 正転
&h1000	出力C 逆転

▼赤外線通信時の1バイトのデータ構造です。RS232Cと互換性があります。

※これらの仕様は独自に調べたものです。用語は実際に使われているものと違う場合があります。

6-3 レゴ・ロボットを動かしてみる～赤外線による操作

【作り方】
回路図のとおりに組み立ててください。

1 送信機の製作

▶LEDと抵抗をハンダ付けするだけなので、作業は簡単です。LED基板のリード線は基板の表側に取り付けます。スイッチは基板の裏側で配線しています。

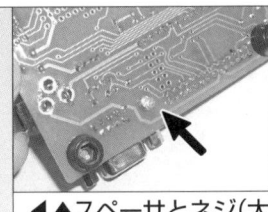

◀▲スペーサとネジ(太さ3mm)を使って、基板を取り付けます。LCDを取り付ければ送信機の完成です。

2 ロボットの製作

レゴ・ブロックを使って、ロボットを製作します。

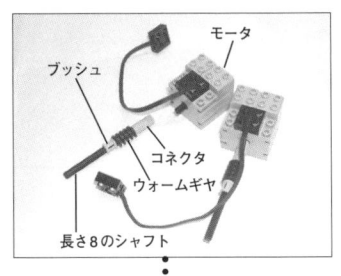

◀シャフト(長さ8)にウォームギヤとコネクタ、ブッシュを通して、コネクタでモータとつなぎます。モータには短いケーブルを取り付けます。

◀シャフトはビーム(長さ10)とタイヤに通します。ビームの底にプレート(2×8)を取り付けます。滑りやすいように、プレートの裏には球面のプレートを貼っておきます。

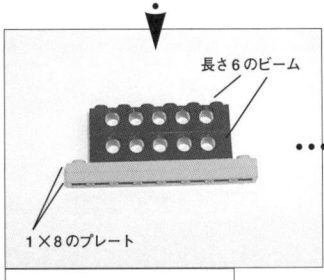

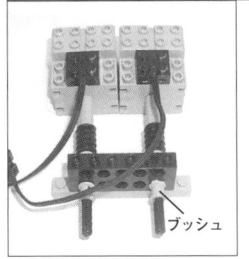

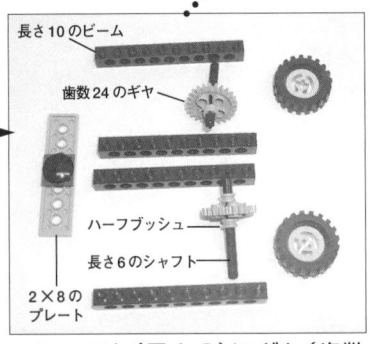

▲シャフト(長さ6)にギヤ(歯数24)とハーフブッシュ、ビーム(長さ10)を通します。

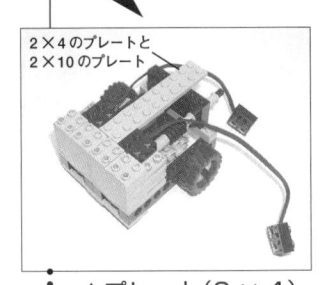

▲ビーム(長さ6)2個とプレート(1×8)2個を組み合わせます。シャフトをビームに通してからブッシュで止めます。

▶RCXにはあらかじめ電池を入れておきます(電源はまだONにしません)。RCXを乗せます。右モータを出力Cに接続、左モータを出力Aに接続します。これで、ロボットの完成です。

▲プレート(2×4)、プレート(2×10)を順に乗せます。

第6章　PIC-BASICでロボットを製作する！

【動かし方】

　ロボットが組みあがったら電源を入れ、最初に一度だけ「ファームウェア」を書き込みます。ファームウェアの書き込みにはRISの専用ソフトウェアとパソコンが必要です。

　続いてベースボードの電源を入れます。プログラムは処理速度を細かく調整していますので、デバッグ実行ではなく最終書き込みの状態で動かしてください。

　ベースボードのスイッチを押すとレゴ・ロボットが動きます。動作確認したところでは、ロボットと1mほど離れていても通信できます。

　スイッチによる動作は次のように割り振られています。

- SW1：左(A)モータが正転します。
- SW2：左(A)モータが逆転します。
- SW3：右(C)モータが正転します。
- SW4：右(C)モータが逆転します。

▲スイッチを押すと、レゴ・ロボットが動き出します。たとえば、SW1とSW3を同時に押すと、ロボットが前進します。

赤外線によるレゴ・ロボットの操作のプログラムリスト

（デバッグ実行時のプログラム容量11.6％／最終書き込み時のプログラム容量11.2％）

```
'legoctr.pb
'赤外線によるレゴ・ロボットの操作 for PIC-BASIC
'by松原拓也

Dim cmd(11) As Byte   'コマンド
Dim tmp As Byte       'テンポラリ
Dim parity As Byte    'パリティ数
Dim code As Word      'コマンド用コード
Dim nop As Byte       'ウエイト
Dim i As Byte         'テンポラリ


Input rb.Bit0    'SW1
Input re.Bit0    'SW2
Input re.Bit1    'SW3
Input re.Bit2    'SW4

    'ポートCビット2(RC2/CCP1)をLow出力に設定
High rc.Bit2
```

```
        'タイマ2 Period RegisterにPWM周期をセット
Poke &h92,130
    'PR2(アドレス&h92)
    '38kHz=26.315us周期
    '(26.315us/4)/50ns=131.575    131-1=130

    'デューティサイクル上位8ビット(10bit)
Poke &h15,(220 >> 2)
    ' CCPR1L(アドレス&h15)
    'デューティ時間=デューティサイクル*クロック周期*タイマ2のプリスケーラ
    '250cycle*50ns*1=12.5us

Poke &h12,&b100
    'T2CON(アドレス&h12)
    'Bit2  : 1=タイマ2(TMR2)オン
    'Bit1-0: 00=プリスケール1
    '        01=プリスケール4
    '        1x=プリスケール16

    'CCPのモード設定
Poke &h17,&b1100      'PWM開始
    'CCP1CON(アドレス&h17)
    'Bit5-4:デューティサイクルの下位2bit
    'Bit3-0:&b0000=disable
    '       &b11xx=PWMモード

Input rc.Bit2         'LED消灯

Initlcd               'LCD 初期化
Clearlcd
Putlcd "LEGO RCX REMOTE"

While 1
    Setpos 0,1
    If(rb.Bit0=0)Then
        Putlcd "SW1:A FOW "
        code=&h08         'Aモータ正転
        Gosub sendcmd
    Endif

    If(re.Bit0=0)Then
        Putlcd "SW2:A BACK"
        code=&h40         'Aモータ逆転
```

```
            Gosub sendcmd
        Endif

        If(re.Bit1=0)Then
            Putlcd "SW3:C FOW "
            code=&h20          'Cモータ正転
            Gosub sendcmd
        Endif

        If(re.Bit2=0)Then
            Putlcd "SW4:C BACK"
            code=&h100         'Cモータ逆転
            Gosub sendcmd
        Endif

        '(未使用のsendcmd用コードです)
        '   code=&h10          'Bモータ正転
        '   code=&h80          'Bモータ逆転

        Sleep 50
Wend
'-------------------------------------------------------------
'   RCXコマンド送信
'   (引数)code:コマンド&h0000～ffff
'-------------------------------------------------------------
sendcmd:
    cmd(0)  = &h55
    cmd(1)  = &hff
    cmd(2)  = &hff - cmd(1)
    cmd(3)  = &hd2
    cmd(4)  = &hff - cmd(3)
    cmd(5)  = code / &h100    'コマンド上位
    cmd(6)  = &hff - cmd(5)
    cmd(7)  = code Mod &h100  'コマンド下位
    cmd(8)  = &hff - cmd(7)
    cmd(9)  = cmd(3) + cmd(5) + cmd(7)
    cmd(10) = &hff - cmd(9)

    For i=0 To 10
        tmp=cmd(i)
        Gosub send1byte
    Next
    Return
```

```
'----------------------------------------------------------
'    RCX1バイト送信
'2400bps,パリティodd,データビット8,ストップビット1
'(引数)tmp：送信データ&h00〜ff
'----------------------------------------------------------
send1byte:
    '1ビット目：スタートビット
    Output rc.Bit2   'LED点灯
    parity=0
    nop=0
    nop=0
    nop=0
    nop=0
    nop=0
    nop=0
    nop=0
    nop=0

    '2〜9ビット目：データビット(8bit)
    Gosub databit
    Gosub databit
    Gosub databit
    Gosub databit
    Gosub databit
    Gosub databit
    Gosub databit
    Gosub databit

    '10ビット目：パリティビット
    If((parity & 1)=0)Then
        Input rc.Bit2     '偶数の場合、LED消灯(1)
    Else
        Output rc.Bit2    '奇数の場合、LED点灯(0)
    Endif
    nop=0
    nop=0
    nop=0
    nop=0
    nop=0
    nop=0
    nop=0

    '11ビット目：ストップビット
```

```
        Input rc.Bit2      'LED消灯
        nop=0
        nop=0
        nop=0
        nop=0
        nop=0
        nop=0
        nop=0
        nop=0

        '12ビット目：
        nop=0
        nop=0
        nop=0
        nop=0
        nop=0
        nop=0
        nop=0
        Return

databit:
        If((tmp & 1)=0)Then
            Output rc.Bit2    'LED点灯(0)
            parity=parity+0
        Else
            Input rc.Bit2     'LED消灯(1)
            parity=parity+1
        Endif
        tmp=tmp>>1
        nop=0
        nop=0
        nop=0
        Return
```

【プレステ用パッドで操作する】

「第4章4-6」で製作した回路を使って、プレイステーション用パッドでレゴ・ロボットを操作します。ラジコンカーのような感覚で、直感的にロボットを操作することができます。

　パッドのボタン（スイッチ）は次の動作に割り振られています。
- 上ボタン：前進。左(A)モータと右(C)モータが正転します。

- 下ボタン：後退。左(A)モータと右(C)モータが逆転します。
- 右ボタン：右回転。左(A)モータが正転、右(C)モータが逆転します。
- 左ボタン：左回転。左(A)モータが逆転、右(C)モータが正転します。

▶パッドの入力に合わせてレゴ・ロボットが動きます。

赤外線によるレゴ・ロボットの操作（プレステパッド版）のプログラムリスト

（デバッグ実行時のプログラム容量16.3％／最終書き込み時のプログラム容量15.9％）

```
'legoctr_ps.pb
'赤外線によるレゴ・ロボットの操作(プレステパッド版)  for PIC-BASIC
'by松原拓也

'PIC <----> PS PAD
' VCC------5:Vcc 3.6V
'          3:Vcc 7.6V
' RA.0*<---1:DAT
' RA.1---->2:CMD
' RA.2---->6:SEL
' RA.3---->7:CLK
'          9:ACK
' GND------4:GND
'   *PULL UP必要


Dim pad_buf(10) As Byte   '(PAD用)
'  +0 null
'  +1 0x41='A'ノーマルモード / 0x53=アナログモード
'  +2 null
'  +3 sw1( LEFT / DOWN / RIGHT /  UP  / START /   1  /   1 / SEL
'  +4 sw2(  □  /  ×  /  ●   /  ▲  / R1    /  L1 / R2 / L2
'  +5 右ハンドル 左/右
'  +6 右ハンドル 上/下
'  +7 左ハンドル 左/右
'  +8 左ハンドル 上/下

Dim pad_byte As Byte       '(PAD用)
Dim tx_chr As Byte         '(PAD用)送信バイト
Dim rx_chr As Byte         '(PAD用)受信バイト
Dim lastbyte As Byte       '(PAD用)残りバイト数
```

```
Dim bitmask As Byte        '(PAD用)マスク値
Dim cmd(11) As Byte        'コマンド
Dim tmp As Byte            'テンポラリ
Dim parity As Byte         'パリティ数
Dim code As Word           'コマンド用コード
Dim nop As Byte            'ウエイト
Dim i As Byte              'テンポラリ


    'ポートCビット2(RC2/CCP1)をLow出力に設定
High rc.Bit2

    'タイマ2 Period RegisterにPWM周期をセット
Poke &h92,130
    'PR2(アドレス&h92)
    '38kHz=26.315us周期
    '(26.315us/4)/50ns=131.575      131-1=130

    'デューティサイクル上位8ビット(10bit)
Poke &h15,(220 >> 2)
    ' CCPR1L(アドレス&h15)
    'デューティ時間=デューティサイクル*クロック周期*タイマ2のプリスケーラ
    '250cycle*50ns*1=12.5us

Poke &h12,&b100
    'T2CON(アドレス&h12)
    'Bit2  : 1=タイマ2(TMR2)オン
    'Bit1-0: 00=プリスケール1
    '        01=プリスケール4
    '        1x=プリスケール16

    'CCPのモード設定
Poke &h17,&b1100        'PWM開始
    'CCP1CON(アドレス&h17)
    'Bit5-4:デューティサイクルの下位2bit
    'Bit3-0:&b0000=disable
    '       &b11xx=PWMモード

Input rc.Bit2           'LED消灯

Initlcd                 'LCD 初期化
Clearlcd
Gosub pad_init          'PAD 初期化
```

```
Putlcd "LEGO RCX REMO.PS"

While 1
    Gosub pad_get    'パッド情報の取得

    Setpos 0,1
    If (pad_buf(3) & (1 << 4))=0 Then      '上
        Putlcd "UP   :A+ C+"
        code=&h08 | &h20                   'Aモータ正転 | Cモータ正転
        Gosub sendcmd
    Endif
    If (pad_buf(3) & (1 << 6))=0 Then      '下
        Putlcd "DOWN :A- C-"
        code=&h40 | &h100                  'Aモータ逆転 | Cモータ逆転
        Gosub sendcmd
    Endif
    If (pad_buf(3) & (1 << 5))=0 Then      '右
        Putlcd "RIGHT:A+ C-"
        code=&h08 | &h100                  'Aモータ正転 | Cモータ逆転
        Gosub sendcmd
    Endif
    If (pad_buf(3) & (1 << 7))=0 Then      '左
        Putlcd "LEFT :A- C+"
        code=&h40 | &h20                   'Aモータ逆転 | Cモータ正転
        Gosub sendcmd
    Endif

    Sleep 50
Wend

'----------------------------------------------------------------
'   RCX コマンド送信
'   (引数)code：コマンド&h0000～ffff
'----------------------------------------------------------------
sendcmd:
    cmd(0) = &h55
    cmd(1) = &hff
    cmd(2) = &hff - cmd(1)
    cmd(3) = &hd2
    cmd(4) = &hff - cmd(3)
    cmd(5) = code / &h100     'コマンド上位
    cmd(6) = &hff - cmd(5)
    cmd(7) = code Mod &h100   'コマンド下位
```

```
            cmd(8)  = &hff - cmd(7)
            cmd(9)  = cmd(3) + cmd(5) + cmd(7)
            cmd(10) = &hff - cmd(9)

            For i=0 To 10
                tmp=cmd(i)
                Gosub send1byte
            Next
            Return

'----------------------------------------------------------------
'    RCX 1バイト送信
'2400bps,パリティodd,データビット8,ストップビット1
'(引数)tmp：送信データ&h00～ff
'----------------------------------------------------------------
send1byte:
    '1ビット目:スタートビット
    Output rc.Bit2    'LED点灯
    parity=0
    nop=0
    nop=0
    nop=0
    nop=0
    nop=0
    nop=0
    nop=0
    nop=0

    '2～9ビット目：データビット(8bit)
    Gosub databit
    Gosub databit
    Gosub databit
    Gosub databit
    Gosub databit
    Gosub databit
    Gosub databit
    Gosub databit

    '10ビット目：パリティビット
    If((parity & 1)=0)Then
        Input rc.Bit2     '偶数の場合、LED消灯(1)
    Else
        Output rc.Bit2    '奇数の場合、LED点灯(0)
```

```
    Endif
    nop=0
    nop=0
    nop=0
    nop=0
    nop=0
    nop=0
    nop=0

    '11ビット目：ストップビット
    Input rc.Bit2    'LED消灯
    nop=0
    nop=0
    nop=0
    nop=0
    nop=0
    nop=0
    nop=0

    '12ビット目：ウエイト
    nop=0
    nop=0
    nop=0
    nop=0
    nop=0
    nop=0
    nop=0
    Return

databit:
    If((tmp & 1)=0)Then
        Output rc.Bit2    'LED点灯(0)
        parity=parity+0
    Else
        Input rc.Bit2    'LED消灯(1)
        parity=parity+1
    Endif
    tmp=tmp>>1
    nop=0
    nop=0
    nop=0
    Return
```

```
'-----------------------------------------------------------
'     パッド初期化
'-----------------------------------------------------------
pad_init:
    Input ra.Bit0
    Output ra.Bit1
    Output ra.Bit2
    Output ra.Bit3

    High ra.Bit2      'SEL=H
    High ra.Bit3      'CLK=H
    Return


'-----------------------------------------------------------
'     パッド情報の取得
'
'       +0 +1 +2 +3 +4 +5 +6 +7 +8
' CMD   01 42 00 00 00
' DAT   ff 41 5a ** **                    (通常)
' DAT   ff 53 5a ** ** ** ** ** **        (アナログ)
' DAT   ff 73 5a ** ** ** ** ** **
'-----------------------------------------------------------
pad_get:
    pad_byte=0
    Low ra.Bit2       'SEL=L

                      '1バイト送受信(送信[+0]=01h)
    tx_chr=&h01
    Gosub exc1byte    '受信データ[+0]→0xff


    tx_chr=&h42
    Gosub exc1byte    '1バイト送受信(送信[+1]="B"42h)

    If (rx_chr=0) Or (rx_chr=&hff) Then pad_end

    lastbyte = (rx_chr & &h0f)* 2
        '受信データ[+1]→応答ID"A"
        ' (上位4bit)→コントローラタイプ
        ' (下位4bit*2+1)→受信残りバイト数

                      '1バイト送受信(送信[+2]=00h)
```

```
        tx_chr=0
        Gosub exc1byte   '受信データ[+2]→Z

        While(lastbyte > 0)
            '1バイト送受信(送信[+3～]=00h)*/
            Gosub exc1byte   '受信データ1バイトを格納*/

            lastbyte = lastbyte - 1 '受信残りバイト数-1
        Wend

pad_end:
        High ra.Bit2     ' SEL=H
        Return           '正常終了


'------------------------------------------------------------
'    パッド 1バイト送受信
'------------------------------------------------------------
exc1byte:
        rx_chr = 0
        bitmask = 1

        '下位ビットから1バイト送信

        While(bitmask>0)
            'CMD(コマンド)書き込み
            If((tx_chr & bitmask) = 0) Then
                Low ra.Bit1
            Else
                High ra.Bit1
            Endif
            Low ra.Bit3      ' CLK=L
            If(ra.Bit0 = 1) Then rx_chr = rx_chr | bitmask 'DAT(データ)読み取り
            High ra.Bit3     ' CLK=H
            bitmask=bitmask << 1
        Wend

        pad_buf(pad_byte) = rx_chr
        pad_byte = pad_byte+1

        Return
```

6-4 二足歩行ロボットを動かす ～ AI Motor の制御

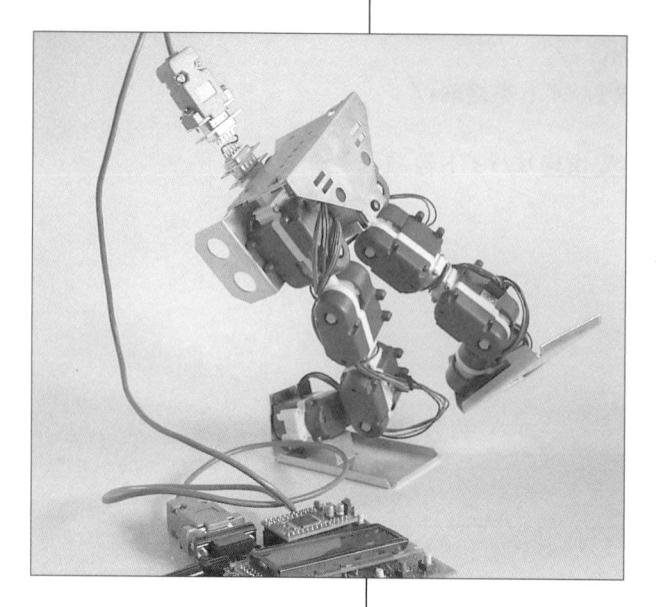

　二足歩行ロボットはその名のとおり2本の足で歩くロボットで、本田技研工業の「ASIMO」やソニーの「QRIO」などが有名です。現在、二足歩行ロボットのキットがいくつか市販されていますので、PIC-BASICを使って制御をしてみたいと思います。

【材料】総製作費6万～ 12万円(税込)
- 「(BTX020)AI Motor-601」×8個。実売価格1個6,000円。
　Megarobotics社の開発したサーボモータです。現在、この製品は生産終了しています。後継機種である「(BTX023)AI Motor-701／801」は、販売元のベストテクノロジーや秋葉原のツクモ　ロボット王国で入手可能です。「AI Motor-701／801」の通信仕様は「AI Motor-601」と共通です。Vccの動作電圧は4.5 ～ 10.5V。通信用の端子はTTLです。
- 9.6Vニッケル水素バッテリ、専用充電器。
- 「(BTX021B)AI Motor PC I/Fボード」。実売価格3,100円。
　AI Motorとパソコンをシリアル通信で接続するための基板です。自作する場合(数百円で作れます)、材料としてシリアル通信用IC「MAX232」互換品、三端子レギュレータ「LM7805」互換品、コンデンサなどが必要です。
- シャーシ。足裏と腰の金属板です。
- Dsub9ピンコネクタ(オス)×2個。実売価格1個50円。
- スペーサ×2個。実売価格1個30円。

※この他にPIC-BASIC対応マイコンが必要です。

【回路図】

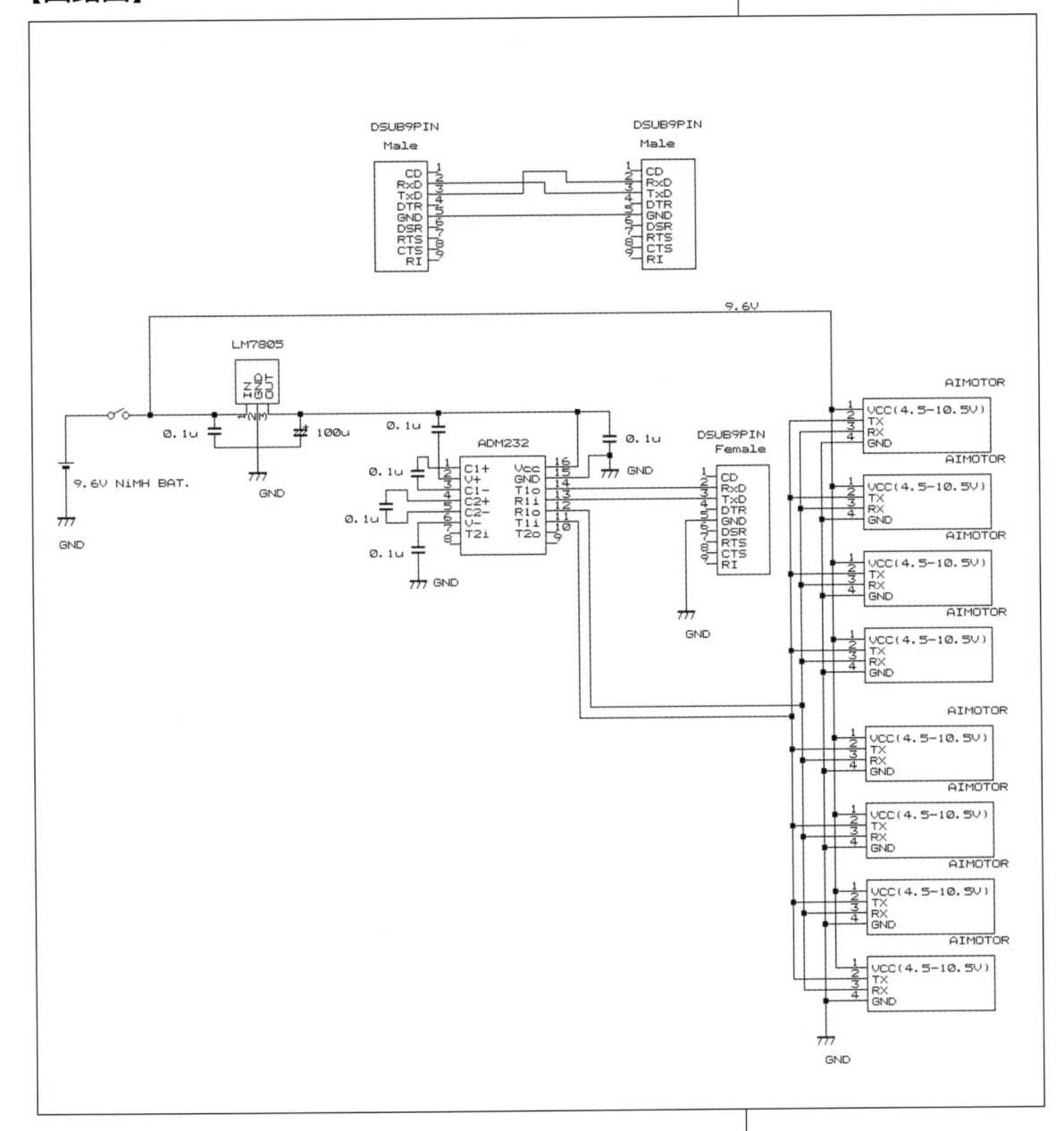

【動作原理】

　先に触れたASIMOやQRIOは「動歩行」といって、重心を足裏から離したダイナミックな歩き方を実現しています。これには、「ZMP」という重心の計算（予想）が不可欠です。今回、紹介するロボットは「静歩行」といって、重心が足裏の中に残ったままです。

　通常のサーボモータはパルス信号で出力軸を制御しますが、「AI

Motor」はシリアル通信のコマンドで制御できます。通信可能な速度は2400〜460.8kbpsで、今回は115,200bpsに設定しています。8個のモータには、順番にコマンドを送信していきます。本来、コマンド送信のあとにはレスポンス(応答)というデータを受信しないといけないのですが、プログラムの処理時間を節約するために省略しています。

　ロボットは動作と動作の間に動きが一瞬静止しますが、それ以外はなめらかに動き続けないといけません。そして、8個のモータが同じタイミングで目標の角度に到着しないと、データどおりの動きが再現できません。そこで、モータの出力軸をループ回数ごとに細かく算出する必要が出てきます。AI Motorでは出力軸の角度を「ポジション(Position)」と呼んでいます。PIC-BASICでは結果がマイナスになる計算や、少数を含んだ計算ができませんので、ある程度の工夫が必要です。プログラムでは、開始ポジションと終了ポジションをp1、p2という配列に入れて管理しています。変数smaxが移動時のループ回数です。この値を減らすと、ロボットの歩行速度は上がりますが、途中のポジションが間引かれるので動作は荒くなります。これが、動作の分解能です。

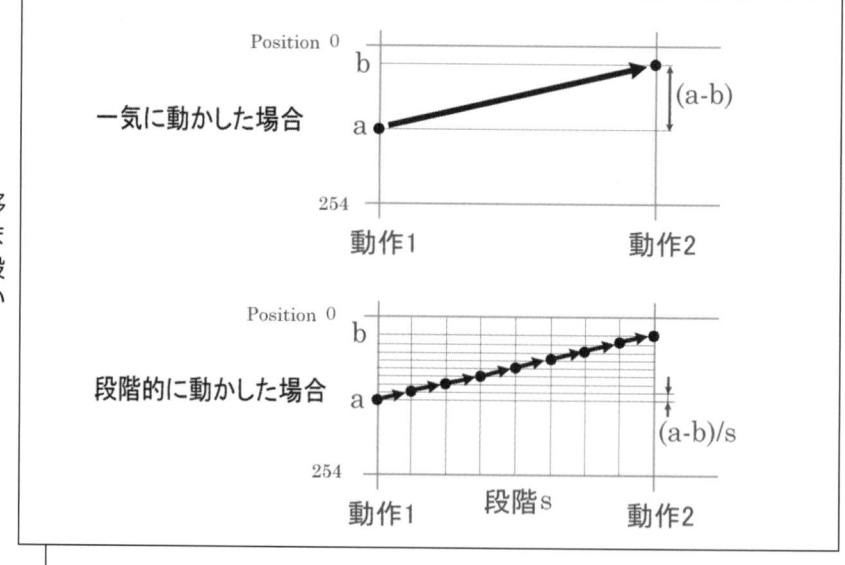

▶プログラムでは移動中のポジションまで管理するため、段階的にモータを動かしています。

【作り方】

　今回、ちょっと難しいのはパーツの入手方法です。モータだけを購入した場合は骨組みとなるシャーシを自作しなくてはいけません。もしシャーシが金属板の場合、それなりの加工技術が必要です。そのため、金型込みのセットを購入するという選択肢もあります。製作例で紹介したロボットは、ベストテクノロジーの「(BTH022)FD

6-4 二足歩行ロボットを動かす〜AI Motorの制御

Jr.8軸バージョン（PCパック）」です。2003年開催のツクモ主催「ROBO-ONE Jr.二足歩行ロボット組み立て講座」で提供されたキット（金型、AI Motor、バッテリ、充電器）をそのまま流用しています。

しかし、「FD Jr.8軸バージョン」はすでに販売を終了していますので、代わりに入手できるのは、たとえば次の製品になります。

- 10軸小型ヒューマノイドロボット「(BTH022B)FD Jr.10軸バージョン（PCパック）」（実売価格76,650円・税別）
- 17軸小型ヒューマノイドロボット「(BTH021B)FD Jr.Kit(PCパック）」（実売価格111,500円・税別）

これらの場合、足の自由度（関節）が多いので8軸に減らすか、プログラムを10軸に対応させる必要があります。どの方法にせよ、AI Motorは一つ一つが高価なので、買いそろえるのはかなり大変です。

▶パソコンと専用のソフトウェアを使って、8個のAI Motorに0〜7番のID番号を割り付けます。通信速度は「115,200bps」、モードは「LOW」に設定します。バッテリはあらかじめ充電器で充電しておきます。

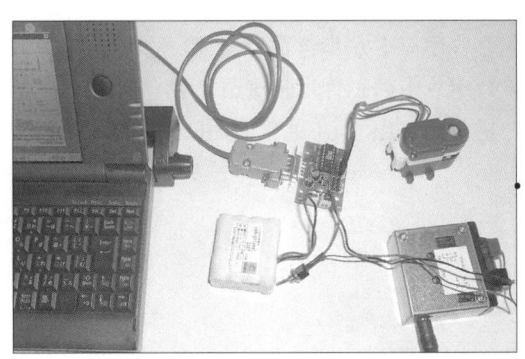

▼ロボットを組み立てます。AI Motorに付属するジョイントとネジを使って固定します。AI Motorの配置は次のとおりです。

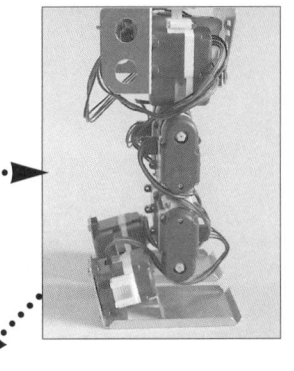

ID0 場所：右足根元／回転方向：横(左右)／初期値127	ID4 場所：左足根元／回転方向：横(左右)／初期値127
ID1 場所：右足根元／回転方向：縦(前後)／初期値127	ID5 場所：左足根元／回転方向：縦(前後)／初期値127
ID2 場所：右足足首／回転方向：縦(前後)／初期値184	ID6 場所：左足足首／回転方向：縦(前後)／初期値184
ID3 場所：右足足首／回転方向：横(左右)／初期値141	ID7 場所：左足足首／回転方向：横(左右)／初期値141

▶専用のケーブルを使って、個々のAI Motorを配線します。モータは数珠繋ぎ（デイジーチェーン方式）で1列に接続できます。1列あたりに接続できるモータは最高4個までです。

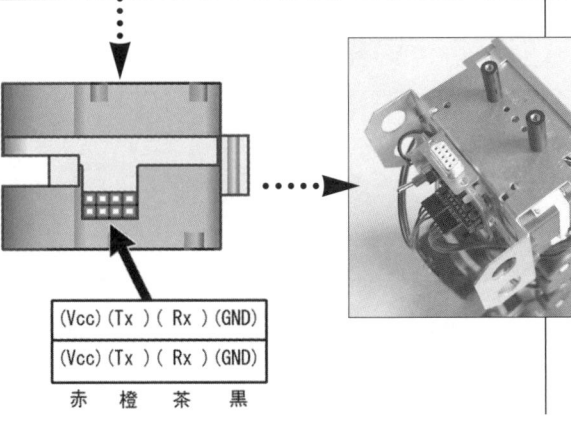

(Vcc)(Tx)(Rx)(GND)
(Vcc)(Tx)(Rx)(GND)
 赤 橙 茶 黒

次ページへ

◀ベースボードを固定させるため、スペーサを取り付けます。

233

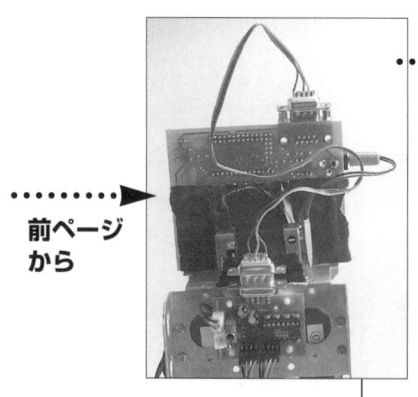

◀ベースボードに適当なネジ穴がありませんのでクラフトテープで固定します。9V形電池もテープで固定します。ベースボードとインタフェース基板をクロスケーブルで接続します。ベースボードにはあらかじめプログラムを書き込んでおきます。

前ページから

▲これで完成です。

【動かし方】

　まず、ニッケル水素バッテリ(9.6V)の電源スイッチをオンにして、それから、ベースボードの電源をオンにします。スイッチSW1を押すとロボットが歩き続けます。

　ロボットの動作は8種類です。動作は「片足を持ち上げる」「上げた足を前に出す」「足を地面に降ろす」の繰り返しになっています。

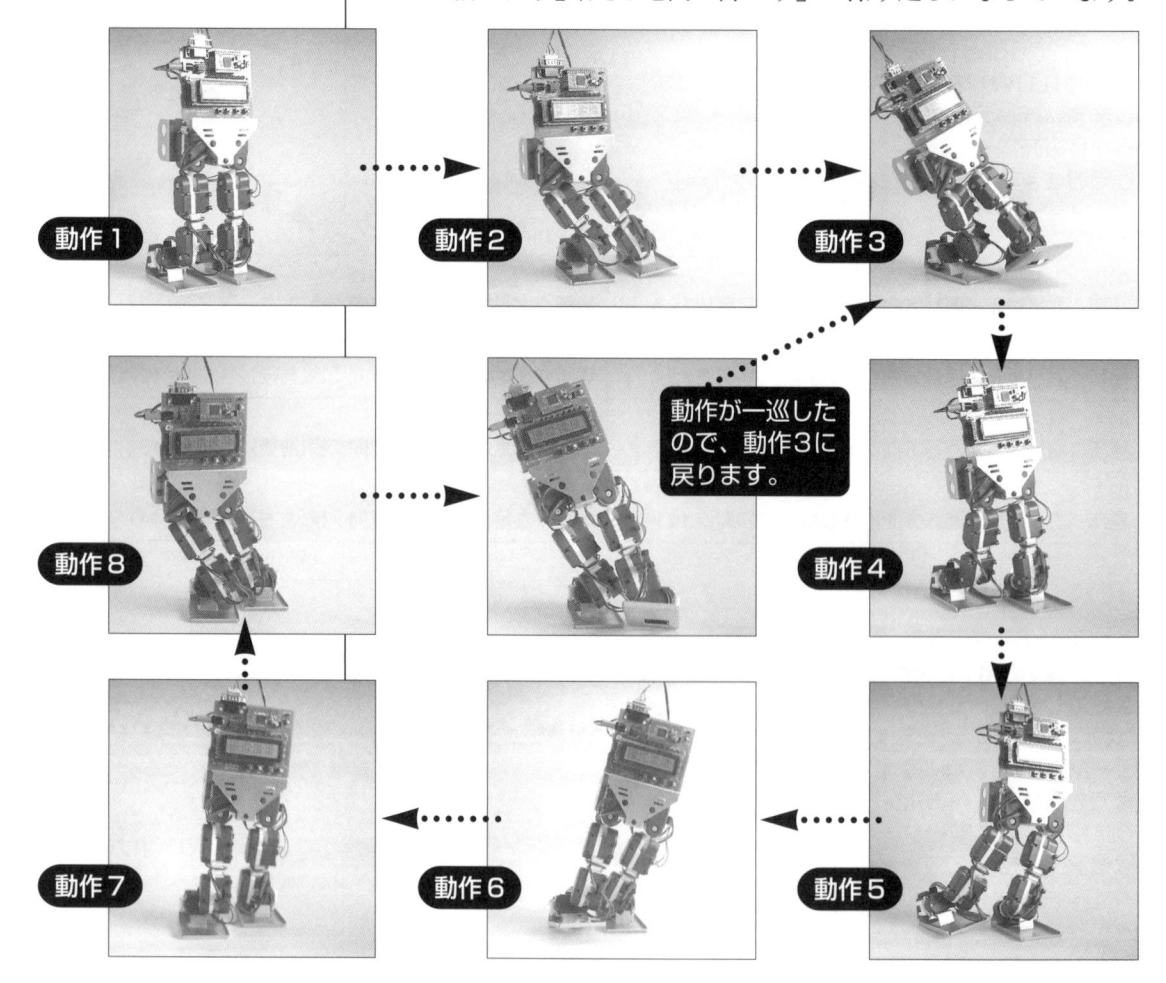

動作1 → 動作2 → 動作3

動作8 ← (動作が一巡したので、動作3に戻ります。) ← 動作4

動作7 ← 動作6 ← 動作5

8軸ロボットモーション再生のプログラムリスト
(デバッグ実行時のプログラム容量17.1%／最終書き込み時のプログラム容量16.7%)

```
'aim8walk.pb
'    AI MOTOR制御　8軸ロボットモーション再生
'
'by 松原拓也

    Dim id As Byte          'ID番号
    Dim speed As Byte       '回転スピード
    Dim pos As Byte         'ポジション
    Dim t0 As Byte          'コマンド
    Dim t1 As Byte          '
    Dim t2 As Byte          '
    Dim t3 As Byte          '
    Dim r0 As Byte          'レスポンス
    Dim r1 As Byte          '
    Dim p1(8) As Byte       '移動開始角度
    Dim p2(8) As Byte       '移動終了角度
    Dim dis(8) As Word      '移動開始～終了までの差
    Dim s As Word           '移動カウンタ
    Dim smax As Word        '移動段階数(分解能)

    Serclear                'シリアルポートの初期化
    Initlcd
    Putlcd  "AIMotor*8robot"
    Sleep 2000
    Clearlcd

    tris_rc = &hbf          'ビット6以外のポートCを入力に

    speed=1                 'モータの回転スピード
    smax=80                 '移動段階数

    '-----モーターの初期位置を設定
    p1(0)=127:p1(1)=127:p1(2)=184:p1(3)=141  '動作1
    p1(4)=127:p1(5)=127:p1(6)=184:p1(7)=141
    For id=0 To 7
        pos = p1(id)
        Gosub pos_send
    Next

    Gosub keywait       'スイッチ入力待ち
```

```
    '------歩行開始
    p2(0)= 99:p2(1)=127:p2(2)=184:p2(3)=118  '動作2
    p2(4)= 99:p2(5)=127:p2(6)=184:p2(7)=119
    Gosub moveleg
main:
    p2(0)=120:p2(1)=109:p2(2)=180:p2(3)=120  '動作3
    p2(4)=127:p2(5)=146:p2(6)=190:p2(7)=121
    Gosub moveleg

    p2(0)=126:p2(1)=107:p2(2)=170:p2(3)=141  '動作4
    p2(4)=127:p2(5)=134:p2(6)=191:p2(7)=140
    Gosub moveleg

    p2(0)=149:p2(1)=110:p2(2)=170:p2(3)=178  '動作5
    p2(4)=143:p2(5)=131:p2(6)=191:p2(7)=161
    Gosub moveleg

    p2(0)=130:p2(1)=147:p2(2)=191:p2(3)=158  '動作6
    p2(4)=130:p2(5)=122:p2(6)=181:p2(7)=161
    Gosub moveleg

    p2(0)=127:p2(1)=137:p2(2)=191:p2(3)=142  '動作7
    p2(4)=127:p2(5)=110:p2(6)=170:p2(7)=142
    Gosub moveleg

    p2(0)=102:p2(1)=140:p2(2)=188:p2(3)=119  '動作8
    p2(4)=105:p2(5)=119:p2(6)=170:p2(7)=119
    Gosub moveleg

    Goto main       '動作3に戻る


'-------------モータの同時移動
moveleg:
    For id=0 To 7
        Setpos (id Mod 4)*4,id / 4
        Putlcd p2(id),"."
        If p2(id)>p1(id) Then         '+方向
            dis(id) = p2(id)-p1(id)
        Else                          '-方向
            dis(id) = p1(id)-p2(id)
        Endif
    Next
```

```
        For s=1 To smax
            For id=0 To 7
                If p2(id)>p1(id) Then                    '+方向
                    pos = p1(id)+(s*dis(id)/smax)
                Else                                     '-方向
                    pos = p1(id)-(s*dis(id)/smax)
                Endif
                Gosub pos_send
            Next
        Next

        For id=0 To 7
            p1(id)=p2(id)
        Next

'       GOSUB keywait      '動作チェック用

        Return
'---------------スイッチ入力待ち
keywait:
        If (rb.Bit0 = 1) Then Goto keywait
        Return

'---------------AI MOTOR制御：PositionSendコマンド
'(引数)id=ID番号、speed=回転スピード、pos=ポジション
pos_send:
        If (id > 30)  Then Return    '引数エラーチェック
        If (speed > 4) Then Return
        If (pos > 254) Then  Return

        t0 = &hFF
        t1 = (speed * 32) | id
        t2 = pos
        t3 = (t1 ^ t2) & &h7F

        Serout pb115200,chr$(t0),chr$(t1),chr$(t2),chr$(t3)    'コマンド送信
'       SERIN pb115200,100,r0,r1      'レスポンス受信
        Return
```

【AI Motor 制御テストプログラム】

動作確認に便利なAI Motorのテストプログラムを紹介します。ベースボードのスイッチSW1／SW2を押すと、出力軸を好きな角度に設定できます。スイッチSW3／SW4を押すと、モータのID番号を変更できます。なお、スイッチSW2～4はプルアップして、ポートCのビット0～2に接続しておいてください。

▲ポジション=0のときの角度です。出力軸が反時計方向一杯に回転しています。

▲ポジション=127のときの角度です。出力軸がほぼ中間の位置を示しています。

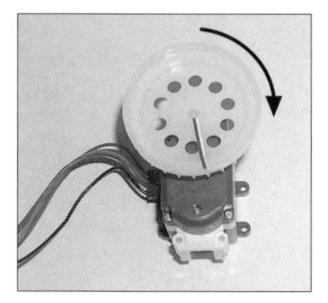

▲ポジション=254のときの角度です。出力軸が時計方向一杯に回転しています。

AI Motor 制御テストのプログラムリスト

```
'aim_test.pb
'    AI MOTOR制御テストプログラム for PIC-BASIC
'    (ベースボードのsw2～4をポートC.bit0～2に接続)
'by 松原拓也

Dim t0 As Byte     'コマンド
Dim t1 As Byte
Dim t2 As Byte
Dim t3 As Byte
Dim r0 As Byte     'レスポンス
Dim r1 As Byte
Dim id As Byte         'ID番号
Dim speed As Byte      '回転スピード
Dim pos As Byte        'ポジション

    Serclear           'シリアルポート初期化
    Initlcd
    tris_rc = &hbf    'ビット6以外のポートCを入力に
```

```
        id=0                'ID番号=0
        speed=1             '回転スピード
        pos=127             'ポジション
main:
        Clearlcd
        Setpos 0,0
        Putlcd "ID=",id
        Setpos 0,1
        Putlcd "Pos=",pos

        If (rb.Bit0=0) And (pos<254) Then      'sw1を押した場合
            pos = pos +1                        'ポジション +1
        Endif
        If (rc.Bit0=0) And (pos>0) Then        'sw2を押した場合
            pos = pos -1                        'ポジション -1
        Endif
        If (rc.Bit1=0) And (id<7) Then         'sw3を押した場合
            id = id +1                          'ID番号 +1
        Endif
        If (rc.Bit2=0) And (id>0) Then         'sw4を押した場合
            id = id -1                          'ID番号 -1
        Endif
        Gosub pos_send                          'PositionSendコマンド送信
        Goto main


'-----AI MOTOR制御：PositionSendコマンド
'(引数)id=ID番号、speed=回転スピード、pos=ポジション
pos_send:
        If id > 30   Then Return        '引数エラーチェック
        If speed >4 Then Return
        If pos > 254 Then  Return

        t0 = &hFF
        t1 = (speed * 32) | id
        t2 = pos
        t3 = (t1 ^ t2) & &h7F

        Serout pb115200,chr$(t0),chr$(t1),chr$(t2),chr$(t3)    'コマンド送信
        Serin pb115200,100,r0,r1       'レスポンス受信
        Return
```

ベースボードを使わない制御

ここでは回路図のみですが、ベースボードを使わずにPIC-BASICモジュールだけで制御する方法も紹介します。まず、TX/RX端子を直接AI Motorに接続します。さらに、ニッケル水素バッテリ(9.6V)をマイコンの電源入力に接続します。これで通信用のインタフェースボードとマイコン用電源が不要になり、コンパクトにまとまります。

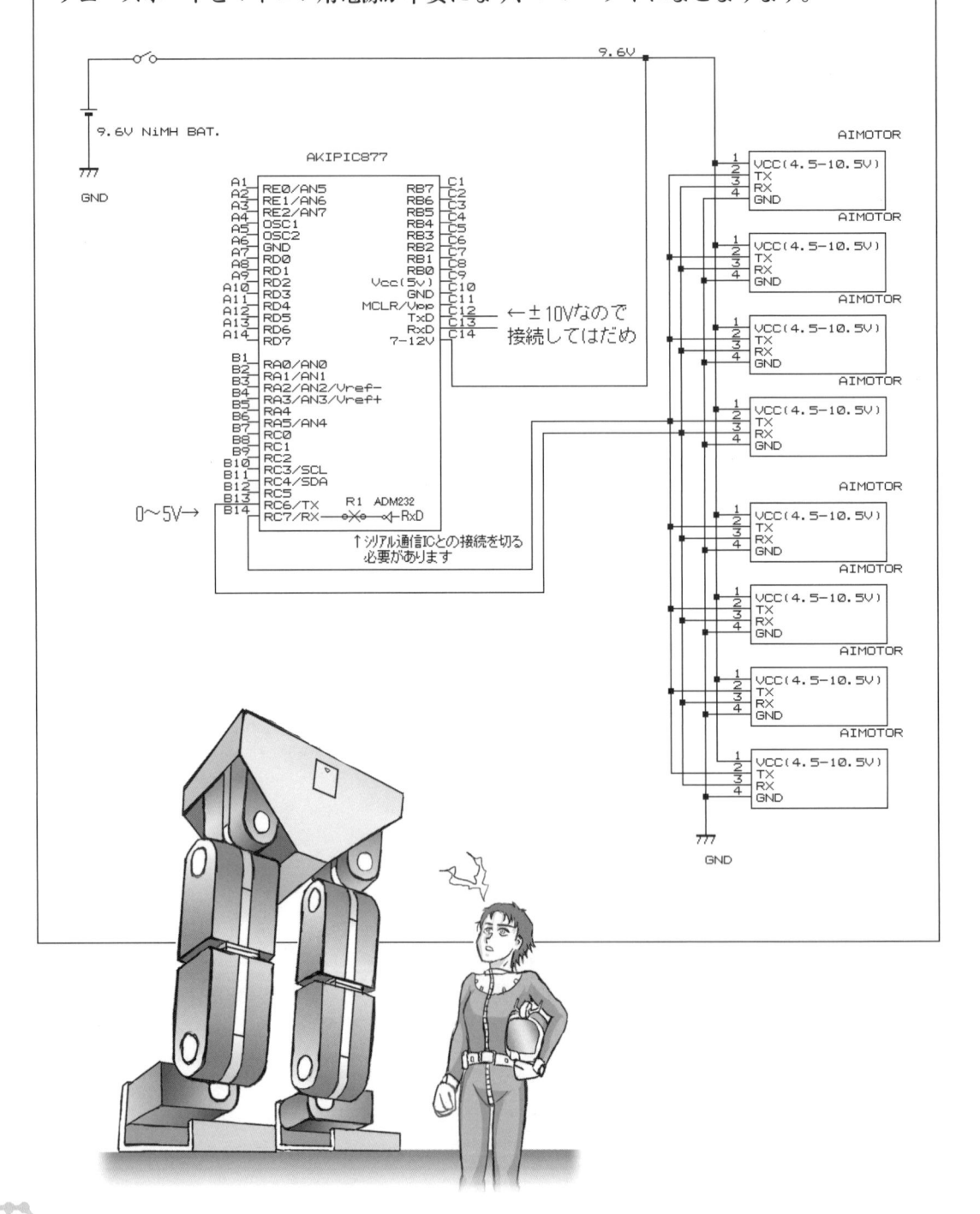

第7章 PIC-BASIC 資料集

この章では、PIC-BASIC を利用するために役立つ資料として、ピン配置や回路図、コマンド一覧、エラーメッセージ一覧を紹介します。「ピン配置」は PIC-BASIC 対応マイコンの端子（ピン）について解説したものです。回路図と合わせて見ることで、それらの機能を確認することができます。

7-1 ベースボード回路図

「AKI-PIC877 ベーシック開発セット」用ベースボードの回路図です。

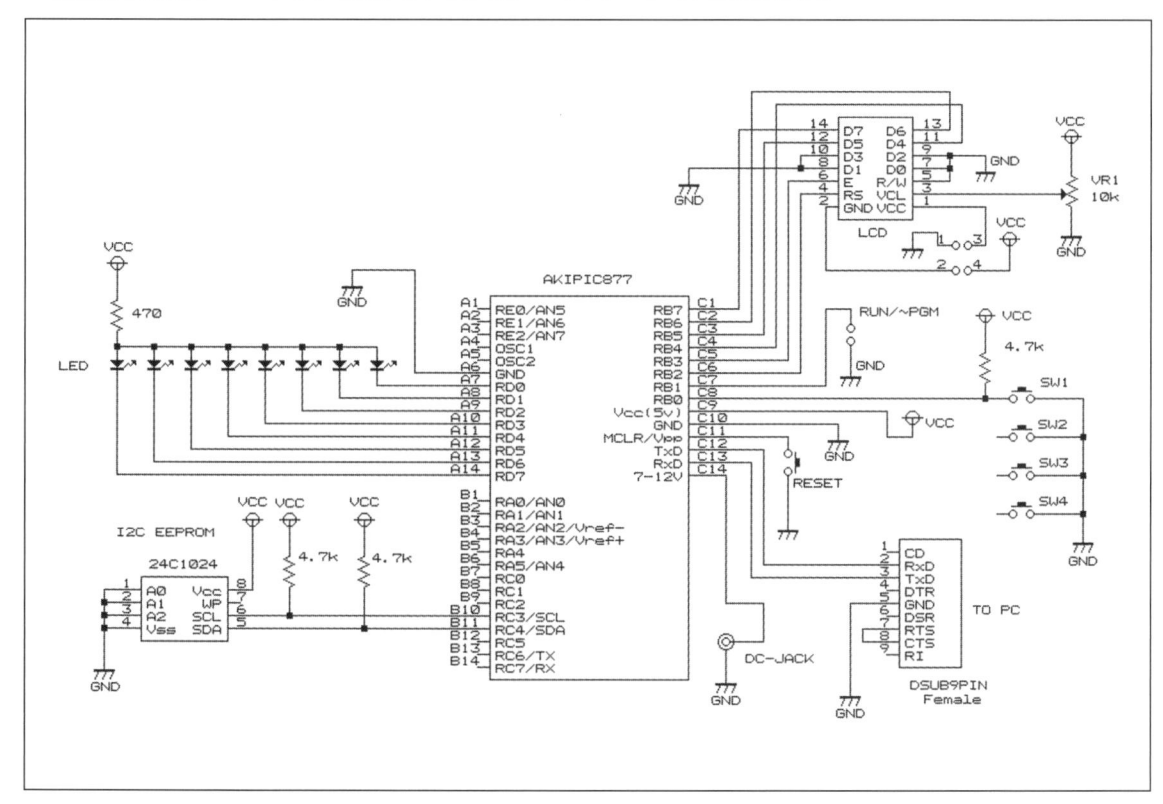

第7章　PIC-BASIC資料集

7-2 「AKI-PIC877ベーシック完成モジュール」仕様

外観　ピン形状：14ピン・ピンヘッダ（シングル）A・B・C

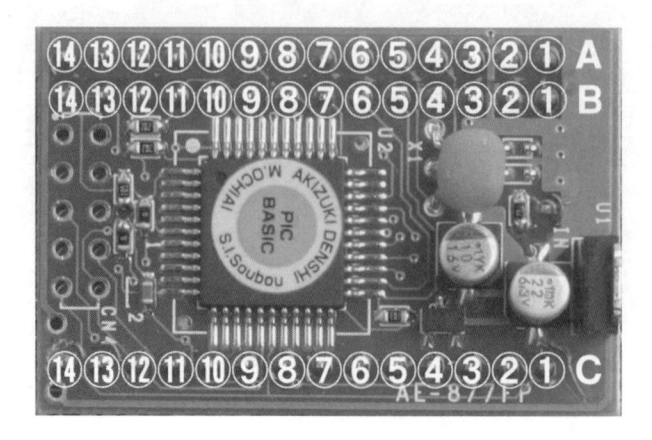

回路図

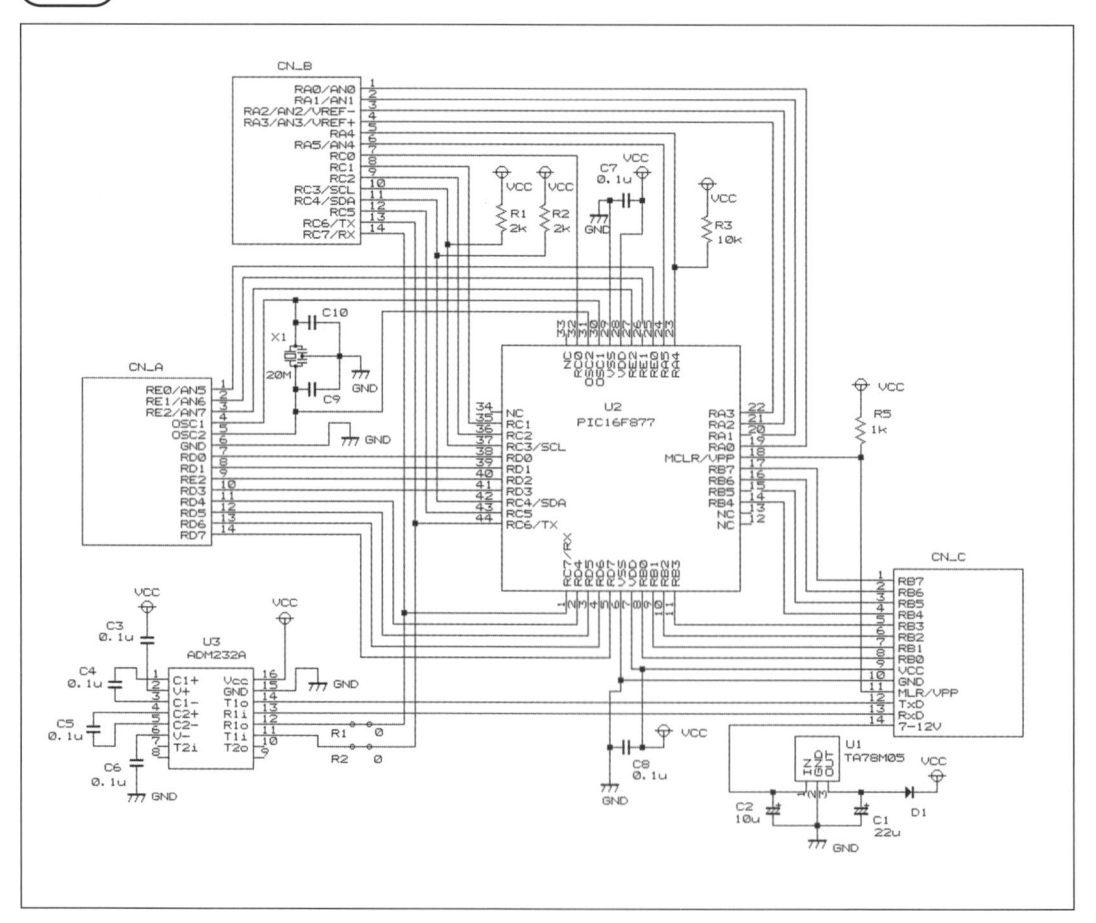

7-2 「AKI-PIC877ベーシック完成モジュール」仕様

ピン配置

コネクタA

コネクタピン番号	端子名	機能
CNA-01	RE0/AN5	ポートEビット0、ADチャネル5(未使用)
CNA-02	RE1/AN6	ポートEビット1、ADチャネル6(未使用)
CNA-03	RE2/AN7	ポートEビット2、ADチャネル7(未使用)
CNA-04	OSC1	クロック1。20MHz発振子に接続済み
CNA-05	OSC2	クロック2。20MHz発振子に接続済み
CNA-06	GND	グランド。0V
CNA-07	RD0	ポートDビット0(LED1に接続)
CNA-08	RD1	ポートDビット1(LED2に接続)
CNA-09	RD2	ポートDビット2(LED3に接続)
CNA-10	RD3	ポートDビット3(LED4に接続)
CNA-11	RD4	ポートDビット4(LED5に接続)
CNA-12	RD5	ポートDビット5(LED6に接続)
CNA-13	RD6	ポートDビット6(LED7に接続)
CNA-14	RD7	ポートDビット7(LED8に接続)

コネクタB

コネクタピン番号	端子名	機能
CNB-01	RA0/AN0	ポートAビット0、ADチャネル0
CNB-02	RA1/AN1	ポートAビット1、ADチャネル1
CNB-03	RA2/AN2	ポートAビット2、ADチャネル2
CNB-04	RA3/AN3	ポートAビット3、ADチャネル3
CNB-05	RA4	ポートAビット4。オープンドレイン出力
CNB-06	RA5/AN4	ポートAビット5、ADチャネル4
CNB-07	RC0	ポートCビット0
CNB-08	RC1	ポートCビット1
CNB-09	RC2	ポートCビット2
CNB-10	RC3/SCL	ポートCビット3(外部EEPROM SCLに接続)
CNB-11	RC4/SDA	ポートCビット4(外部EEPROM SDAに接続)
CNB-12	RC5	ポートCビット5
CNB-13	RC6/TX	ポートCビット6(ADM232 T1iに接続)
CNB-14	RC7/RX	ポートCビット7(ADM232 R1iに接続)

コネクタC

コネクタピン番号	端子名	機能
CNC-01	RB7	ポートBビット7(LCD D7に接続)
CNC-02	RB6	ポートBビット6(LCD D6に接続)
CNC-03	RB5	ポートBビット5(LCD D5に接続)
CNC-04	RB4	ポートBビット4(LCD D4に接続)
CNC-05	RB3	ポートBビット3(LCD Eに接続)
CNC-06	RB2	ポートBビット2(LCD RSに接続)
CNC-07	RB1	ポートBビット1。Highレベルの場合はランモード、Lowレベルの場合はプログラムモード(ジャンパJ5に接続)
CNC-08	RB0	ポートBビット0(スイッチSW1に接続)
CNC-09	Vcc	起電力。約5V
CNC-10	GND	グランド。0V
CNC-11	MCLR/Vpp	リセット信号入力。Lowレベルでマイコンがリセット
CNC-12	TxD	RS232C送信。AKI-PIC877側TX→パソコン側RX(Dsub9ピン2番へ接続)
CNC-13	RxD	RS232C受信。AKI-PIC877側RX←パソコン側TX(Dsub9ピン3番へ接続)
CNC-14	Power	7～12V電源入力(DCジャックに接続)

第7章 PIC-BASIC資料集

7-3 「AKI-PIC 16F877-20/IC スタンプ（BASIC書込済ピンヘッダ接続タイプ）」仕様

外観 ピン形状：40ピンDIPタイプ

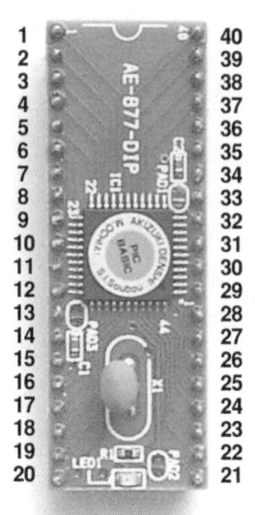

回路図

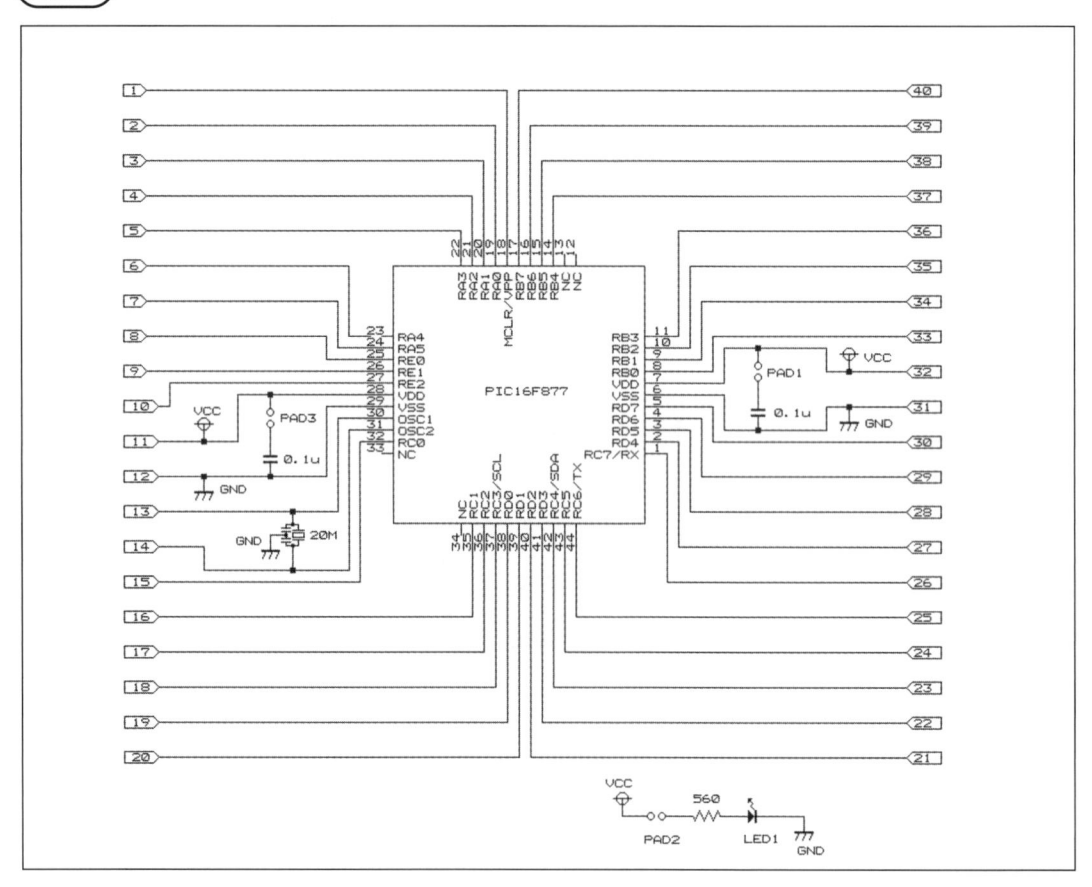

7-3 「AKI-PIC 16F877-20/ICスタンプ（BASIC書込済ピンヘッダ接続タイプ）」仕様

ピン配置

コネクタ ピン番号	端子名	機能
1	MCLR/Vpp	リセット信号入力。Low レベルでマイコンがリセット
2	RA0/AN0	ポートAビット0、ADチャネル0
3	RA1/AN1	ポートAビット1、ADチャネル1
4	RA2/AN2/Vref-	ポートAビット2、ADチャネル2
5	RA3/AN3/Vref+	ポートAビット3、ADチャネル3
6	RA4	ポートAビット4、オープンドレイン出力
7	RA5/AN4	ポートAビット5、ADチャネル4
8	RE0/AN5	ポートEビット0、ADチャネル5
9	RE1/AN6	ポートEビット1、ADチャネル6
10	RE2/AN7	ポートEビット2、ADチャネル7
11	Vcc	起電力。約5V
12	GND	グランド。0V
13	OSC1	クロック1。20MHz発振子に接続済み
14	OSC2	クロック2。20MHz発振子に接続済み
15	RC0	ポートCビット0
16	RC1	ポートCビット1
17	RC2	ポートCビット2
18	RC3/SCL	ポートCビット3（外部EEPROM SCLに接続可）
19	RD0	ポートDビット0
20	RD1	ポートDビット1
21	RD2	ポートDビット2
22	RD3	ポートDビット3
23	RC4/SDA	ポートCビット4（外部EEPROM SDAに接続可）
24	RC5	ポートCビット5
25	RC6/TX	ポートCビット6、シリアルポート送信（ADM232 T1iに接続可）
26	RC7/RX	ポートCビット7、シリアルポート受信（ADM232 R1iに接続可）
27	RD4	ポートDビット4
28	RD5	ポートDビット5
29	RD6	ポートDビット6
30	RD7	ポートDビット7
31	GND	グランド。0V
32	Vcc	起電力。約5V
33	RB0	ポートBビット0
34	RB1	ポートBビット1。Highレベルだとランモード、Lowレベルだとプログラムモード（ジャンパJ5に接続可）
35	RB2	ポートBビット2（LCD RSに接続可）
36	RB3	ポートBビット3（LCEに接続可）
37	RB4	ポートBビット4（LCD D4に接続可）
38	RB5	ポートBビット5（LCD D5に接続可）
39	RB6	ポートBビット6（LCD D6に接続可）
40	RB7	ポートBビット7（LCD D7に接続可）

7-4 PIC-BASIC コマンド一覧

■DIM《変数・配列の定義》

文法：

```
DIM [変数名]As [変数の型]
DIM [変数名1] As [変数の型1], [変数名2] As [変数の型2]

DIM [配列名]([配列要素数])As [変数の型]
DIM [配列名1]([配列要素数1])As [変数の型1],[配列名2]([配列要素数2])As [変数の型2]
```

使用例：

```
DIM i,j AS LONG      'iはWord型、jはLong型で定義されます。
DIM B_DAT(3) AS LONG 'Long型の配列B_DAT(0)～(2)が定義されます。
```

解説：

変数または配列を定義します。

［変数の型］には次の3種類を指定できます。

変数の型	バイト数(ビット)	値の範囲
Byte	1バイト(8ビット)	0～255
Word	2バイト(16ビット)	0～65,535
Long	4バイト(32ビット)	0～4,294,967,295

　PIC-BASICで扱う変数はすべて整数型です。少数や文字列を扱う変数はありません。注意点として、変数内ではマイナスの値を表現できません。変数の定義は変数を使用する行よりも先に記述します。変数は一度に複数定義することもできます。変数の型を省略するとWord型になります。Int型はWord型と同一です。

　［変数名］や［配列名］の規則は次のとおりです。
・アルファベットまたは数値、アンダースコア(_)が使えます。
・最初の1文字目はアルファベットと決められています。
・大文字・小文字は区別されます。たとえば、変数Aと変数aは別々のものと判断されます。
・予約語は変数名や配列名に使えません。
・ラベル名と同じ変数名や配列名を定義することができます。

■LET《変数・配列への代入》

文法：

```
LET ［変数］=［式］
［変数］ = ［式］
LET ［配列(式)］=［式］
［配列(式)］=［式］
```

使用例：

```
A =10 +B *4
A(X)=C*10
A(Y+1) = (D+10)*2
```

　［変数］や［配列］に式の結果を代入します。LETのキーワードは省略して書くことができます。通常は省略して書きます。式には数値や変数を使った計算式を自由に書くことができ、掛け算・割り算が先に計算されます。
　配列の場合、定義してある要素数以上の添え字を使ってはいけません。

■FOR　NEXT《繰り返し》

文法：

```
FOR  ［変数|配列］=［式1］ TO ［式2］
NEXT  {［変数|配列］}

FOR  ［変数|配列］=［式1］ TO ［式2］ STEP ［式3］
NEXT  {［変数|配列］}
```

使用例：

```
FOR I=0 TO 100
   PUTLCD I      '命令が101回実行されます。
NEXT I

FOR D(K)=0 TO 100 STEP 5
   PUTLCD D(K)   '命令が21回実行されます。
NEXT

FOR I=1 TO 0
```

```
    PUTLCD I          'この命令は実行されません。
NEXT I
```

解説：

一定の条件を満たすまでFOR～NEXT内の処理を繰り返します。

［変数］［配列］には任意の変数を利用できます。NEXT文の［変数］［配列］は記述を省略できます。

［式3］の値(STEP項)の記述がない場合は1として処理されます。

実行手順は次のとおりです。

［式3］の値がマイナスではない場合

① 変数に式1の結果を代入。
② 変数と式2の結果を比較する。
③ 変数≦式2ならFOR～NEXT内のプログラムを実行する。違う場合はNEXT以降の文から実行する。
④ 変数に式3の結果を加算する。
⑤ ②に戻る。

［式3］の値がマイナスの場合

① 変数に式1の結果を代入。
② 変数と式2の結果を比較する。
③ 変数≧式2ならFOR～NEXT内のプログラムを実行する。違う場合はNEXT以降の文から実行する。
④ 変数に式3の結果を減算する。
⑤ ②に戻る。

注意：

FOR文には仕様上の制限事項があります。

下記プログラムは正常に動作しません。

```
FOR I=100 TO 0 STEP -1    '無限ループになります
NEXT I
```

本来なら変数Iが0になった後、ループから抜けなければならないのですが、PIC-BASICでは無符号で数値を扱うため、0から1を減算するとプラスの値(例えば255や65535など)になってしまい、Iが0より小さくなることはありません。そのため、ループ終了条件を永遠に満たせず、無限ループとなってしまいます。

こうした現象は、次のようにテンポラリ変数を使うことで回避できます。

```
FOR TMP=0 to 100 STEP 1
   I =100 -TMP
NEXT TMP
```

■WHILE　WEND《指定条件の間、繰り返し》

文法：

```
WHILE［条件］
WEND
```

使用例：

```
A=0
WHILE A<100
    A =A +1         '命令が100回実行されます。
WEND
```

解説：

　［条件］が真の間、WHILE〜WENDに書かれた命令を実行します。

　もし、はじめから条件が偽の場合、WHILE〜WEND間のプログラムは一度も実行されず、WENDの後から実行します。

　上記使用例でWEND直後のAの値は100になっています。

■DO　UNTIL《指定条件でなくなるまで繰り返し》

文法：

```
DO
UNTIL［条件］
```

使用例：

```
A=0
DO
   A =A +1    '命令が5000回実行されます。
UNTIL A<5000
```

解説：

　［条件］が真の間、DO〜UNTILの間に書かれた命令を実行します。

条件分岐が最後にあるので、条件に関わらずDO～UNTIL内に書かれたプログラムは少なくとも1回実行されます。

上記使用例ではUNTIL直後のAの値は5000になっています。

注意：

VisualBasicなどのDO～UNTIL文は［条件］が「ループを出るための条件」なのに対して、PIC-BASICでのDO～UNTIL文は「ループを継続するための条件」という逆の意味になっています。

■IF　THEN《条件分岐》

文法：

```
(1) IF ［条件式］ THEN ［命令］{[:命令]}
(2) IF ［条件式］ THEN ［命令］{[:命令]} ELSE ［命令］{[:命令]}
(3) IF ［条件式］ THEN ラベル
(4) IF ［条件式］ THEN
        ［命令...］
    ENDIF

(5) IF ［条件式］THEN
        ［命令...］
    ELSE
        ［命令...］
    ENDIF
```

使用例：

```
IF A=100 THEN HIGH RA.BIT0
'もしAが100の場合、ポートAビット0をHighにします

IF A=10 THEN HIGH RA.BIT0 ELSE LOW RA.BIT0
'もしAが10の場合はポートAビット0をHighに、そうでない場合はLowにします

IF A=20 THEN SEND_DATA
'もしAが20の場合、ラベル名SEND_DATAにジャンプします
```

解説：

条件を判断して処理を分岐します。

［条件式］には、真・偽を判断するための式を記述します。

式の比較には、次の演算子が使用できます。

演算子	例	
<	「a<b」	aがbより小さいか?
>	「a>b」	aがbより大きいか?
<=	「a<=b」	aがb以下か?
>=	「a>=b」	aがb以上か?
=	「a=b」	aとbが等しいか?

さらに論理演算子(AND、OR、XOR)を使って二つの式を演算することもできます。

```
DIM A,B,C
IF A=10 AND B=10 THEN
    C=100       'Aが10で、なおかつBが10の場合、Cに100が代入されます。
ENDIF
```

もし、[条件式]が真の場合、THENの後の処理が実行されます。THENのあとにラベル名を書くとGOTO文と判断され、指定したラベルにジャンプします。
条件が偽(真ではない)の場合は、ELSEの後の処理が実行されます。
ENDIFを記述すると、THENまたはELSEまでの複数行の処理を実行できます。

IF〜THEN文は次のように入れ子構造(ネスト)として記述することもできます。

```
IF A=10 THEN
    IF B=10 THEN
        C=100
    ENDIF
ENDIF
```

■GOTO《無条件ジャンプ》

文法:

```
GOTO [ラベル]
```

使用例:

```
GOTO main
GOTO start
GOTO out_routine
```

解説：
プログラムを無条件にジャンプします。
［ラベル］にはラベル名を記述します。ラベルの後の：(コロン)は不要です。

■GOSUB　RETURN《サブルーチン・コール／リターン》

文法：

```
GOSUB ［ラベル］
    RETURN
```

使用例：

```
GOSUB data_out        'サブルーチンdata_outをコールします
END

data_out:
RETURN                'リターンします
```

解説：
サブルーチンを呼び出します。
［ラベル］にはサブルーチンのラベル名を記述します。ラベルの後の：(コロン)は不要です。
GOSUBできる回数は限られています。デバッグ中に回数を超えてGOSUBを実行すると実行時エラーが発生します。
RETURNによって、処理はGOSUB文の実行直後に戻ります。デバッグ実行中にGOSUB文を使わずこの命令を実行した場合は実行時エラーとなり、プログラムが停止します。

■OUTPUT《出力ピンに設定》

文法：

```
OUTPUT {RA | RB | RC | RD | RE }.[0〜7]
```

使用例：

```
OUTPUT RD.0        'ポートDビット0を出力に設定
OUTPUT RB.4        'ポートBビット4を出力に設定
OUTPUT RD.pin      'ポートDビットpin(変数)を出力に設定
```

解説：
指定したポートを出力に設定します。

出力の指定は1ビット単位です。命令実行後、出力がHighになるかLowになるかは、あらかじめ設定した定義済み変数(RA、RB、RC、RD、RE)の値によって異なります。

リセット時はすべてのポートは入力になっています。そのため、LEDを点灯するといったような、「データを出力」したい場合はOUTPUT命令を使うか、定義済み変数TRIS_Rxを使って、必ず出力に設定する必要があります。

この命令はポートを1ビット単位で設定するのに対して、定義済み変数TRIS_Rxは1バイト分をまとめて設定します。また、ポートが現在、出力なのか入力なのかを知りたい場合にはTRIS_Rxの値を参照します。

```
RD =&H08     'あらかじめポートに値をセットしておく
OUTPUT RD.3 'この命令の直後RD.Bit3はHighになる。
```

■INPUT《入力ピンに設定》

文法：

```
INPUT { RA | RB | RC | RD | RE }.[0~7]
```

使用例：

```
INPUT RD.0
INPUT RB.Bit4
INPUT RD.pin
```

解説：

指定したポートを入力に設定します。

出力の指定は1ビット単位です。命令の実行後は、定義済み変数(RA、RB、RC、RD、RE)を使ってポートの状態を読み取れるようになります。ポートの状態はハイインピーダンス(入力抵抗の高い状態)になります。なお、リセット時にはすべてのポートが入力に設定されています。

この命令はポートを1ビット単位で設定するのに対して、定義済み変数TRIS_Rxは1バイト分をまとめて設定します。また、ポートが現在、出力なのか入力なのかを知りたい場合にはTRIS_Rxの値を参照します。

■HIGH《ハイ出力》

文法：

```
HIGH { RA | RB | RC | RD | RE } . [0~7]
```

使用例：

```
HIGH RD.0          'ポートDビット0をHighに出力
HIGH RB.Bit4       'ポートBビット4をHighに出力
HIGH RD.pin        'ポートDビットpin(変数)をHighに出力
```

解説：

　指定したポートにHighを出力します。ポートが入力の場合でも、この命令によって(指定されたポートのみ)自動的に出力に変更されます。

■LOW《ロウ出力》

文法：

```
LOW { RA | RB | RC | RD | RE }.[0～7]
```

使用例：

```
LOW RD.0      'ポートDビット0をLowに出力
LOW RB.4      'ポートBビット4をLowに出力
LOW RD.pin    'ポートDビットpin(変数)をLowに出力
```

解説：

　指定したポートにLowを出力します。ポートが入力だった場合でも、この命令によって(指定されたポートのみ)自動的に出力に変更されます。

接続例：

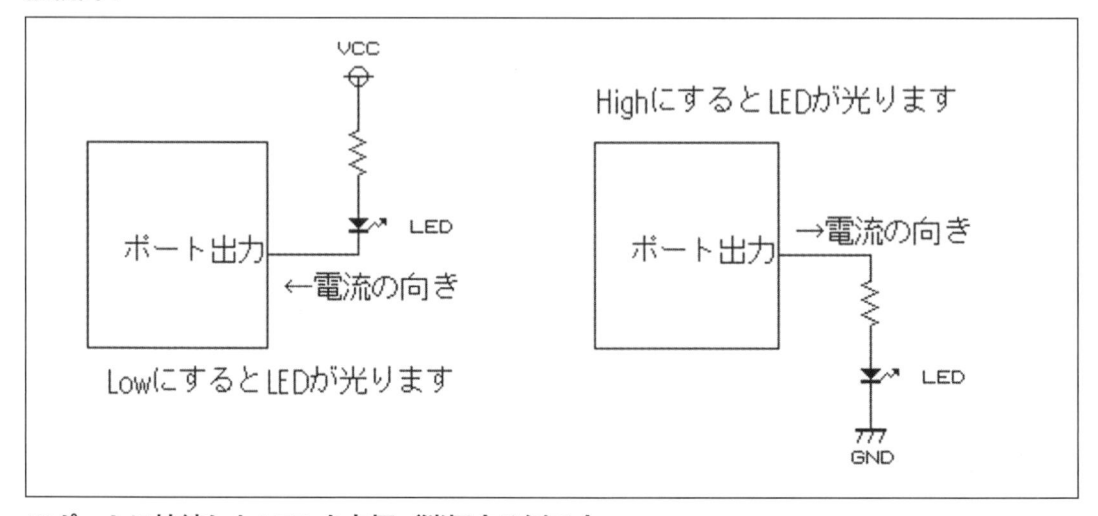

※ポートに接続したLEDを点灯／消灯する例です。

■TOGGLE 《出力の反転》

文法：

```
TOGGLE { RA | RB | RC | RD | RE }.[0〜7]
```

使用例：

```
TOGGLE RD.0      'ポートDビット0のHigh/Low出力を反転します
TOGGLE RB.Bit4   'ポートBビット4のHigh/Low出力を反転します
TOGGLE RD.pin    'ポートDビットpin(変数)のHigh/Low出力を反転します
```

解説：
　指定したポートの出力状態を反転します。命令実行時、ポートがHighならLowに、LowならHighにします。
　指定したポートは出力になっていないと何も起きません。

注意：
　この命令はHighとLowの出力を反転するものです。入出力設定を反転する場合にはREVERSE命令を使います。

■REVERSE 《入出力の反転》

文法：

```
REVERSE { RA | RB | RC | RD | RE }.[0〜7]
```

使用例：

```
REVERSE RD.0      'ポートDビット0の入出力設定を反転します
REVERSE RB.Bit4   'ポートBビット4の入出力設定を反転します
REVERSE RD.pin    'ポートDビットpin(変数)の入出力設定を反転します
```

解説：
　指定したポートの入出力設定を反転します。設定は1ビット単位で行います。現在値が入力の場合は出力になり、出力の場合は入力にします。

注意：
　この命令は入出力の設定を反転するものです。出力のHighとLowを反転する場合にはREVERSE命令を使います。

■ADC《A/D変換》

文法：

```
ADC [変換チャネル], [変換モード], [変数]
```

使用例：

```
ADC 0,0,advalue  'チャネル0、変換モード0でA/D変換結果をadvalueに代入
```

解説：

PICマイコン内蔵のA/Dコンバータを使って、A/D変換(アナログ→デジタル変換)を行います。

A/D変換の分解能は10ビットです。変換結果は0～1023までの範囲となります。精度は電源電圧や電源リップル、リファレンス精度、入力インピーダンスによって変化します。

[変換チャネル]には0～7のチャネル番号を指定します。入力チャネルは全部で八つです。チャネル番号と入力ポートとの関係は次のとおりです。

チャネル番号	モジュールのピン番号
0	RA0
1	RA1
2	RA2
3	RA3
4	RA5
5	RE0
6	RE1
7	RE2

※ RA4 は A/D 変換できません。

[変換モード]はリファレンス電圧を設定するためのものです。リファレンス電圧はA/D変換時の基準となる電圧です。内蔵A/Dコンバータは次のリファレンス設定をすることが可能です。

変換モード	リファレンス電圧	
0	VRef+ = Vdd	VRef- = Vss
1	VRef+ = RA.3	VRef- = Vss
2	VRef+ = RA.3	VRef- = RA.2

VRef+はプラス側のリファレンス電圧、VRef-はマイナス側のリファレンス(基準)電圧です。A/D変換できる電圧の範囲は「VRef-～VRef+」です。

変換モードが0の場合、Vss(= 0V)を入力すると結果が0となり、Vdd(= 約5V)を入力す

ると結果が1023となります。

　変換モード2、3ではポートAの一部をリファレンスピンとして使用するモードです。変換電圧範囲を狭めることで、さらに分解能を細かくすることができます。ただし、RA.2、RA.3に印可できる電圧はVss～Vddの範囲だけです。さらに10ビットの分解能を得るにはVRef+とVRef-の電圧差は2V以上なければなりません。詳しくはPIC16F877のデータシートを参照ください。

　[変数]には結果を代入する変数名を記述します。変数の型はWord型でなければなりません。

■SERIN《シリアル受信》

文法：

```
SERIN [ボーレート定数],[タイムアウト時間(ms)],[変数]{,[変数]...}
```

使用例：

```
SERIN pb9600,1000,CMD,DATA1,DATA2
```

解説：
　RS232C準拠のシリアルポートからデータを受信します。通信設定はデータ8ビット、ストップ1ビット、パリティなしで、ボーレートは引数で変えることができます。
　受信したデータは引数で与えた変数に順にセットされます。

　[ボーレート定数]には次の値を設定します。下記以外の値を与えないでください。

ボーレート定数	通信速度
pb1200	1,200bps
pb2400	2,400bps
pb4800	4,800bps
pb9600	9,600bps
pb19200	19,200bps
pb38400	38,400bps
pb57600	57,600bps
pb115200	115,200bps

　[タイムアウト時間]には、データの受信完了までの制限時間を指定します。時間は1ms（1/1000秒）単位で、たとえば、1秒の場合は1000です。この時間以内にすべてのデータが受信できなかったときは受信処理を中断します。タイムアウト時間は引数で与えた変数それぞれのタイムアウト時間ではなく、変数すべてを受信する時間を表しています。受信できなかった変

数は命令を実行する前の変数値をそのままもっています。どこまで受信できたかは変数値を見て判断してください。

　プログラムがSERIN命令以外の処理を行っているときにデータが転送されると、取りこぼしが発生する可能性があります。BASICインタプリタには8バイトの受信バッファ（FIFO）をもっています。SERIN命令が実行される前にデータを受信した場合、8バイトまでなら取りこぼしなくデータを受信できます。

　電源を入れた瞬間にゴミデータを受信することがありますので、プログラムの最初でSERCLEARを行い受信バッファをクリアしたほうが完全な動作をします。

　[変数]には受信したデータが格納されます。格納方式はビッグ・エンディアン（big endian）です。変数がByte型の場合は受信データ1バイトがそのまま入ります。変数がWord型の場合は始めに受信した1バイトが上位8ビット、後に受信した1バイトは下位8ビットとなります。変数がLong型の場合は最初の受信バイトが最上位8ビット、4バイト目が最下位8ビットとなります。

　受信データの順番を上位・下位バイト逆に格納したい場合は、次のように記述します。

```
DIM LITTLE AS LONG
SERIN
pb9600,1000,LITTLE.BYTE0,LITTLE.BYTE1,LITTLE.BYTE2,LITTLE.BYTE3
```

■SEROUT 《シリアル送信》

文法：

```
SEROUT［ボーレート定数］,［変数］{,［変数］...}
```

使用例：

```
SEROUT pb9600,CMD,DATA1,DATA2
```

解説：
　RS232C準拠のシリアルポートからデータを送信します。通信設定はデータ8ビット、ストップ1ビット、パリティなしで、ボーレートは引数で変えることができます。

[ボーレート定数］には次の値を設定します。下記以外の値を与えないでください。

ボーレート定数	通信速度
Pb1200	1,200bps
Pb2400	2,400bps
Pb4800	4,800bps
Pb9600	9,600bps
Pb19200	19,200bps
Pb38400	38,400bps
Pb57600	57,600bps
Pb115200	115,200bps

［変数］には、送信するデータを格納した変数を指定します。

変数の値は1桁が1バイトのキャラクタデータとして送信されます。送信バイト数は値の大きさによって変化します。

```
DIM DATA AS WORD
DATA = &H4142
SEROUT pb9600,DATA
```

たとえばこの場合、"16706"(&H31、&H36、&H37、&H30、&H36)の5バイトが送信されます。

バイナリデータとしてそのまま送信するには、CHR$関数を使って次のように記述します。

```
DIM DATA AS WORD
DATA = &H4142
SEROUT pb9600,CHR$(DATA.BYTE1),CHR$(DATA.BYTE0)
```

この場合、"A"(&H41)と"B"(&H42)の2バイトが順番に送信されます。BYTE0～の順番は自由に変更可能です。

■ SERCLEAR《シリアル受信バッファのクリア》

文法：

```
SERCLEAR
```

使用例：

```
SERCLEAR
```

第7章　PIC-BASIC資料集

解説：
　シリアルポートの受信バッファをクリア(消去)します。PIC-BASICモジュールはリセット直後や、データ通信中や直後などにゴミデータを受信してしまうことがあり、データの先頭文字が正しく受け取れないことがあります。このような場合は、この命令を使って受信バッファをクリアしてください。
　PIC-BASICのデータ受信バッファ(FIFO)のサイズは4バイトです。

■ INITLCD 《LCDモジュールの初期化》

文法：

```
INITLCD
```

使用例：

```
INITLCD
```

解説：
　LCD(液晶ディスプレイ)モジュールを初期化します。
　PIC-BASICで推奨するLCDモジュールは秋月電子通商で販売されている「LCDキャラクタディスプレイモジュール16×2行 SC1602BS-B(-S0-GS-K)」、または「LCDキャラクタディスプレイモジュール20×4行 SC2004CS-B」です。LCDモジュールとの接続ポートはあらかじめ決められています。他社製品の場合はピン配置や電源極性が逆の場合がありますのでデータシートで確認してください。
　INITLCD命令を実行するとLCDに接続したポートはすべて出力に変更されます。命令実行後は、LCDモジュール用のポートの内容を変化させないでください。正しくコントロールできなくなります。
　この命令は実行に約5msかかります。

注意：
　INITLCD命令を一度実行したあとに再度実行しても一応動作はしますが、規定外の操作なのでできるだけ避けてください。

実行結果例：

```
INITLCD
```

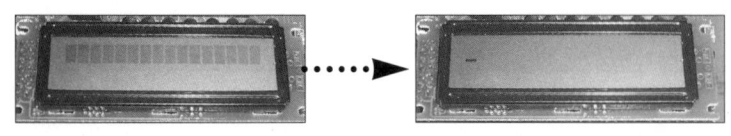

LCDモジュールを初期化すると、左上にカーソルが表示されます。

■ CLEARLCD 《LCDモジュールの表示クリア》

文法：

```
CLEARLCD
```

使用例：

```
CLEARLCD
```

解説：

　キャラクタタイプのLCDモジュールの表示をクリアして、カーソルを左上に移動させます。引数はありません。この命令を利用する前にINITLCDを使ってLCDモジュールを初期化しなければいけません。

　この命令は実行に約2msかかります。

■ PUTLCD 《LCDモジュールの表示》

文法：

```
PUTLCD [文字列|式|関数]{,[文字列|式|関数]}...
```

使用例：

```
PUTLCD "COUNTER=",cnt
PUTLCD "Hit Any Key!"
PUTLCD "I=",i,"J=",j,"K=",k
```

　LCDモジュールの画面に任意の文字や数値を表示します。

　この命令を利用する前には、あらかじめINITLCD命令でLCDモジュールを初期化しておきます。

　［文字列］［式］［関数］はそれぞれ混在して記述できます。

　表示内容が文字列の場合、内容がそのままLCDに表示されます。

　表示内容が変数の場合、値は10進数に変換されてから表示されます。表示桁数は変数の値によって変化します。例えば変数値が10のときは2桁、9000000のときは7桁の文字が表示されます。

　HEX関数を使うと値を16進数で表示できます。表示桁数は、値が65536以上の場合は8桁、値が256〜65535の場合は4桁、値が256未満の場合は2桁です。

　CHR$関数を使うと指定したキャラクタコードに対応する文字を表示できます。

文字の表示位置は、命令実行時のカーソル位置によって決まります。カーソル位置はSETPOS命令で指定します。カーソル位置はPUTLCD命令で表示した文字数分だけ右に移動します。ただし、カーソルは行末(一番右端)から次の行頭へは移動しません。カーソルが行末まで移動した場合には、SETPOS命令を使用してください。

実行結果例1：

```
INITLCD
PUTLCD "Hello World!"
```

実行結果例2：

```
Dim A As Long
A=1234567
PUTLCD "A=",A      '変数Aの内容を表示します。
```

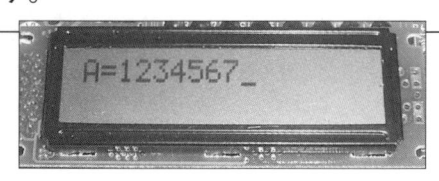

実行結果例3：

```
INITLCD
PUTLCD CHR$(65)  'Aと表示されます。65はAのキャラクタコードです。
```

実行結果例4：

```
INITLCD
PUTLCD "100",chr$(&hfb),chr$(&hfc)       '100万円と表示されます。
```

実行結果例5：

```
INITLCD
PUTLCD hex(255),":",hex(256)        '16進数で表示されます。
```

■ SETPOS《LCDモジュールのカーソル位置変更》

文法：

```
SETPOS [式1],[式2]
```

使用例：

```
SETPOS 0,0        'カーソルを(0,0)に移動します
SETPOS 0,1        'カーソルを(0,1)に移動します
SETPOS X+5,Y      'カーソルを(X+5,Y)に移動します
```

解説：

LCDモジュールのカーソル位置を指定した座標に移動します。

［式1］がX座標、［式2］がY座標です。16×2行のLCDモジュールで指定できる座標の範囲は(0,0)～(15,1)です。存在しない座標を指定した場合、X座標は16で割った余り、Y座標は4で割った余りの座標が指定されたものとして動作します。20×4行のLCDモジュールで指定できる座標の範囲は(0,0)～(19,3)です。

SETPOS 0,0とHOMELCD命令は同じ意味です(厳密にはLCDモジュールに送られるコマンドが異なります)。

実行結果例：

```
INITLCD
SETPOS 8,1      'カーソルを(8,1)に移動します
PUTLCD "A"      'LCDに表示します
```

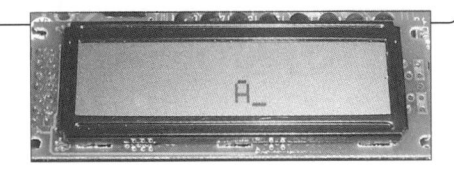

■ HOMELCD 《LCDモジュールのカーソル位置をホームポジションに移動》

文法：

```
HOMELCD
```

使用例：

```
HOMELCD
```

解説：

　LCDモジュールのカーソル位置を画面左上の(0,0)に移動します。画面の表示内容はクリアされません。

■ SLEEP 《スリープ》

文法：

```
SLEEP ［式］
```

使用例：

```
SLEEP 3000              '3秒ウエイトします
SLEEP WAIT_SEC *1000    '変数WAIT_SEC秒ウエイトします
```

解説：

　ウエイト(待つ処理)を行う命令です。
　指定した時間だけプログラムの進行を遅らせます。
　［式］にはウエイト時間を1ms(1/1000秒)単位で指定します。ウエイト時間には定数や変数・演算式などを記述することができます。「SLEEP 1000」と入力すると、1秒間のウエイトが挿入されます。0を与えられるとウエイトせず、すぐに次の文を実行します。

■ END 《プログラムの終了》

文法：

```
END
```

使用例：

```
END
```

解説：

プログラムを終了します。一度END命令を実行したら、リセットするまでプログラムは一切実行されません。

プログラムを終了したいポイントに記述します。特に何も書かなくても、プログラムが最終行に到達するとENDを実行したものと同じように処理されます。END文は実際には無限ループに入るだけの命令です。

処理内容は無限ループと同等です。

■LOOKUP《テーブルの参照》

文法：

```
LOOKUP [式],[変数],[値1]{,[値2],[値3],...}
```

使用例：

```
LOOKUP w,hensu,&H01,&H02,&H04,&H08,&H10    'テーブルのw+1番目の
                                            値をhensuに代入
```

解説：

（［式］の値＋1）番目の値を［変数］に代入します。

［式］の値が0なら［値1］を、1なら［値2］を、2なら［値3］を［変数］にセットします。

該当する値がない場合は何も変数には代入しません。命令を実行する前の値を保持したままです。

■READ　《内蔵EEPROMの読み込み》

文法：

```
READ [アドレス],[変数]{,[変数]...}
```

使用例：

```
READ &H00,A,B,C,D
```

解説：

PICマイコン内蔵のEEPROMからデータの読み込みを行います。

［アドレス］はEEPROMのアクセス開始アドレスです。指定したアドレスからデータを読み込みます。開始アドレスの指定範囲は&H00〜&HFF(0〜255)までです。

［変数］には読み込んだデータを入れる変数名あるいは配列名を指定します。複数続けて記述することもできます。

注意：
書き込んだときの変数の型と読み込んだときの変数の型が一致しないと、全く異なる値を返すことがあります。一つの変数を1バイトで保存するのか、2バイトで保存するのか、あるいは4バイトで保存するのかによってEEPROMの保存アドレスがずれてくるためです。読み書きは同じ変数型で行うようにしてください。

■WRITE 《内蔵EEPROMへの書き込み》

文法：

```
WRITE [アドレス],[変数]{,[変数]...}
```

使用例：

```
WRITE &H00,A,B,C,D
```

解説：
PICマイコン内蔵のEEPROMへデータを書き込みます。

［アドレス］はEEPROMのアクセス開始アドレスです。指定したアドレスからデータを読み込みます。開始アドレスの指定範囲は&H00～&HFF(0～255)までです。

［変数］には書き込みたい値が入った変数名あるいは配列名を指定します。複数個記述することもできます。
書き込みには1バイト当たり約10msかかります。

注意：
書き込んだときの変数の型と読み込んだときの変数の型が一致しないと、全く異なる値を返すことがあります。一つの変数を1バイトで保存するのか、2バイトで保存するのか、あるいは4バイトで保存するのかによってEEPROMの保存アドレスがずれてくるためです。読み書きは同じ変数型で行うようにしてください。

■I2CREAD 《I2Cバスの読み込み》

文法：

```
I2CREAD [コントロール],[アドレス],[変数]{,[変数]...}
```

使用例：

```
I2CREAD &HA0,&H0000,A,B,C,D
```

解説：

　I2Cバスの外部EEPROMからデータを読み込みます。I2C EEPROMをPIC-BASIC対応マイコンのSDA、SCLに接続します（プルアップを必ず行ってください）。

　[コントロール]はEEPROMのコントロールバイトのことで、2進数で1010□□□0を指定します。□部分は、EEPROMのアドレスを示し、複数のEEPROMをSCL、SDAに接続した場合にどのデバイスかを選択するためのものです。3ビットありますので、EEPROMを最大8個まで制御することができます。

　AKI-PIC877ベースボードではボード上でアドレス&B000に固定されていますので、&B10100000(=&HA0)を指定すれば、読み書きできます。

　[アドレス]はEEPROMのアクセス開始アドレスです。指定したアドレスからデータを読み込みます。開始アドレスの指定範囲は外付けのEEPROMによって異なります。

24C64（24LC64）	&H0000 〜 &H1FFF
24C256（24LC256）	&H0000 〜 &H7FFF
24C1024	&H0000 〜 &HFFFF ※

※アドレスの指定範囲は16ビットなので24C1024では最上位ビットの1ビットが足りません（24C1024のアドレス指定には17ビット必要）。この最上位1ビットはコントロールのビット1に指定することで&H00000〜&H1FFFFの範囲にアクセスすることができます。24C1024に限り、コントロールは2進数で10100□■0となり、□がデバイス選択、■が最上位1ビットとなります。24C1024は2個まで同一バスに接続可能です。

　[変数]には読み込んだデータを入れる変数名あるいは配列名を指定します。複数続けて記述することもできます。

注意：

　書き込んだときの変数の型と読み込んだときの変数の型が一致しないと、全く異なる値を返すことがあります。一つの変数を1バイトで保存するのか、2バイトで保存するのか、あるいは4バイトで保存するのかによってEEPROMの保存アドレスがずれてくるためです。読み書きは同じ変数型で行うようにしてください。

※このI2CREADコマンドはI2CバスEEPROMの読み書きを前提としています。その他のI2Cデバイスでは正しく動かないことがあるかもしれませんのでご了承ください。

■I2CWRITE《I2Cバスへの書き込み》

文法：

```
I2CWRITE [コントロール],[アドレス],[変数]{,[変数]...}
```

使用例：

```
I2CWRITE &HA0,&H0000,CHR$(A),CHR$(B),CHR$(C),CHR$(D)
```

解説：

　I2Cバスの外部EEPROMへデータを書き込みます。I2C EEPROMをPIC-BASIC対応マイコンのSDA、SCLに接続します（プルアップを必ず行ってください）。

　［コントロール］はEEPROMのコントロールバイトのことで、2進数で1010□□□0を指定します。□部分はEEPROMのアドレスを示し、複数のEEPROMをSCL、SDAに接続した場合にどのデバイスかを選択するためのものです。3ビットありますので、EEPROMを最大8個まで制御することができます。AKI-PIC877ベースボードではボード上でアドレス&B000に固定されていますので、&B10100000(=&HA0)を指定すれば、読み書きできます。

　［アドレス］はEEPROMのアクセス開始アドレスです。指定したアドレスからデータを読み込みます。開始アドレスの指定範囲は外付けのEEPROMによって異なります。

24C64(24LC64)	&H0000 ～ &H1FFF
24C256(24LC256)	&H0000 ～ &H7FFF
24C1024	&H0000 ～ &HFFFF ※

※アドレスの指定範囲は16ビットなので24C1024では最上位ビットの1ビットが足りません（24C1024のアドレス指定には17ビット必要）。この最上位1ビットはコントロールのビット1に指定することで&H00000～&H1FFFFの範囲にアクセスすることができます。24C1024に限り、第1引数コントロールが&B10100□■0となり、□がデバイス選択、■が最上位1ビットとなります。24C1024は2個まで同一バスに接続可能です。

　［変数］には書き込みたい値が入った変数名あるいは配列名を指定します。複数個記述することもできます。

注意：

　書き込んだときの変数の型と読み込んだときの変数の型が一致しないと、全く異なる値を返すことがあります。一つの変数を1バイトで保存するのか、2バイトで保存するのか、あるいは4バイトで保存するのかによってEEPROMの保存アドレスがずれてくるためです。読み書きは同じ変数型で行うようにしてください。

　このI2CWRITE命令はI2CバスEEPROMの読み書きを前提としています。その他のI2Cデバイスでは正しく動かないことがあるかもしれませんのでご了承ください。

■ POKE《ファイルレジスタへの書き込み》

文法：

```
POKE [アドレス],[値]
```

使用例：

```
POKE &H12,&H12
```

解説：

　PICマイコン内部のファイルレジスタに値を書き込みます。
　この命令は主にPIC-BASICの命令でできないような処理を行わせる場合に使われるものです。不要に使うとPIC-BASICの命令が正しく動かなくなる可能性があるので、注意してください。

　[アドレス]にはファイルレジスタのアドレスを指定します。アドレスの範囲は&H000～&H1FFです。ファイルレジスタの仕様についてはPIC16F877のデータシートを参照してください。
　[値]の範囲は&H00～&HFFです。

注意：

　アドレスが&H000～&H1FFの範囲にない場合は上位7ビットをマスクして、強制的に&H000～&H1FFに収めてから実行されます。

■ DEBUG《デバッグ》

文法：

```
DEBUG [文字列|式|関数],...
```

使用例：

```
DEBUG "COUNTER=",cnt
DEBUG "RECEIVE OK!!"
DEBUG "I=",i,"J=",j,"K=",k
```

パソコン側(デバッグウィンドウ)表示例：

```
COUNTER=125
RECEIVE OK!!
I=0 J=35 K = 66
```

解説：

　デバッグのための命令です。

　PIC-BASICデバッグ中にこの命令を実行すると、引数で与えた文字列・変数などをパソコンのデバッグウィンドウに表示します。引数の個数は可変長で容量が許す限り、いくつでも記述できます。文字列はそのままPC側に表示されますが、変数は10進数に変換されます。

　10進数以外を表示させたい場合はCHR$()を使います。

　DEBUG文ごとに表示が改行されます。改行せずにデバッグウィンドウに表示させたい場合は一文で記述してください。

　デバッグ実行以外のとき、この命令は何もしません。

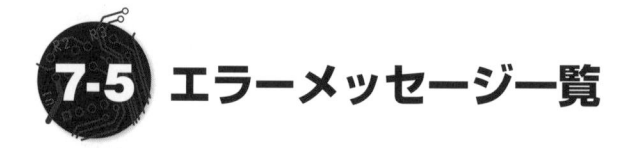

7-5 エラーメッセージ一覧

　「PIC-BASIC開発ソフト」を使用中に表示されるエラーです。

エラーメッセージ	エラー内容とその原因
「ラベルが見つかりません」	存在しないラベル名が使われた場合に起きるエラーです。ラベル名が書き間違っていないか、指定の行を確認してみましょう。
「定義されていません」	定義されていない変数を使おうとした場合に起きるエラーです。変数はDIMで定義します。ラベル名や変数名は大文字と小文字の区別があります。変数の定義し忘れや変数名の書き間違いがないか確認してみましょう。
「文法に誤りがあります」	プログラムが文法的に間違っている場合に起きるエラーです。たとえば、「IF」と書くべきところを「LF」を書いてしまったり、「PUTLCD "num=",a」と書くべきところを「PUTLCD "num=";a」と書いてもエラーになります。
「ブロック内のプログラムが多すぎます」	プログラムのサイズが大きすぎるときに起きるエラーです。配列や変数を定義しすぎたときにもエラーになります。
「メモリが足りません」	配列の要素数が大きすぎるときに起きるエラーです。
「配列の添え字が正しくありません」	デバッグ実行中、一次元配列の添え字が定義した大きさを超えた場合に起きるエラーです。

索引

■欧文
A/Dコンバータ　20
AI Motor　230
AKI-PIC 16F877-20/ICスタンプ　19
AKI-PIC877ベーシック開発セット　19、25
AKI-PIC877ベーシック完成モジュール　19
BASIC　17
CMOS回路　76
CPU　11
EEPROM　20
eTrex対応通信ケーブル　163
FPGA　11
I/Oポート　20
IC　10
LCDのキャラクタ一覧　73
LCDモジュールのピン配置　74
LED　32
LSI　10
PIC　9
PIC12C509A　13
PIC16F84A　13
PIC16F877　13、16
PIC-BASIC　16、20、48
PIC-BASIC開発ソフト　39
PIC-BASICの処理時間　140
PWM　137
RISC　12

■ア行
アーキテクチャ　13
オームの法則　38

■カ行
回路図の読み方　38
乾電池　36
コンデンサの容量　104

■サ行
最終書き込み　45
三端子レギュレータ　29
時間計測プログラム　87
シリアル通信用IC　29

シリアルポート　21
スイッチングダイオード　29、185
スイッチング電源　186

■タ行
ダイナミック点灯　92
タイマ2レジスタ　128
太陽電池　36
タクトスイッチ　90
通信ケーブルの自作　35
抵抗　31
抵抗値の読み取り方法　31
デバッグ実行　42
電解コンデンサ　29
電源　35
動作クロック　20
ドットマトリックスLED　92、102
トランジスタ　10

■ハ行
ハーバードアーキテクチャ　12
バス　13
発振子　29
ハンダ　26
フラッシュROM　21
プルアップ　73
プレイステーション用パッドのピン配置　113
ブレークポイント　44
変数のウォッチ　44
変調　137

■マ行
マイコン　9、11、16
モータ　206
モータドライバ　203

■ヤ行
ユーザ領域　20

■ラ行
リレー　186
レジスタ　13

■ワ行
ワンチップ　12

参考Webサイト

※本書に掲載したプログラムはすべてホームページからダウンロードすることができます。インターネットの接続環境をおもちの方は次のURLを参照してください。http://nico.to/picbasic/

※PIC-BASIC 公式サイト　http://picbasic.jp/

※PIC-BASIC の販売（秋月電子通商）　http://akizukidenshi.com/

※本書掲載の回路図はすべて「回路図エディタ BSch」を使用して描かれています。回路図エディタの作者・岡田仁史さんのWEBサイト「水魚堂ONLINE」　http://www.suigyodo.com/online/

《著者》

松原　拓也（まつばら　たくや）
[略歴]1972年東京都生まれ。1992年電子機器メーカーに就職。プログラマーとして、露出計・プリンタ・スキャナなどを開発。1997年にコンピュータ関連会社を設立。2000年ライター業を開始。電波新聞社の月刊誌「マイコンBASICマガジン」(現在休刊)でプログラム・電子工作・ロボット関連の記事を担当。現在はロボット関連雑誌でレポート記事や漫画を連載中。著書に「これからはじめるマイコンカーラリー」（共著，電波新聞社）がある。
[現在] 有限会社ニコ　取締役社長

※本書で紹介している記事、プログラムや回路図はその動作を保証するものではありません。それらの利用によって生じた事故・損害においては一切の責任を負いかねますので、ご了承ください。工作時には、各自安全に留意してください。

※本書に記載されている社名、製品名などは一般に各社の登録商標または商標です。なお、本書では™、©、®表示を明記しておりません。

本書の一部あるいは全部について，株式会社電波新聞社からの文書による許諾を得ずに，無断で複写，複製，転載，テープ化，ファイル化することを禁じます。

わかる マイコン電子工作
公式 PIC-BASIC活用ブック　　　© 松原拓也 2005

2005年5月20日	第1版第1刷発行
2005年8月 1日	第2刷発行
著　者	松原拓也
発行者	平山哲雄
発行所	株式会社　電波新聞社
	〒141-8715　東京都品川区東五反田1-11-15
電話	03-3445-8201(販売部ダイヤルイン)
振替	東京00150-3-51961
URL	http://www.dempa.com/
印刷所	奥村印刷株式会社
製本所	株式会社　堅省堂

Printed in japan　　ISBN4-88554-789-X　　　　　落丁・乱丁本はお取替えいたします
　　　　　　　　　　　　　　　　　　　　　　　定価はカバーに表示してあります